水利水电工程质量检验与评定操作实务

主　编　魏宪田
副主编　梁　娟　闫苏南
主　审　龙振球

黄河水利出版社
·郑州·

内 容 提 要

本书讲述了水利水电工程建设中质量检验的基本方法和质量评定要求。本书共分五章,其主要内容包括施工质量检验的基本要求、水利水电工程质量试验与检测、水利水电工程外观质量检验评定、水利水电工程单元工程质量检验、工程质量检验数据统计分析方法及相关规范等。

本书是从事水利水电工程质量检验人员指导实际工作的工具书,是水利水电工程质量检测从业人员的手册,既可作为水利水电工程建设监理、施工、质量检查人员的工具书,也可作为质量检测从业人员的培训教材或参考书。

图书在版编目(CIP)数据

水利水电工程质量检验与评定操作实务/魏宪田主编. —
郑州:黄河水利出版社,2010.12 (2021.3 重印)
ISBN 978 - 7 - 80734 - 933 - 4

I.①水… II.①魏… III.①水利工程 - 工程质量 - 质量检
验 ②水利发电工程 - 工程质量 - 质量检验 IV.①TV512
②TV523

中国版本图书馆 CIP 数据核字(2010)第 223196 号

策划编辑:贾会珍 电话:0371 - 66028027 E - mail:110885539@ qq. com

出 版 社:黄河水利出版社 网址:www.yrcp.com
地址:河南省郑州市顺河路黄委会综合楼 14 层 邮政编码:450003
发行单位:黄河水利出版社
发行部电话:0371 - 66026940、66020550、66028024、66022620(传真)
E-mail:hhslcbs@126. com
承印单位:河南承创印务有限公司
开本:787 mm ×1 092 mm 1/16
印张:24. 75
字数:570 千字
版次:2010 年 12 月第 1 版 印次:2021 年 3 月第 2 次印刷
定价:66. 00 元

《水利水电工程质量检验与评定操作实务》

编写单位及人员

主编单位:河南省水利基本建设工程质量检测中心站

主　　编:魏宪田

副 主 编:梁　娟　闫苏南

主　　审:龙振球

编　　写:(按姓氏笔画排序)

丁洪祥　牛　岭　王跃力　刘高攀

张　梅　陈文权　李东森　李武龙

畅　军　曹庆玉　谢玉华　魏殿伟

核　　稿:侯鹏宇　王银山

前　言

随着我国水利水电事业的蓬勃发展、众多水利水电工程的大量兴建、水利水电技术的不断进步、设备更新改造的不断加快以及施工工艺水平的不断提高，水利水电工程的质量与安全问题越来越受到国家和社会的广泛关注，加强水利水电工程的质量控制、检验工作，进一步提高水利水电工程质量管理水平，也日益得到重视。水利水电工程质量检验工作是保证工程质量与安全的重要措施，是工程建设、运行过程中的重要环节，而水利水电工程质量检验人员的职业道德和业务素质则是保证质量检验工作科学与公正的前提条件。

为了适应水利水电工程在施工阶段的质量控制任务、方法、标准和程序及对工程各个项目质量的检查验收和评定，为了使质量检验人员系统地掌握相关专业知识和技能，由河南省水利基本建设工程质量检测中心站组织省内多年从事工程质量检验、试验工作的专家，根据多年来对水利水电各项目工程实体质量检验经验，与水利部所颁发的《水利水电工程施工质量评定表》的内容结合起来，编写了这本既能用于质量控制、质量评定工作，又便于各个单元工程的检验，且在实际应用中可操作性较强的《水利水电工程质量检验与评定操作实务》。

本书的编写历经了一年多的时间，部分内容是诸位专家结合自己多年的实践经验，在《水利水电工程施工质量检验与评定规程》(SL 176—2007)及《水利水电工程施工质量评定表》的基础上编写而成的。本书明确了质量检验工作的基本规定、项目划分、数据处理、质量试验和外观评定标准，指出了单元工程质量检验的检验项目、质量标准、检验方法、检验频率和基本要求，可与相应的水利水电规程规范配合使用。它是从事水利水电工程质量检验人员指导实际工作的工具书，也可作为质量检测从业人员的培训教材或参考书。

本书在编写过程中，得到了河南省水利水电行业有关部门和单位的重视与关怀，尤其得到了编写人员所在单位的支持与帮助，在此一并表示感谢！

由于编写人员水平有限，书中难免存在不足之处，敬请读者批评指正。

编　者
2010 年 5 月

目　录

第一章　施工质量检验的基本要求

水利水电工程种类繁多、内容丰富,其工程质量的优劣,不仅影响工程效益的发挥,而且直接影响人民生命财产安全、国家经济和社会的发展。水利水电工程涉及专业众多,施工质量检验与评定过程严格,才能达到标准规范的要求。

第一节　施工质量检验规定

一、基本规定

(1)承担工程检测业务的检测单位应具有水行政主管部门颁发的资质证书。其设备和人员的配备应与所承担的任务相适应,有健全的管理制度。

(2)工程施工质量检验中所使用的计量器具、试验仪器仪表及设备,应定期进行检定,并具备有效的检定证书。国家规定需强制检定的计量器具应经县级以上计量行政部门认定的计量检定机构或其授权设置的计量检定机构进行检定。

(3)检测人员应熟悉检测业务,了解被检测对象的性质和所用仪器设备的性能,经考核合格后,持证上岗。参与中间产品及混凝土(砂浆)试件质量资料复核的人员应具有工程师以上工程系列技术职称,并从事过相关试验工作。

(4)工程质量检验项目和数量应符合《水利水电工程施工质量评定表》的规定。

(5)工程质量检验数据应真实可靠,检验记录及签证应完整齐全。

(6)工程项目中如遇《水利水电工程施工质量评定表》中尚未涉及项目的质量评定标准,其质量标准及评定表格,由项目法人组织监理、设计、施工单位按水利部有关规定进行编制和报批。

(7)工程中永久性房屋、专用公路、专用铁路等项目的施工质量检验与评定可按相应行业标准执行。

(8)项目法人、监理、设计、施工和工程质量监督等单位根据工程建设需要,可委托具有相应资质等级的水利水电工程质量检测单位进行工程质量检测。施工单位自检性质的委托检测项目及数量,按《水利水电工程施工质量评定表》及施工合同执行。对已建工程质量有重大分歧时,应由项目法人委托第三方具有相应资质等级的质量检测单位进行检测,检测数量视需要确定,检测费用由责任方承担。

(9)对涉及工程结构安全的试块、试件及有关材料,应实行见证取样。见证取样资料由施工单位制备,记录应真实齐全,参与见证取样人员应在相关文件上签字。

(10)工程中出现检查不合格的项目时,应按以下规定进行处理:

①原材料中间产品,一次抽样检验不合格时应及时对同一取样批次,另取2倍数量进行检验,如仍不合格则该批次原材料或中间产品应为不合格,不得使用。

②单元(工序)工程质量不合格时,应按合同要求进行处理或返工重做,并经重新检验且合格后方可进行后续工程施工。

③混凝土(砂浆)试件取样检验不合格时,应委托具有相应资质等级的质量检测单位对相应工程部位进行检验。如仍不合格,由项目法人组织有关单位进行研究,并提出处理意见。

④工程完工后的质量抽检不合格或其他检验不合格的工程,应按有关规定进行处理,合格后才能进行验收或后续工程施工。

(11)堤防工程竣工验收前,项目法人应委托具有相应资质等级的质量检测单位进行抽样检测,工程质量抽检项目和数量由工程质量监督机构确定。

(12)水利水电工程质量检验与评定工作是参建各方(其中主要是施工单位、监理单位和项目法人)的职责,工程质量监督机构承担监督职责。

(13)根据工程项目划分的要求,分别对单元工程施工、分部工程施工、单位工程施工的工程质量评定按下列要求进行:

①单元工程施工质量评定,应在实体质量检验合格的基础上,由施工单位自行进行,并由终检人员签字后报监理单位复核,由监理签证认可。

②分部工程施工质量评定,由施工单位质量检验(简称质检)部门自评等级,质检负责人签字盖公章后,报监理单位复核,由总监理工程师审查签字盖公章,报质量监督机构核定。

③单位工程施工质量评定,由施工单位质检部门自评等级,质检负责人、项目经理审查签字、盖公章后,报监理单位复核,由总监理工程师签字、盖公章,报质量监督机构核定。

④监理单位在复核单位工程施工质量时,除应检查工程现场外,还应对施工原始记录、质量检验记录等资料进行查验,必要时可进行实体质量抽检。工程施工质量评定表中应明确记载监理单位对工程施工质量的评定及复核意见。单位工程施工质量检验资料核查要填写核查表并签字盖章。

⑤单位工程完工后,由项目建设单位组织监理、设计、施工、管理运行等单位组成外观质量评定组,进行外观质量等级复核。参加人员应具有工程师及其以上的技术职称,评定组人员不少于5人且为单数。

⑥重要隐蔽工程,应在施工单位自评、监理单位复核合格后,由监理单位组织项目管理、设计、施工等单位进行联合验收签证。

二、质量检验的必备条件、步骤、原则和方法

(一)质量检验的必备条件

施工质量检验必须具备以下条件:

(1)要具有一定的检验技术力量。在质量检验人员中应配有一定比例的、具有一定理论水平和实践经验或经专业考核获取检验资格的骨干人员。

(2)要建立一套严密的科学管理制度。这些制度包括质量检验人员岗位责任制、检验工程质量责任制、检验人员技术考核和培训制度、检验设备管理制度、检验资料管理制

度、检验报告编写及管理制度等。

要建立完善的质量检验制度和相应的机构。如果施工单位质量检验的制度、结构、手段和条件不具备、不完善或"三检"不严,势必会使施工单位自检的质量低下,工程质量得不到保证。

有满足检验工作要求的检验手段。施工单位应建立现场实验室,具备有满足要求的检测仪器设备。

(3)有适宜的检验条件。

①进行质量检验的工作条件,如实验室、场地、作业面和保证安全的手段等。

②保证检验质量的技术条件,如照明、空气温度、湿度、防尘、防震等。

③质量检验评价条件,主要是指合同中写明的、进行质量检验和评价所依据的技术标准。

(二)质量检验工作的步骤

质量检验是质量控制的一个重要过程,一般包括如下步骤。

1. 检验前的准备

(1)确定检验的项目及质量要求。根据工程施工技术标准规定的质量特性及相关内容,明确检验的项目及各项目的质量要求。

(2)选择检验方法。根据被检验项目的质量特性,确定检验方法,选择适合检验要求的计量器具及相应的仪器设备,做好检验前的准备工作。

2. 测量或试验

按已确定的检验方法,对产品的质量特性进行量测或试验,检验员必须按规定要求进行操作,以取得正确、有效的数据。

3. 记录

采用标准格式,准确记录测量或试验获取的数据。同时,要记录检验的条件、日期内容,由检验人员签名,作为客观的质量证据保存下来。

4. 比较和判定

将检验的结果与标准规定的质量要求进行比较,从而判断施工质量是否符合规定的要求。

5. 确认及处理

对检验的记录和判定的结果进行签字确认,做出放行或另行处置的决定。对合格品放行,并及时转入下道工序;对不合格品做出返工、返修的处置。

(三)质量检验的原则

质量检验的原则为:工程项目的质量检验标准要不低于国家质量标准,并满足合同的要求;严格遵照检验程序工作,确保质量检验工作的质量;严格执行质量检验标准,不放过每一个不合格工序的产品;及时反馈质量检验信息,分析不合格原因,提出预防措施。

(四)质量检验方式和方法

1. 施工质量检验的主要方式

1)自我检验

自我检验简称自检,即施工班组和作业人员的自我质量检验。这种检验包括随时检测和一个单元(工序)工程完成后提交验收前的全面自检。这样做可以使质量偏差及时得到纠正,持续改进和调整作业方法,保证工序质量始终处于受控状态。全面自检可以保证单元(工序)工程施工质量的一次交验合格。

2)相互检验

相互检验简称互检,即相同工种、相同施工条件的作业组织和作业人员,在实施同一施工任务时相互间的质量检验,对于促进质量水平的提高有积极的作用。

3)专业检验

专业检验简称专检,即专职质量管理人员的专业查验,也是一种施工企业质量管理部门对现场施工质量的检查方式之一。只有经过专检合格的施工成果才能提交监理人员检查验收。

4)交接检验

交接检验即前后工序或施工过程中专业之间进行施工交接时的质量检查,如厂房土建工程完工后,机电设备安装前必须进行施工质量的交接检验。通过施工质量交接检验,可以排查上道工序的质量隐患,也有利于控制后道工序的质量,形成层层设防的质量保证链。

《建筑工程施工质量验收统一标准》(GB 50300—2001)规定:"相关各专业工种之间应进行交接检验,并形成记录。未经监理工程师(建设单位技术负责人)检查认可,不得进行下道工序施工。"

2.施工质量检验的方法

1)目测法

目测法,即用观察、触摸等感观方式所进行的检查,实际检查中人们把其归纳为"看、摸、敲、照"的检查操作方法。

2)量测法

量测法,即使用测量器具进行具体的量测,获得质量特性数据,分析判断质量状况及其偏差情况的检查方式,实际检查中人们把其归纳为"量、靠、吊、套"的检查操作方法。

3)试验法

试验法,即使用试验仪器设备所进行的检查。有些质量特性数据必须通过试验才能获得,如钢筋的物理力学性能检验,混凝土抗压、抗冻、强度指标的检验等。

三、质量检验应注意的问题

(一)合同内和合同外的质量检验

1.合同内的质量检验

合同内的质量检验是指合同文件中做出明确规定的质量检验,包括工序、材料、设备、成品等的检验。监理工程师要求的任何合同内的质量检验,不论检验结果如何,监理工程师均不为此负任何责任。施工单位承担质量检验的有关费用。

2.合同外的质量检验

合同外的质量检验是指下列任何一种情况的检验:

(1)合同中未曾指明或规定的检验。

（2）合同中虽已指明或规定，但监理工程师要求在现场以外其他任何地点进行的检验。

（3）要求在被检验的材料、工程设备的制造、装备或准备地点以外的任何地点进行的质量检验等。

合同外的质量检验应分为两种情况来区分责任。如果检验表明施工单位的操作工艺、工程设备、材料没有按照合同规定，达不到监理工程师的要求，则其检验费用及由此带来的一切其他后果（如工期延误等），应由施工单位负担；如果属于其他情况，则监理工程师应在与业主和施工单位协商之后，施工单位有获得延长工期的权力，以及应在合同价格中增加有关费用。

尽管监理工程师有权决定是否进行合同外质量检验，但应慎重。

例如，监理工程师有权决定对已覆盖的部位进行检验。根据 FIDIC 合同条件，监理工程师有权随时对施工单位的施工工序进行抽验，没有监理工程师的批准，工程的任何部分均不得覆盖。施工单位应保证监理工程师有充分的机会，对将覆盖或无法查看工程的任何部分进行检查和测量，以及对工程的任何部分的覆盖物或在其内或贯穿其中开孔，并将该部分恢复原状和使之完好。

对于已覆盖的工程任何部分，在监理工程师抽查时可能出现以下两种情况：

（1）如果任何部分是根据监理工程师的要求已经覆盖或掩蔽，监理工程师仍然可以要求施工单位移去覆盖物进行检查，施工单位不得拒绝。然而，如果监理工程师检查的结果证明其施工符合合同要求，则监理工程师应在及时与业主和承包商协商之后，确定承包商由于剥落，在其内或贯穿其中开孔、恢复原状和使之完好所开支的费用总额，并应将此总额增加在合同价格中。监理工程师应将此情况相应地通知施工单位，同时将一份副本呈交业主。

（2）如果抽查的结果证明已覆盖的工程任何部分质量不合格，则所有的费用均应由承包商承担。

（二）两类质量检验点

从理论上讲，应该要求监理工程师对施工全过程的所有施工工序和环节，都能实施检验，以保证施工的质量。然而，在工程实践中有时难以做到这一点。为此，监理工程师应在工程开工前，根据质量检验对象的重要程度，将质量检验对象区分为质量检验见证点和质量检验待验点，并实施不同的操作程序，下面分别作介绍。

1. 见证点

见证点是指施工单位在施工过程中达到这一类质量检验点时，应事先书面通知监理工程师到现场见证，观察和检查承包商的实施过程。然而，在监理工程师接到通知后未能在约定时间到场的情况下，施工单位有权继续施工。

例如，在生产建筑材料时，施工单位应事先书面通知监理工程师对采石场的石质、筛分进行见证。当生产过程的质量较为稳定时，监理工程师可以到场，也可以不到场见证，施工单位在监理工程师不到场的情况下可继续生产，然而需做好详细的施工记录，供监理工程师随时检查。在混凝土生产过程中，监理工程师不一定对每一次拌和都到场检验混凝土的温度、坍落度、配合比等指标，而可以由承包商自行取样，并做好详细的测试记录，供监理工程师检查。然而,在混凝土强度等级改变或发现质量不稳定时,监理工程师可以要求承包商事先书面通知监理工程师到场检查,否则不得开拌。此时,这种质量检验点就成了待验点。

质量检验见证点的实施程序如下:

步骤1,施工或安装单位在到达某一质量检验点(见证点)之前24 h,书面通知监理工程师,说明何日何时到达该见证点,要求监理工程师届时到场见证。

步骤2,监理工程师应注明收到见证通知的日期并签字。

步骤3,如果在约定的见证时间监理工程师未能到场见证,施工单位有权进行该项施工或安装工作。

步骤4,如果在此之前,监理工程师根据对现场的检查写明了意见,在监理工程师意见的旁边,施工单位应写明根据上述意见已经采取的改正行动或者某些具体意见。

监理工程师到场见证时,应仔细观察、检查该质量检验点的实施过程,在见证表上详细说明见证的建筑物名称、部位、工作内容、工时、质量等情况,并签字。该见证表还可用做施工单位进度款支付申请的凭证之一。

2. 待验点

对于某些更为重要的质量检验点,必须在监理工程师到场监督、检查的情况下施工单位才能进行检验,这种质量检验点称为待验点。

例如,在混凝土工程中,由基础面或混凝土施工缝处理、模板、钢筋、止水、伸缩缝和坝体排水管及混凝土浇筑等工序构成混凝土单元工程,其中每一道工序都应由监理工程师进行检查认证,每一道工序检验合格后才能进入下一道工序。根据施工单位以往的施工情况,有的可能在模板架立上容易发生漏浆或模板走样事故,有的可能在混凝土浇筑方面经常出现问题。此时,就可以选择模板架立或混凝土浇筑作为待验点,承包商必须事先书面通知监理工程师,并在监理工程师到场进行检查监督的情况下,才能进行施工。

又如,在隧洞开挖中,当采用爆破掘进时,钻孔的布置、深度、角度、炸药量、填塞深度、起爆间隔时间等爆破要素,对于开挖的效果有很大影响,特别是在遇到如断层、夹层、破碎带的情况下,正确的施工方法以及支护对施工安全关系极大。此时,应该将钻孔的检查和爆破要素的检查定为待验点,每一道工序必须通过监理工程师的检查确认。

从广义上讲,隐蔽工程覆盖前的验收和混凝土工程开仓前的检验,也可以认为是待验点。

待验点和见证点执行程序的不同,就在于步骤3,即如果在到达待验点时,监理工程师未能到场,施工单位不得进行该项工作。事后监理工程师应说明未能到场的原因,然后双方约定新的检查时间。

根据FIDIC条件,无论何时,当工程的任何部分或基础已经或将做好检查准备时,施工单位应通知监理工程师,除非监理工程师认为检查并非必要,并相应地通知施工单位外,监理工程师应参加工程的此类检查和测量或此类基础的检查,且不得无故拖延。

见证点和待验点的设置,是监理工程师对工程质量进行检验的一种行之有效的方法。这些检验点应根据施工单位的施工技术力量、工程经验、具体的施工条件、环境、材料、机械等各种因素的情况来选定。各施工单位的这些因素不同,见证点或待验点也就不同。

有些检验点在施工初期当施工单位对施工过程还不太熟悉、工程质量还不稳定时可以定为待验点,而当施工单位已较熟练地掌握施工过程的内在规律、工程质量较稳定时,又可以改为见证点。某些质量检验点对于一个施工单位可能是待验点,而对于另一个施工单位则可能是见证点。

四、质量检验职责范围

(1)永久性工程施工质量检验是工程质量检验的主体与重点,施工单位必须按照《水利水电工程施工质量评定表》进行全面检验,并将实测结果如实写在相应表格中。永久性工程(包括主体工程及附属工程)施工质量检验应符合下列规定:

①施工单位应根据工程设计的要求、施工技术标准和合同约定,结合《水利水电工程施工质量评定表》的规定确定检验项目及数量并进行三检,三检过程应有书面记录,同时结合自检情况如实填写在相应表格中。

②监理单位应根据《水利水电工程施工质量评定表》和抽样检测结果复核工程质量。其平行检测和跟踪检测的数量按《水利工程建设项目施工监理规范》(SL 288—2003)或合同执行。

③项目法人应对施工单位自检和监理单位抽检过程进行监督检查,并报工程质量监督机构核备、核定的工程质量等级进行认定。

(2)施工单位应坚持三检制。一般情况下,由班组自检,施工单位的施工队复检,项目经理部专职质检机构终检。监理单位应按照《水利工程建设项目施工监理规范》(SL 288—2003)中的第6.2.11条规定对施工质量进行抽样检测。

(3)工程质量监督机构应对项目法人、监理、勘测、设计、施工单位以及工程其他参建单位的质量行为和工程结构质量进行监督检查。

五、质量检验内容

质量检验包括施工准备检查,原材料与中间产品质量检验,水工金属结构、启闭机及机电产品质量检查,单元(工序)工程质量检验,质量事故检查和质量缺陷备案,工程外观质量检验等。

(1)施工准备检查。主体工程开工前,施工单位应组织人员进行施工准备检查,并经项目法人或监理单位确认合格且履行相关手续后,才能进行主体工程施工。

(2)原材料与中间产品质量检验和水工金属结构、启闭机及机电产品质量检查。施工单位应按《水利水电工程施工质量评定表》及有关技术标准对水泥、钢材等原材料与中间产品质量进行检验,并报监理单位复核。不合格产品,不得使用。水工金属结构、启闭机及机电产品进场后,有关单位应按有关合同进行交货检查和验收。安装前,施工单位应检查产品是否有出厂合格证、设备安装说明书及有关技术文件,对在运输和存放过程中发生的变形、受潮、损坏等问题应做好记录,并进行妥善处理。无出厂合格证或不符合质量标准的产品不得用于工程中。

(3)单元(工序)工程质量检验。施工单位应按《水利水电工程施工质量评定表》检验工序及单元工程质量,做好书面记录,在自检合格后,填写"水利水电工程施工质量评定表"报监理单位复核。监理单位根据抽检等资料核定单元(工序)工程质量等级。发现不合格单元(工序)工程,应该要求施工单位及时进行处理,合格后才能进行后续工程施工。对施工中的质量缺陷应书面记录备案,进行必要的统计分析,并在相应单元(工序)工程质量评定表"评定意见"栏内注明。

(4)质量事故检查和质量缺陷备案。施工单位应及时将原材料、中间产品及单元(工序)工程质量检验结果报监理单位复核,并应按月将施工质量情况报送监理单位,由监理单位汇总分析后报项目法人和工程质量监督机构。

(5)工程外观质量检验。单位工程完工后,项目法人组织监理、设计、施工、质量监督及工程运行管理等单位组成工程外观质量评定组,现场进行工程外观质量检验评定,并将评定结论报工程质量监督机构核定。参加工程外观质量评定的人员应具有工程师以上技术职称或相应执业资格。评定组人数应不少于5人,大型工程宜不少于7人。工程外观质量评定办法见《水利水电工程施工质量检验与评定规程》(SL 176—2007)附录A。

六、质量事故分析与处理

(一)工程质量事故的含义及特点

1.水利水电工程质量事故的含义

水利水电工程质量事故是指在水利水电工程建设过程中或竣工后,由于建设管理、监理、勘测、设计、咨询、施工、材料、设备等原因造成工程质量不符合规程规范和合同规定的质量标准,影响使用寿命和对工程安全运行造成隐患和危害的事件。

工程建设中,原则上是不允许出现质量事故的,但由于工程建设过程中各种因素综合作用又很难完全避免。工程如出现质量事故后,有关方面应及时对事故现场进行保护,防止遭到破坏,影响今后对事故的调查和原因分析。但在有些情况下,当不采取防护措施,事故有可能进一步扩大时,应及时采取可靠的临时性防护措施,防止事故发展,以免造成更大的损失。

2.水利水电工程质量事故的特点

由于工程建设项目不同于一般的工业生产活动,其项目实施的一次性,建设过程特有的流动性、综合性,劳动的密集性及协同作业关系的复杂性,使建设工程质量事故具有复杂性、严重性、可变性和多发性的特点。

1)复杂性

为了满足各种特定使用功能的需要,适应各种自然环境,水利水电工程品种繁多、类型各异,即使是同类型同级别的水工建筑物也会因其所处的地理位置不同,地质、水文和气象等条件的变化,而带来施工环境和施工条件的变化,从而需要采取不同的施工技术和方法。尤其需要注意的是,造成质量事故的原因是错综复杂的。同一性质、同一形态的质量事故,其原因有时截然不同,也会带来不同的处理原则和处理方法。同时,应当注意到,水利水电工程在使用过程中也会出现各种各样的问题。所有这些复杂的因素,必然导致工程质量事故的性质、危害程度以及处理方法的复杂性。例如,水利水电工程中混凝土结构出现裂缝,产生的原因可能是多方面的,可能是设计结构选型不合理、设计计算错误、建筑材料的质量问题、施工方法不合适、施工工艺选用不当、遭遇恶劣的气候条件等诸多因素中的一个或几个。

2）严重性

水利水电工程一旦发生工程质量事故，不仅影响工程的建设进程，造成一定的经济损失，还可能给工程留下隐患，降低工程的使用寿命，严重威胁人民生命财产的安全。在水利水电工程建设中，影响最为严重、最为恶劣的是垮坝或溃堤事件，不仅造成严重的人员伤亡和巨大的经济损失，还会影响国民经济和社会的发展。例如：1993年青海省共和县沟后水库的垮坝事件，给下游地区造成了大量的人员伤亡和财产损失；1998年长江大水期间，江西省九江市防洪墙决口，虽经全力抢堵，避免了更大的人员伤亡和财产损失，但仅用于堵口复堤的直接费用就相当可观，引起全国人民的关注，严重干扰了社会的正常秩序，造成了很大的影响。所以，对水利水电工程中已发现的质量问题，要引起高度重视，决不能掉以轻心，务必及时进行分析和研究，做出正确的判断，采取可靠的方法和措施进行妥善处理，既要确保安全运行又要满足其使用功能的要求。

3）可变性

水利水电工程中相当多的质量问题是随着时间、条件和环境的变化而发展的。例如，水电站厂房的钢筋混凝土大梁上出现的裂缝，其数量、宽度、长度和深度都随着周围环境温度、湿度、荷载大小及持续的时间长短等的变化而发展变化。表面的细微裂缝可能发展成为危及结构安全的贯穿性裂缝，若不及时处理，甚至会造成垮塌事故。又如，闸坝的渗透破坏问题，开始时通常只在其下游出现浑水或少量冒砂现象，当水位差增大时，这种浑水或冒砂将会愈来愈严重，随着时间的推移，坝体或地基中的细小颗粒逐步被带走、淘空，严重时产生管涌或流土，最终导致闸坝失稳或垮塌事故的发生。因此，一旦发现质量问题，就应及时进行调查和分析，针对不同情况采取相应的措施。对于那些可能会进一步发展，甚至会酿成质量事故的，要及时采取应急补救措施，进行必要的防护和处理；对于那些表面的质量问题，也要进一步查清内部结构情况，确定问题性质是否会转化；对于那些随着时间、水位、温度或湿度等条件的变化可能会进一步加剧的质量问题，要注意观测，做好记录，认真分析，找出其发展变化的特征或规律，以便采取更有效的处理措施，使问题得到妥善处理。

4）多发性

事故的多发性是指有些事故像"常见病"、"多发病"一样经常发生，而成为通病，如混凝土、砂浆强度不足，振动不密实等。

（二）工程质量事故的分类

工程质量事故的分类方法很多，有按事故发生的时间进行分类，有按事故产生的原因进行分类，有按事故造成的后果或影响程度进行分类，有按事故处理的方式进行分类，有按事故的性质进行分类等。根据《水利工程质量事故处理暂行规定》（1999年水利部第9号令），水利水电工程质量事故按直接经济损失的大小，检查、处理事故对工期的影响时间长短和对工程正常使用的影响，分为一般质量事故、较大质量事故、重大质量事故和特大质量事故四类，分类标准见表1-1。小于一般质量事故的质量问题称为质量缺陷。

表 1-1 水利水电工程质量事故的分类标准

损失情况		事故类别			
		特大质量事故	重大质量事故	较大质量事故	一般质量事故
事故处理所需的物质、器材、人工等直接损失费用（万元）	大体积混凝土、金属结构制作和机电安装工程	>3 000	500~3 000	100~500	20~100
	土石方工程、混凝土薄壁工程	>1 000	100~1 000	30~100	10~30
事故处理所需合格工期（月）		>6	3~6	1~3	≤1
事故处理后对工程功能和寿命影响		影响工程正常使用,需限制条件运行	不影响正常使用,但对工程寿命有较大影响	不影响正常使用,但对工程寿命有一定影响	不影响正常使用和工程寿命

注: 直接损失费用为必需条件,其余两项主要适用于大中型工程。

(三)工程质量事故分析和处理的目的与步骤

1. 工程质量事故分析和处理的目的

水利水电工程一旦发生质量事故,不仅会给人民的生命财产带来危害和损失,而且有的会影响后续工程施工,有的会危及建筑物的安全,有的会影响其正常使用。为了查明事故原因,采取必要的补救措施,对已出现的质量事故必须进行分析和处理,其主要目的如下。

1) 创造正常的施工条件

水利水电工程施工过程中有时会出现各种各样的质量事故,而且相当大一部分会影响后续工程的施工。例如,基础处理出现断桩、基坑边坡滑动、使用了不合格的水泥、混凝土或砂浆的实际强度低于设计要求、水工建筑物结构开裂等。凡此种质量事故出现后,就需要对事故进行具体的调查和分析,确定工程能否继续正常施工或进行必要的处理。

2) 保证工程安全运行

工程质量事故发生后,人们常常担心的是工程能否安全运行。例如,混凝土结构的裂缝、建筑物渠道边坡的滑动等会不会危及结构安全和工程的正常使用。通过对事故的分析和必要的观测,对裂缝的发生原因、变化以及对工程安全和使用功能的影响进行全面分析、论证,只有在不影响建筑物基本性能的前提下,方可交工或使用;否则就必须采取必要的加固、补强或返工等处理措施,以确保工程安全运行。

3) 减少事故损失

工程质量事故发生后,若不加分析就仓促处理,往往会因处理不当或处理不彻底而导致事故进一步扩大或重复处理,造成人力、物力和资金的浪费。只有分析准确、处理及时、措施可靠,才能防止事故进一步扩大,把事故造成的损失降到最低程度。

4) 总结经验教训,防止类似事故重复发生

从国内外的大量事故实例中,可以清楚地看到,许多重大事故都是一而再、再而三的

重复发生,例如土石坝崩塌事故、拱桥失稳垮塌事故、岸坡滑动事故、混凝土结构的开裂倒塌事故等。通过对事故进行分析,总结经验教训,找出内在规律,改进设计、施工和运行使用,同时人们从事故的危害性、影响性等方面吸取教训,提高质量意识、工作责任心,改进工作态度和工作方法等,都可起到防止事故重复发生的作用。

5)为修订规程、规范和有关技术规定提供依据

例如,通过对混凝土结构的裂缝和变形的调查与分析,为改进计算方法设置必要的构造钢筋提供依据。通过对基础变形过大造成的事故进行调查与分析,为解决软弱地基承载力问题提供经验。通过对多层透水地基失稳事故的调查与分析,为正确选择合理的基础处理方案提供可靠的依据等。

2. 工程质量事故分析和处理的一般步骤

1)质量事故的发现

水利水电工程质量事故的出现一般来说都有个发展变化的过程,有一定的潜在因素。有的比较明显,容易被觉察和发现,可以观察到事故的发展变化过程,例如:岸坡(基坑)滑塌事故,若早期发现,就可从岸坡顶部看到裂缝,随着时间的推移,慢慢向下滑动;对于闸坝基础渗透破坏事故,若早期发现,就可先看到浑水,继而冒砂,接着是发生流土或管涌等现象,再接着就是堤身塌陷、水闸失稳等现象相继发生。但有的事故比较隐蔽,不易觉察,一旦发现就形成突发性事故,如厂房倒塌事故、桥梁倒塌事故等。一般来说,事故的征兆如能早期发现,有的事故可以避免,有的可以大大减少事故的损失。例如,闸坝基础渗透破坏事故,如能早期发现,及时采取措施进行处理,不仅可以大大降低事故造成的损失,有时还可避免事故的发生。因此,加强施工现场和运行管理期间的巡查非常必要,可以尽早发现事故的苗头,如及时处理,就可大大降低事故损失,有时还会避免事故的发生。

2)质量事故的报告

质量事故发生后,不论是谁发现的都应立即报告。在工程建设期间发生的事故,通常首先向项目法人(建设单位)或监理单位报告;在运行管理期间发生的事故,通常首先向管理单位报告。项目法人(建设单位)或工程管理单位发现事故或接到事故报告后,一方面应立即采取措施,保护现场,抢救人员和财产(若因抢救人员、疏导交通等原因需要移动现场物件,应当做出标记、绘制现场简图并做出书面记录,妥善保管现场重要痕迹、物证,并进行拍照或录像);另一方面应向项目的主管部门报告。

质量事故的报告,可以分两步进行。第一步可以口头(包括电话)方式向项目的主管部门报告,对于突发性事故,一般要求在事故发现后的 4 h 内报告,若能初步估算发生的质量事故属较大质量事故以上,还应向省级水行政主管部门和其他有关部门报告。第二步是书面报告,一般要求在事故发现后的 48 h 内,按估算的事故等级和有关规定,向有关部门做出书面报告。书面报告的内容通常包括工程名称、建设规模、建设地点、工期、项目法人、主管部门及负责人电话,事故发生的时间、地点、工程部位以及相应的参建单位名称,事故发生的简要经过、伤亡人数和直接经济损失的初步估计,事故发生原因初步分析,事故发生后采取的措施及事故控制情况,事故报告单位、负责人及联系方式等。

3)质量事故的调查

为了弄清事故的性质、危害程度,查明事故原因,为分析和处理事故提供依据,有关方

面应根据事故的严重程度组织专门的调查组,对发生的事故进行详细调查。水利水电工程质量事故调查组应按照事故类别进行,但要实行回避制度。一般质量事故由项目法人负责组织调查,调查结果报项目主管部门核备;较大质量事故由项目主管部门负责组织调查,调查结果报上级主管部门批准并报省级水行政主管部门核备;重大质量事故由省级以上水行政主管部门组织调查,调查结果报水利部核备;特大质量事故由水利部组织调查。

工程质量事故调查一般应从如下几个方面进行:

(1)工程情况调查。工程类型、规模、建设地点,事故发生时的工程形象进度及工程的运行情况等。

(2)事故情况。事故发现的时间、经过,事故所在的工程部位,事故现场状况,事故发现后的发展变化情况,人员伤亡和经济损失情况,事故的严重性(包括是否危及工程整体安全)和紧迫性(如不及时处理可能会出现更严重后果),以及是否对事故现场进行过防护和必要的处理。

(3)水文地质资料。查阅地质勘察报告,地下水位观测记录,隐蔽工程验收记录等资料。

(4)中间产品、构件和设备的质量情况。查阅现场材料、构件和设备的质量情况,查阅材料、构件和设备的出厂合格证、出厂检验和试验记录等资料。

(5)设计情况。审查设计计算、图纸资料、结构布置情况等。

(6)施工情况。施工时间,施工时及其以后尤其是事故发生前一段时间的气象(包括气温、湿度、风雨、日照等)情况,施工工艺,施工方法,规程规范执行情况,施工期荷载,施工过程的质量签证(包括隐蔽工程验收签证),施工间歇,施工进度和速度,施工日志和其他施工原始记录情况等。

(7)施工期观测情况。如沉降观测、变形观测、水位观测(包括地下水位)、渗漏量观测等。

(8)运行情况。有无超载、超标准情况,有无违规操作现象等。

以上调查内容主要是对工程建设的基本情况和现有资料进行调查了解,如果要对事故原因进行更深入的分析和了解,还要委托经省级以上计量主管部门计量认证,并经省级以上水行政主管部门认可的水利水电工程质量检测单位进行必要的检测,以获得更科学合理的资料,为进一步分析和处理事故提供可靠的依据。

4)事故原因的分析

事故的原因分析主要是以事故调查的资料为基础,但往往事故原因的分析是伴随着事故调查进行的,这样事故调查就更有目的性,事故分析也就有可靠的基础。对事故原因进行分析,既是为事故处理提供依据,也是对事故的危害程度进行鉴定,可以从原因分析中寻找经验教训、完善设计、改进施工,防止类似的事故再次发生。

5)处理方案的研究与设计

在事故情况、性质和原因调查、分析清楚之后,有关方面应选择合适的时间,研究事故处理方案。但事故的处理时间,最好能在建设、监理、设计和施工等单位对事故的调查与分析意见达成共识后进行,因为对事故原因进行调查和分析,就会涉及事故的责任单位和责任人,一定要慎重,要防止事故处理后无法做出一致的结论而影响工程的交工验收和使用。

水利水电工程质量事故处理方案的提出,是按事故类别确定的。一般质量事故,由项目法人负责组织有关单位制订处理方案并实施,报上级主管部门备案;较大质量事故,由项目法人负责组织有关单位制订处理方案,经上级主管部门审定后实施,报省级水行政主管部门或流域机构备案;重大质量事故,由项目法人负责组织有关单位制订处理方案,征得事故调查组意见后,报省级水行政主管部门或流域机构审定后实施;特大质量事故,由项目法人负责组织有关单位制订处理方案,征得事故调查组意见后,报省级水行政主管部门或流域机构审定后实施,并报水利部备案。

事故处理方案设计,一般由项目法人负责组织原设计单位承担,也可委托其他有资质的设计单位承担。事故处理需要进行设计变更的,应由原设计单位或有资质的单位提出设计变更方案。事故处理需要进行重大设计变更的,必须经原设计审批部门审定后实施。

6)处理方案实施

事故处理方案一般由项目法人负责组织实施。通常由原施工单位承担,也可委托其他有资质的单位承担。

7)检查验收

事故部位处理完成后,有关部门应组织进行质量评定和验收。事故处理方案是补强加固的,质量评定只能为合格,并在评定意见栏内加盖"处理"章;全部返工重做的,可根据处理后的质量情况进行评定。检查验收主要评价处理后对工程安全、使用功能的影响程度,是否要限制运行等。经过检查与验收后,才可以投入使用或进入下一阶段施工。

8)结论

通过事故调查、原因分析、事故处理和处理后的质量验收,最后应对事故处理情况做出明确结论。其主要内容是事故处理后对工程安全、使用功能的影响程度,是否要限制运行,对工程的外观和耐久性有无影响等。必要时要进一步加强观测检查,并明确责任单位。

(四)水利水电工程质量事故调查分析的主要任务和处理原则及处罚措施

1.水利水电工程质量事故调查分析的主要任务

(1)查明事故发生的原因、过程、财产损失情况和对后续工程的影响。

(2)进行必要的检测和试验。

(3)对事故进行技术鉴定。

(4)查明事故的责任单位和主要责任人应负的责任。

(5)提出工程处理和采取措施的建议。

(6)提出对责任单位和责任者的处理建议。

(7)提交事故调查分析报告。

2.水利水电工程质量事故的处理原则

(1)质量事故发生后,必须坚持:"事故原因未查明不放过、责任人未处理不放过、整改措施未落实不放过、有关人员未受到教育不放过"的四不放过原则,认真调查事故原因,确定处理措施,查明事故责任者,做好事故处理工作。

(2)事故调查应及时、全面、准确、客观,并认真做好记录。

（3）根据调查情况，及时确定是否采取临时防护措施。

（4）原因分析要建立在事故情况调查的基础上，避免情况不明就主观地分析事故的原因。

（5）事故处理要建立在原因分析的基础上，既要避免无根据地蛮干，又要防止谨小慎微地把问题搞得很复杂。对有些事故一时认识不清时，只要不会造成事态严重恶化，可以观测一段时间，作进一步的调查分析，不要急于求成，避免造成同一事故反复多次处理。

（6）事故处理方案既要满足工程的安全和使用功能的要求，又要经济合理，技术可行，施工方便。

（7）事故处理过程要有检查记录，处理后要进行质量评定和验收，验收合格后方可投入使用或进入下一阶段施工。

（8）对每一个工程事故，都要经过分析，不论是否需要进行处理，都要明确做出结论。

（9）由于质量事故而造成的经济损失，坚持谁承担事故责任谁负责的原则。

3．水利水电工程质量事故的处罚措施

为了督促有关方面精心设计、施工，防止质量事故的发生，国家和水利部都加大了对工程质量事故的处罚力度。根据现行有关规定，水利水电工程建设中发生质量事故，不仅事故责任者要承担事故调查、处理的所有费用，还要受到《建设工程质量管理条例》、《水行政处罚实施办法》及国家有关法律、法规的制裁。轻者要受到通报批评，承担相应经济责任；重者不仅通报批评，承担相应经济责任，还要受到停业整顿，降低资质，吊销资质证书，构成犯罪的移送司法机关处理等处罚。只有通过惩治责任者，教育、告诫、警示他人，才能提高人们的质量意识和责任意识，减少或避免工程质量事故的发生。

（五）质量缺陷处理

在水利水电工程建设过程中和工程运行管理期间，经常会出现一些质量缺陷，其程度虽不构成质量事故，但对工程的外观和使用功能有不同程度的影响，有的甚至影响工程的安全。按照水利工程质量事故分类标准，小于一般质量事故的质量问题称为质量缺陷。

质量缺陷发生后，不论其程度如何，除非不得已需采取临时性防护措施外，都要保护好现场，不能随意处理。在施工过程中，出现质量缺陷尤其是轻微缺陷，施工单位为了掩盖其真相，经常不经建设、监理单位同意就擅自处理，往往是弄巧成拙，不仅缺陷没有掩盖掉，反而留下了处理的痕迹（混凝土工程蜂窝、麻面的处理即如此），有的是因处理不彻底而留下隐患，这是工程施工中的大忌。水利水电工程施工过程中出现质量缺陷，施工单位首先要向建设、监理单位报告，由建设、监理单位根据质量缺陷的程度，研究处理方案。水利水电工程建设中，质量缺陷的处理方式有如下几种。

1．不做处理

对于只影响结构外观，不影响工程的使用、安全和耐久性的质量缺陷，例如：有的建筑物可以通过后续工序弥补的质量缺陷或经复核验算，仍能满足设计要求的质量缺陷，经检验论证并经建设、监理单位同意可以不做处理。

2．表面修补

对于既影响结构外观又影响工程耐久性，但对工程安全影响不大的轻度质量缺陷，如混凝土工程表面的蜂窝、麻面、露筋等现象，经检验论证后，通常由施工单位提出技术处理方案,报建设、监理单位批准后实施。

3. 加固补强

对于既影响工程外观和耐久性,又影响工程安全和使用功能的重度质量缺陷,经检验论证后,一般由原设计单位提出加固方案,经建设、监理单位认可后,由施工单位实施。对于牵涉设计变更的,设计单位应下发设计变更通知书。对于涉及重大设计变更的,还需报原设计文件审批单位批准后,才能实施。

4. 返工重做

对于未达到规范或标准要求,严重影响到工程使用和安全,且又无法通过加固补强等方式予以纠正的工程质量缺陷,必须采取返工的措施进行处理。返工处理,如按原样恢复,可经建设、监理单位同意,按原图纸进行施工;如要改变原设计方案,也要按照有关规定,报有关部门批准后实施。

(六)质量事故调查报告

质量事故的发生、发现和调查的过程都需要以文字的形式予以记载,为有关方面了解事故情况、分析事故原因、研究处理方案提供可靠的依据,这就是人们常说的质量事故调查报告。质量事故调查报告通常包括如下内容:

(1)工程概况。主要介绍工程项目的立项、审批过程,是否违反基建程序,设计、监理、施工单位是否采用招标方式选择,资质情况如何,有无分包和转包现象,以及工程的类型、规模、工程建设的有关情况等。

(2)事故情况。事故发生和发现的时间、地点、事故现状和事故的发展变化情况。

(3)临时防护措施。根据事故情况,为了防止事故进一步发展和扩大,需要采取临时应急措施进行防护。

(4)事故检测情况。事故调查过程中进行检测试验的各种实测数据和试验结果。

(5)事故原因的初步分析判断。

(6)事故涉及人员与主要责任者情况。工程出现质量事故,不仅会造成一定的经济损失,影响工程正常建设秩序,甚至造成恶劣的影响。因此,我国政府和有关部门都采取了一系列措施杜绝质量事故的发生,严惩质量事故责任者。

由于工程质量事故调查报告是全面反映质量事故情况的重要文件资料,必须慎重对待,为此工程质量事故报告必须符合如下要求:

(1)准确可靠。事故调查报告不仅决定事故的分析与处理,而且往往涉及人员的责任,因此必须十分慎重,切忌将道听途说和未经核实的内容写入报告中。

(2)全面及时。报告必须全面地反映事故各方面的有关情况,特别要注意反映事故的发现、发展和变化,以及随着调查逐步深入所做的各项试验、检查的数据和资料。与此同时,必须抓紧时间写出调查报告,以免延误工期,甚至造成事故的恶化。

(3)简洁扼要。报告中应详尽介绍事故的有关内容,但要力求简洁扼要,重点突出、结论明确,并尽可能用图表说明。对于已经否定的内容,一般可以不必列入报告中。

(4)实事求是。对现场调查情况,一定要实事求是地在报告中如实反映。对没有搞清楚的问题和有争议的问题等也应在报告中提出。

七、质量事故检查与质量缺陷备案

（1）根据《水利工程质量事故处理暂行规定》，水利水电工程质量事故分为一般质量事故、较大质量事故、重大质量事故和特大质量事故四类。

（2）质量事故发生后，有关单位应按四不放过原则，调查事故原因，研究处理措施，查明事故责任者，并根据《水利工程质量事故处理暂行规定》做好事故处理工作。

（3）在施工过程中，因特殊原因使得工程个别部位或局部发生达不到技术标准和设计要求（但不影响使用），且未能及时进行处理的工程质量缺陷问题（质量评定仍定为合格），应以工程质量缺陷备案形式进行记录备案。

（4）质量缺陷备案表由监理单位组织填写，内容应真实、全面、完整。各工程参建单位代表应在质量缺陷备案表上签字，若有不同意见应明确记载。质量缺陷备案表应及时报工程质量监督机构备案。质量缺陷备案资料按竣工验收的标准制备。工程竣工验收时，项目法人应向竣工验收委员会汇报并提交历次质量缺陷备案资料。水利水电工程施工质量缺陷备案表格式见《水利水电工程施工质量检验与评定规程》（SL 176—2007）附录 B。

（5）工程质量事故处理后，应由项目法人委托具有相应资质等级的工程质量检测单位检测后，按照处理方案确定的质量标准重新进行工程质量评定。

八、竣工档案资料编制基本要求

工程档案是建设项目的永久性技术文件，是建设单位生产（使用）、维修、改造、扩建的重要依据，也是对建设项目进行复查的依据。在施工项目竣工后，参建单位必须按规定向建设单位移交档案资料。水利水电工程竣工资料整理是一项系统工程，必须将其纳入基本建设项目管理工作的全过程，按统一领导、分级管理的原则，设立相应机构或配备专人做好这一项工作。

水利水电工程档案是指水利水电工程在前期、实施、竣工验收等各建设阶段过程中形成的，具有保存价值的文字、图表、声像等不同形式的历史记录。

水利水电工程档案的质量是衡量水利水电工程质量的重要依据，应将其纳入工程质量管理程序。质量管理部门应认真把好质量监督检查关，凡参建单位未按规定要求提交工程档案的，不得通过验收或进行质量等级评定。工程档案达不到规定要求的，项目法人不得返还其工程质量保证金，并要求重新整理合格的档案资格。

（一）工程竣工档案资料的管理

水利水电工程档案工作是水利水电工程建设与管理工作的重要组成部分。项目法人对水利水电工程档案工作负总责，须认真做好自身档案的收集、整理、保管工作，并应加强对各参建单位归档工作的监督、检查和指导。按照《水利工程建设项目档案管理规定》（水办［2005］480 号）的要求，项目法人应根据工程项目的规模设立档案室，落实专职档案人员。应认真做好有关档案的接收、归档和向流域机构档案馆的移交工作。

勘察设计、监理、施工等参建单位，应明确本单位相关部门和人员的归档责任，切实做好职责范围内水利水电工程档案的收集、整理、归档和保管工作。属于向项目法人等单位移交的应归档文件材料,在完成收集、整理、审核工作后,应及时提交项目法人。

(二)工程竣工档案资料的编制

1. 工程竣工档案资料编制的分工

一个工程项目可能会由一个施工单位(工程实行总承包)或几个施工单位承建,工程竣工档案资料的编制、整理、汇总等工作,一般应按以下原则进行:

(1)当工程实行总承包时,总承包单位与分包单位签订的分包合同中,应明确各自的责任,分包单位须负责承建工程项目的竣工档案资料的编制工作,总承包单位负责审查、整理、汇总,确认符合要求后,将该工程项目的全部竣工档案资料移交给项目法人。

(2)当有多个施工单位共同承建一个工程项目时,各施工单位须负责各自承建工程项目范围内的工程竣工档案的编制工作,由项目法人负责审查、整理、汇总及归档。

(3)其他承建方式的工程竣工档案资料编制的分工,由项目法人按照国家有关要求确定。

2. 工程竣工档案资料编制人员的责任

工程竣工档案资料是在工程建设的各阶段形成的,是对工程项目建设过程的记录及真实评价,因此竣工档案资料应真实、完整、系统。参与工程建设的专业技术人员和管理人员是归档工作的直接责任人,须按要求将工作中形成的应归档文件材料进行收集、整理、归档,如果工作变动,须先交清原岗位应归档的文件材料。

3. 工程竣工档案资料编制的工作要求

工程竣工档案资料的编制应符合国家及行业有关档案方面的规范、标准和规程的要求。内容应完整、准确、系统,字迹清楚,图样清晰,图表整洁,无破损。工程竣工档案资料编制工作要求体现八个字:

(1)精炼。工程竣工档案的内容要具有保存价值,同时应具有代表性,内容齐全。

(2)准确。工程竣工档案的内容,变更文件材料和图纸要完整、准确。

(3)规范。竣工档案整理组卷规范,卷内文件、案卷目录排列相互间要有内在联系。

(4)科学。组卷具有科学性,便于检索。

工程竣工档案资料必须按统一规范和要求进行编制,真实确切地反映工程的实际情况,严禁涂改、伪造。同时,凡移交的档案资料,必须按照技术管理权限,经过技术负责人审查签认。对曾经存在的问题,评语要确切,应经过认真的复查,并做出处理结论。

建设单位、施工单位必须把竣工档案资料的收集、整理作为重要工作来抓,尤其是竣工图的编制,要同工程项目施工进度同步进行;收集、整理工作应列入工程招标、投标或者施工合同,并且要有经济约束。

(三)组卷原则

工程竣工档案的组卷要遵循工程竣工文件材料的形成规律,并保持卷内工程前期文件、施工技术文件和竣工图之间的有机联系,符合其专业特点,便于保管和利用。法律性文件应手续齐备,符合档案管理要求。工程竣工档案资料一般以分部工程为单位组卷。

（四）案卷与卷内文件的排列

（1）管理性文件按问题、时间或重要程度排列。

（2）施工文件按管理、依据、建筑、安装、检测实测记录、评定、验收排列。

（3）竣工图按专业、图号排列。

（4）卷内文件一般文字在前，图样在后；译文在前，原文在后；正件在前，附件在后；印件在前，定（草）稿在后。

（五）质量要求

（1）编制的竣工档案，必须真实地反映工程竣工后的实际情况。文件材料、图纸必须完整、准确、系统，各种程序责任者签字手续必须齐全。

（2）卷内文件材料的载体和书写材料应符合耐久要求，纸质应符合长期保存的要求，耐久性强，满足经常性查阅的要求；文字材料一般应采用打印，如需手写应采用耐久性强的书写材料，如碳素墨水、蓝黑墨水，不得使用易褪色的书写材料，如铅笔、圆珠笔、纯蓝墨水或其他颜色的易褪色墨水。

（3）案卷内不同幅面的文件材料要折叠为统一幅面，破损要先修复。幅面一般采用A4（297 mm×210 mm）规格；立卷厚度一般为150～200页，不超过2 cm。图样折叠式图面向内，标题栏露在右下角。

（4）竣工图必须做到完整、准确、清晰、系统、修改规范、签字手续完备。竣工图一般应采用蓝晒图，也可使用计算机出图，但不得使用复印件；施工单位应以单位工程为单位编制竣工图。竣工图须由编制单位在图标上方空白处逐张加盖竣工图章，有关单位和责任人应严格履行签字手续。每套竣工图应附编制说明、鉴定意见及目录。施工单位应按以下要求编制竣工图：

①按施工图施工没有变动的，须在施工图上加盖并签署竣工图章。

②一般性的图纸变更及符合杠改或划改要求的，可在原施工图上更改，在说明栏内注明变更依据，加盖并签署竣工图章。

③凡涉及结构型式、工艺、平面布置等重大改变，或图面变更超过1/3的，应重新绘制竣工图（可不再加盖竣工图章）。重绘图应按原图编号，并在说明栏内注明变更依据，在图标栏内注明竣工阶段和绘制竣工图的时间、单位、责任人。监理单位应在图标上方加盖并签署竣工图章。

④竣工图逐张加盖档案编号及正副本章。

⑤凡是归档的照片（含底片）及声像档案，要求图像清晰、声音清楚、文字说明或内容准确。

⑥严格按照工程质量检查评定资料管理的要求，系统归类整理准备工作的检查评定资料。

竣工档案主要按结构性能、使用功能、外观效果等方面，对工程各个施工阶段所有资料进行检查和系统的整理。

工程档案移交时，应编制"工程档案资料移交清单"，双方按清单查阅清楚。移交后，双方在移交清单上签字盖章。移交清单一式两份，双方各自保存一份，以备查对。

第二节　计量与数据处理

一、计量单位与单位制

(一)量与量值

量是现象、物体或物质的可定性区别和定量确定的一种属性。其具有两个特性:一是可测,二是可用数学形式表明其物理含义。

计量学中的量,都是指可以测量的量。一般意义的量,如长度、温度、电流;特定的量,如某根棒的长度,通过某条导线的电流。可相互比较并按大小排序的量称为同种量。若干同种量合在一起可称为同类量,如功、热、能。

量值一般是由一个数乘以测量单位所表示的特定量的大小。例如:5.34 m 或 534 cm,15 kg,10 s,-40 ℃。

量的大小和量值的概念是有区别的。任意一个量,相对来说其大小是不变的,是客观存在的,但其量值将随单位的不同而不同;量值只是在一定单位下表示其量大小的一种表达形式。例如,1 m = 1 000 mm,单位不同,同一物体可以得到不同的量值,但其量本身的大小并无变化。

量的纯数部分,即量值与单位的比值称为量的数值。

对于不能由一个数乘以测量单位所表示的量,可以参照约定参考标尺,或参照测量程序,或两者都参照的方式表示。约定参考标尺是针对某种特定量,约定或规定的一组有序的、连续的或离散的量值,用做该种量按大小排序的参考,例如洛氏硬度标尺、化学中的 pH 标尺等。

(二)量制与量纲

量制是指彼此间存在确定关系的一组量,即在特定科学领域中的基本量和相应导出量的特定组合,一个量制可以有不同的单位制。

量纲以给定量制中基本量的幂的乘积表示该量制中某量的表达式,其数字系数为1。

(三)计量单位与单位制

计量单位是指为定量表示同种量的大小而约定的定义和采用的特定量。同类的量纲必然相同,但相同量纲的量未必同类。

单位制为给定量制按给定规则确定的一组基本单位和导出单位。

(四)国际单位制

国际单位制是在米制基础上发展起来的一种一贯单位制。1960 年,第十一届国际计量大会(CGPM)通过并用符号 SI 表示国际单位制。国际单位制包括 SI 单位、SI 词头、SI 单位的倍数和分数单位三部分。

按国际上的规定,国际单位制的基本单位、辅助单位、具有专门名称的导出单位以及直接由以上单位构成的组合形式的单位(系数为 1)都称之为 SI 单位。它们有主单位的含义,并构成一贯单位制。

国际上规定的表示倍数和分数单位的 16 个词头,称为 SI 词头。它们用于构成 SI 单位的十进倍数和分数单位,但不得单独使用。质量的十进倍数和分数单位由 SI 词头加在"克"的前面构成。

1. 国际单位制的构成

国际单位制的构成如下:

$$\text{国际单位制} \begin{cases} \text{SI 单位} \begin{cases} \text{SI 基本单位} \\ \text{SI 导出单位,其中 21 个有专门的名称和符号} \end{cases} \\ \text{SI 单位的倍数和分数单位} \end{cases}$$

1)SI 基本单位

SI 基本单位共 7 个,见表 1-2。

表 1-2 SI 基本单位

量的名称	单位名称	单位符号
长度	米	m
质量	千克(公斤)	kg
时间	秒	s
电流	安[培]	A
热力学温度	开[尔文]	K
物质的量	摩[尔]	mol
发光强度	坎[德拉]	cd

国际单位制基本量的定义:

(1)米(m):光在真空中于 $\dfrac{1}{299\ 792\ 458}$ s 时间间隔内所经路径的距离。

(2)千克(kg):质量单位,等于国际千克(公斤)原器的质量。

(3)秒(s):^{133}Cs 原子基态的两个超精细能级之间跃迁所对应辐射的 9 192 631 770 个周期的持续时间。

(4)安培(A):一恒定电流,若保持在处于真空中相距 1 m 的两无限长而圆截面可忽略的平行直导线内,则此两导线之间产生的力在每米长度上等于 2×10^{-7} N。

(5)开尔文(K):水三相点热力学温度的 1/273.16。

(6)摩尔(mol):一系统的物质的量,该系统中所包括的基本单元数与 0.012 kg ^{12}C 的原子数目相等。在使用摩尔时应指明基本单元,可以是原子、分子、离子、电子或其他粒子,也可以是这些粒子的特定组合。

(7)坎德拉(cd):发射出频率为 540×1 012 Hz 的单色辐射光源在给定方向上的发光强度,而且在此方向上的辐射强度为 1/683 W/sr。

2)SI 导出单位

SI 导出单位是按照一贯性原则由 SI 基本单位与辅助单位通过选定的公式而导出的单位,导出单位大体上分为四种:第一种是有专门名称和符号的;第二种是只用基本单位表示的;第三种是由有专门名称的导出单位和基本单位组合而成的;第四种是由辅助单位和基本单位或有专门名称的导出单位所组成的。

包括 SI 辅助单位在内的具有专门名称的 SI 导出单位共有 21 个,见表 1-3。

表 1-3　包括 SI 辅助单位在内的具有专门名称的 SI 导出单位

量的名称	单位名称	单位符号	其他表示式例
平面角	弧度	rad	1
立体角	球面度	sr	1
频率	赫[兹]	Hz	s^{-1}
力,重力	牛[顿]	N	$kg \cdot m/s^2$
压力,压强,应力	帕[斯卡]	Pa	N/m^2
能量,功,热	焦[耳]	J	$N \cdot m$
功率,辐射通量	瓦[特]	W	J/s
电荷量	库[仑]	C	$A \cdot s$
电位,电压,电动势	伏[特]	V	W/A
电容	法[拉]	F	C/V
电阻	欧[姆]	Ω	V/A
电导	西[门子]	S	A/V
磁通量	韦[伯]	Wb	$V \cdot s$
磁通量密度,磁感应强度	特[斯拉]	T	Wb/m^2
电感	亨[利]	H	Wb/A
摄氏温度	摄氏度	℃	K
光通量	流[明]	lm	$cd \cdot sr$
光照度	勒[克斯]	lx	lm/m^2
放射性活度	贝可[勒尔]	Bq	s^{-1}
吸收剂量	戈[瑞]	Gy	J/kg
剂量当量	希[沃特]	Sv	J/kg

3)SI 单位的倍数和分数单位

SI 单位加上 SI 词头后两者结合为一整体,就不再称为 SI 单位,而称为 SI 单位的倍数和分数单位,或者叫 SI 单位的十进倍数和分数单位。用于构成十进倍数和分数单位的词头见表 1-4。

表 1-4　用于构成十进倍数和分数单位的词头

表示因数	词头名称	词头符号	表示因数	词头名称	词头符号
10^{24}	尧[它]	Y	10^{-1}	分	d
10^{21}	泽[它]	Z	10^{-2}	厘	c
10^{18}	艾[可萨]	E	10^{-3}	毫	m
10^{15}	拍[它]	P	10^{-6}	微	μ
10^{12}	太[拉]	T	10^{-9}	纳[诺]	n
10^{9}	吉[咖]	G	10^{-12}	皮[可]	p
10^{6}	兆	M	10^{-15}	飞[母托]	f
10^{3}	千	k	10^{-18}	阿[托]	a
10^{2}	百	h	10^{-21}	仄[普托]	z
10^{1}	十	da	10^{-24}	幺[科托]	y

2. 国际单位制的优越性

国际单位制的优越性有以下几点：

（1）严格的统一性；

（2）简明性；

（3）实用性；

（4）澄清了某些量与单位的概念。

（五）中华人民共和国法定计量单位

我国的法定计量单位是以国际单位制为基础,根据我国的实际情况,适当地增加了一些其他单位而构成的,如表1-5所示。

表1-5 我国选定的非国际单位制单位

序号	量的名称	单位名称	单位符号
1	时间	分	min
		[小]时	h
		天（日）	d
2	[平面]角	[角]秒	(″)
		[角]分	(′)
		度	(°)
3	旋转速度	转每分	r/min
4	长度	海里	n mile
5	速度	节	kn
6	质量	吨	t
		原子质量单位	u
7	体积	升	L,(l)
8	能	电子伏	eV
9	级差	分贝	dB
10	线密度	特[克斯]	tex
11	土地面积	公顷	hm^2

1. 法定计量单位的定义与内容

（1）法定计量单位是政府以法令的形式,明确规定在全国范围内采用的计量单位。

（2）中华人民共和国法定计量单位包括:①国际单位制的基本单位;②国际单位制的辅助单位;③国际单位制中具有专门名称的导出单位;④国家选定的非国际单位制单位（见表1-5）;⑤由以上单位构成的组合形式的单位;⑥由词头和以上单位所构成的十进倍数和分数单位。

2. 法定计量单位的使用规则

1)法定计量单位名称

(1)计量单位的名称,一般是指它的中文名称,用于叙述性文字和口述,不得用于公式、数据表、图、刻度盘等处。

(2)组合单位的名称与其符号表示的顺序一致,遇到除号时,读为"每"字,例如:$J/(mol \cdot K)$的名称应为"焦耳每摩尔开尔文",书写时亦应如此,不能加任何图形和符号,不要与单位的中文符号相混。

(3)乘方形式的单位名称,例如:m^4的名称应为"四次方米",而不是"米四次方";用长度单位米的二次方或三次方表示面积或体积时,其单位名称为"平方米"或"立方米",否则仍应为"二次方米"或"三次方米";$℃^{-1}$的名称为"每摄氏度",而不是"负一次方摄氏度";s^{-1}的名称应为"每秒"。

2)法定计量单位符号

(1)计量单位的符号分为单位符号(即国际通用符号)和单位的中文符号(即单位名称的简称)。后者便于在知识水平不高的场合下使用,一般推荐使用单位符号。十进制单位符号应置于数据之后。单位符号按其名称或简称读,不得按字母读音。

(2)单位符号一般用正体小写字母书写,但是以人名命名的单位符号,第一个字母必须正体大写。"升"的符号"l",可以用大写字母"L"。单位符号后,不得附加任何标记,也没有复数形式。

组合单位符号书写方式的举例及其说明,如表1-6所示。

表1-6　组合单位符号书写方式的举例及其说明

单位名称	符号的正确书写方式	错误或不适当的书写形式
牛顿米	$N \cdot m$,Nm,牛米	N—m,mN,牛米,牛—米
米每秒	m/s,$m \cdot s^{-1}$,米·秒$^{-1}$,米/秒	ms^{-1},米秒$^{-1}$,秒米
瓦每开尔文米	$W/(K \cdot m)$,瓦/(开米)	W/(开米),W/K/m,W/K·m
每米	m^{-1},米$^{-1}$	1/m,1/米

说明:

(1)分子为1的组合单位的符号,一般不用分式,而用负数幂的形式。

(2)仅单位符号中,用斜线表示相除时,分子、分母的符号与斜线处于同一行内。分母中包含两个以上单位符号时,整个分母应加圆括号,斜线不得多于1条。

(3)单位符号与中文符号不得混合使用。但是,非物理量单位(如台、件、人等)可用汉字与符号构成组合形式单位。摄氏度的符号℃可作为中文符号使用,如J/℃也可写为焦/℃。

3)词头使用方法

(1)词头的名称紧接单位的名称,作为一个整体,其间不得插入其他词。例如,面积单位km^2的名称和含义是"平方千米",而不是"千平方米"。

(2)仅通过相乘构成的组合单位在加词头时,词头应加在第一个单位之前。例如,力矩单位 kN·m,不宜写成 N·km。

（3）摄氏度和非十进制法定计量单位,不得用 SI 词头构成倍数和分数单位。它们参与构成组合单位时,不应放在最前面。例如,光量单位 lm·h,不应写为 h·lm。

（4）组合单位的符号中,某单位符号同时又是词头符号,则应将它置于单位符号的右侧。例如,力矩单位 Nm,不宜写成 mN。温度单位 K 和时间单位 s、h,一般也在右侧。

（5）词头 h、da、d、c（百、十、分、厘）,一般只用于某些长度、面积、体积和早已习惯用的场合,如 cm、dB 等。

（6）一般不在组合单位的分子分母中同时使用词头,例如电场强度单位可用 MV/m,不宜用 kV/mm。词头加在分子的第一个单位符号前,例如热容单位 J/K 的倍数单位 kJ/K,不应写成 J/mK。同一单位中一般不使用两个以上的词头,但分母中长度、面积和体积单位可以有词头,kg 作为例外。

（7）选用词头时,一般应使量的数值处于 0.1 ~ 1 000。例如,1 401 Pa 可写成 1.401 kPa。

（8）万（10^4）和亿（10^8）可放在单位符号之前作为数值使用,但不是词头。十、百、千、十万、百万、千万、十亿、百亿、千亿等中文词,不得放在单位符号前作数值用。例如:3 千秒$^{-1}$应读作"三每千秒",而不是"三千每秒";对"三千每秒",只能表示为"3 000 秒$^{-1}$";读音"一百瓦",应写作"100 瓦"或"100 W"。

（9）计算时,为了方便,建议所有量均用 SI 单位表示,词头用 10 的幂代替。这样,所得结果的单位仍为 SI 单位。

二、数据处理

（一）算术平均值与最小二乘法原理

1. 算术平均值
算术平均值表示为:

$$\bar{x} = \frac{1}{n}\sum_{i=1}^{n} x_i$$

当计量次数 n 足够大时,系列计量值的算术平均值趋近于真值,并且 n 越大算术平均值越趋近于真值。

2. 最小二乘法的基本原理
在一系列等精度计量的计量值中,最佳值是使所有计量值的误差平方和最小的值。
对于等精度计量的一系列计量值来说,它们的算术平均值即为最佳值。

（二）有效数字及其运算规则

1. 有效数字
为了取得准确的分析结果,不仅要准确测量,而且要正确记录与计算。所谓正确记录是指记录数字的位数。因为数字的位数不仅表示数字的大小,也反映测量的准确程度。所谓有效数字,就是实际能测得的数字。

有效数字保留的位数,应根据分析方法与仪器的准确度来确定,一般使测得的数值中只有最后一位是可疑的。

例如,在分析天平上称取试样0.500 0 g,这不仅表明试样的质量为0.500 0 g,还表明称量的误差在±0.000 2 g以内。如将其质量记录成0.50 g,则表明该试样是在台秤上称量的,其称量误差为0.02 g,故记录数据的位数不能任意增加或减少。

如在上例中,在分析天平上,测得称量瓶的质量为10.432 0 g,这个记录说明有6位有效数字,最后一位是可疑的。因为分析天平只能称准到0.000 2 g,即称量瓶的实际质量应为(10.432 0 ±0.000 2) g。无论计量仪器如何精密,其最后一位数总是估计出来的。

因此,所谓有效数字就是保留末一位不准确数字,其余数字均为准确数字。同时,从上面的例子也可以看出,有效数字与仪器的准确度有关,即有效数字不仅表明数量的大小,而且反映测量的准确度。

2. 有效数字中"0"的意义

"0"在有效数字中有两种意义:一种是作为数字定值,另一种是有效数字。

例如,在分析天平上称量物质,得到质量如表1-7所示。

表1-7 天平上称量物质的质量

物质	称量瓶	Na_2CO_3	$H_2C_2O_4 \cdot 2H_2O$	称量纸
质量(g)	10.143 0	2.104 5	0.210 4	0.012 0
有效数字位数	6位	5位	4位	3位

以上数据中"0"所起的作用是不同的。在10.143 0中两个"0"都是有效数字,所以它有6位有效数字。在2.104 5中的"0"也是有效数字,所以它有5位有效数字。在0.210 4中,小数点前面的"0"是定值用的,不是有效数字,而小数点后面的"0"是有效数字,所以它有4位有效数字。在0.012 0中,"1"前面的两个"0"都是定值用的,而在末尾的"0"是有效数字,所以它有3位有效数字。

综上所述,数字中间的"0"和末尾的"0"都是有效数字,而数字前面所有的"0"只起定值作用。以"0"结尾的正整数,有效数字的位数不确定。例如,4 500这个数,就不能确定是几位有效数字,可能为2位或3位,也可能是4位。遇到这种情况,应根据实际有效数字书写成:

4.5×10^3 2位有效数字

4.50×10^3 3位有效数字

4.500×10^3 4位有效数字

因此,很大或很小的数,常用10的乘方表示。当有效数字确定后,在书写时一般只保留一位可疑数字,多余数字按数字修约规则处理。

3. 有效数字的运算规则

在数字运算中,为提高计算速度,并注意到凑整误差的特点,有效数字的运算规则如下。

1)加、减运算规则

当几个数作加、减运算时,在各数中以小数位数最少的为准,其余各数均凑成比该数多一位,小数所保留的多一位数字常称为安全数字。例如:$36.45 - 6.2 \approx 30.2$;$3.14 + 3.524\ 3 \approx 6.66$;$7.8 \times 10^{-3} - 1.56 \times 10^{-3} = 6.2 \times 10^{-3}$。

2）乘、除运算规则

当几个数作乘法、除法运算时在各数中以有效数字位数最少的为准,其余各数均凑成比该数多一位数字,而与小数点位置无关。

3）开方、乘方运算规则

将数开方或乘方后结果可比有效数字多保留一位或相同。例如,$41.8^3 = 73.0 \times 10^3$。

4）复合运算规则

对于复合运算中间运算所得数字的位数应先进行修约,但要多保留一位有效数字。例如,$(603.21 \times 0.32) \div 4.01 \approx (603.2 \times 0.32) \div 4.01 \approx 48.1$。

5）计算平均值

计算平均值时,如有 4 个以上的数值进行平均,则平均值的有效位数可增加一位。

6）对数计算

对数计算中,所取对数的有效数字应与真数的有效数字位数相同。所以,在查表时,真数有几位有效数字,查出的对数也应具有相同位数的有效数字。

7）其他规则

若有效数字的第一位数为 8 或 9,则有效数字可增计一位;在所有的计算中,数 π、e 等的有效数字位数可以认为是无限的,需要几位就写几位。

（三）数值修约规则

1. 数值修约的基本概念

对某一拟修约数,根据保留数位的要求,将其多余位数的数字进行取舍,按照一定的规则,选取一个其值为修约间隔整数倍的数（称为修约数）来代替拟修约数,这一过程为数值修约,也称为数的化整或数的凑整。为了简化计算,准确表达测量结果,必须对有关数值进行修约。

修约间隔又称为修约区间或化整间隔,它是确定修约保留位数的一种方式。修约间隔一般以 $K \times 10^n$（n 为正整数）的形式表示。人们经常将同一 K 值的修约间隔,简称为 K 间隔。

修约间隔一经确定,修约数只能是修约间隔的整数倍。例如:指定修约间隔为 0.1,修约数应在 0.1 的整数倍的数中选取;若修约间隔为 2×10^n,修约数的末位数字只能是 0、2、4、6、8 等数字;若修约间隔为 5×10^n,则修约数的末位数字必然不是"0",就是"5"。

当对某一拟修约数进行修约时,需确定修约数位,其表达形式有以下几种:

（1）指明具体的修约间隔。

（2）将拟修约数修约至某数位的 0.1 个或 0.2 个或 0.5 个单位。

（3）指明按"K"间隔将拟修约数修约为几位有效数字,或者修约至某数位,有时"1"间隔不必指明,但"2"间隔或"5"间隔必须指明。

2. 数值修约规则

（1）拟舍弃数字的最左一位数字小于 5 时,则舍去,即保留的各位数字不变。例如:将 12.149 8 修约到一位小数,得 12.1;将 12.149 8 修约成两位有效数字,得 12。

（2）拟舍弃数字的最左一位数字大于 5,或者是 5,而其后跟有并非全部为 0 的数字时,则进一,即保留的末位数字加 1。例如:将 1 268 修约到百数位,得 13×10^2（特定时可写为 1 300);将 1 268 修约成三位有效数字,得 127×10(特定时可写为 1 270);将 10.502 修约到个位数,得 11。

"特定时"的含义是指修约间隔或有效位数明确时。

(3)拟舍弃数字的最左一位数字为 5,而右面无数字或皆为 0 时,若所保留的末位数字为奇数(1,3,5,7,9)则进一,为偶数(2,4,6,8,0)则舍弃。

例 1:修约间隔为 0.1(或 10^{-1})。

拟修约数值	修约值
1.050	1.0
0.350	0.4

例 2:修约间隔为 1 000(或 10^3)。

拟修约数值	修约值
2 500	2×10^3(特定时可写为 2 000)
3 500	4×10^3(特定时可写为 4 000)

例 3:将下列数字修约成两位有效数字。

拟修约数值	修约值
0.032 5	0.032
32 500	32×10^3(特定时可写为 32 000)

(4)负数修约时,先将它的绝对值按上述(1)～(3)的规定进行修约,然后在修约值前面加上负号。

例 4:将下列数字修约到"十"位数。

拟修约数值	修约值
−355	-36×10(特定时可写为 −360)
−325	-32×10(特定时可写为 −320)

例 5:将下列数字修约成两位有效数字。

拟修约数值	修约值
−365	-36×10(特定时可写为 −360)
−0.036 5	−0.036

三、数据表示

测量的目的是求得被计量的量的真值。由于计量中存在误差,人们不可能得到被计量的量的真值,而只能得到真值的近似值。在提出计量结果报告时,应该说明计量值与真值相近似的程度。因此,表示分析结果的基本要求就是要明确地表示在一定灵敏度下真值的置信区间。

置信区间越窄,表示计量值越接近真值。置信区间的大小直接依赖于计量的精密度与准确度。因此,应该而且必须给出计量精密度与准确度这两项指标。但要全面评价一个计量结果,仅给出这两项指标是不够的,还必须指明获得这样的计量精密度与准确度所付出的代价,即通过多少次计量才得到这样的精密度与准确度。精密度、准确度和计量次数是三个基本参数,三者缺一不可。

(一)数值表示法

数值表示法是报告结果最常用、最简便的方法,若计量值 X 服从正态分布 $N(\mu,\sigma^2)$,则样本测定平均值 $[\bar{x}]$ 服从正态分布 $N(\mu,\frac{\sigma^2}{n})$,还会有一组独立计量的样本值 $x_1,x_2,\cdots,x_n$,平均值 $\bar{x}=\frac{1}{n}\sum x_i$、标准偏差 $S=\sqrt{\dfrac{\sum\limits_{i=1}^{n}(x_i-\bar{x})^2}{n-1}}$ 分别是总体平均值 μ 与总体方差 σ^2 的无偏估计值,于是计量结果表示为:

$$\mu = \bar{x} \pm \frac{S}{\sqrt{n}}t_{\alpha,f} \tag{1-1}$$

$t_{\alpha,f}$ 为在一定置信度 $(1-\alpha)\times100\%$ 与自由度 $f=(n-1)$ 下的置信系数,可由 t 分布表查出。

式(1-1)具有明确的概率意义,它表明真值 μ 落在置信区间 $(\bar{x}-\frac{S}{\sqrt{n}}t_{\alpha,f},\bar{x}+\frac{S}{\sqrt{n}}t_{\alpha,f})$ 的置信概率为 $p=(1-\alpha)$。$\frac{S}{\sqrt{n}}t_{\alpha,f}$ 称为误差限,又称为估计精度。当采用不同的置信系数时,则有不同的误差限,因此要比较两个计量结果的精确程度,如不特别说明,一般都指置信度为 95%($\alpha=5\%$)。

当计量中存在系统误差 ε 时,计算结果表示为:

$$\mu = \bar{x} + \varepsilon \pm \frac{S}{\sqrt{n}}t_{\alpha,f} \tag{1-2}$$

式中,系统误差 ε 取代数值。

式(1-1)与式(1-2)既指明了计量的准确度、精密度与获得此准确度、精密度所进行的计量次数,也指出了计量结果的可信程度。

例6:分析某一试样中的钠含量,10 次计量的平均值 $[\bar{x}]\approx3.05$,单次计量的标准偏差 $S=0.03$,则该试样中钠的真实含量可以表示为:

$$\mu = \bar{x} \pm \frac{S}{\sqrt{n}}t_{0.05,9} = 3.05 \pm \frac{0.03}{\sqrt{10}} \times 2.6 = 3.05 \pm 0.02$$

因此,做出这一结论的置信度为 95%。

(二)图形表示法

图形表示法是根据笛卡儿解析几何原理,用几何图形,如线的长度、表面的面积、立体的体积等,将试验数据表示出来。此种方法在数据整理上极为重要,其优点在于形式简明直观,便于比较,易显示数据中的最高点或最低点、转折点、周期性和其他奇异性等。如图形作得足够准确,则不必知道变数间的数字关系式,即可对变数求微分或积分。

一个图形往往因在作图过程中忽略某些基本原则,而失去其应有作用,因此如何将一组数据正确地用图形表示出来,是十分重要的。

根据数据作图,通常包括以下七个步骤:

(1)图纸的选择。

（2）坐标的分度。

（3）坐标分度值的标记。

（4）根据数据描点。

（5）根据图上各点作曲线。

（6）注解和说明。

（7）数据和来源。

（三）列表表示法

所有计量至少包括两个变数,一个叫独立变数,另一个叫从变数或因变数,列表表示法就是将一组试验数据中的自变数、因变数的各个数值依一定的型式和顺序一一对应列出来。

列表表示法优点如下:

（1）简单易作,不需特殊纸质和仪器。

（2）数据易于参考比较。

（3）型式紧凑。

（4）同一表内可以同时表示几个变数间的变化而不混乱。

（5）如表中所列 x 和 $y = f(x)$ 的函数关系,则不必知道函数的型式就可对 $f(x)$ 求微分或积分。

四、测量误差

（一）测量误差的概念

1.测量误差的定义

测量结果减去被测量的真值所得的差称为测量误差,简称误差。其公式可表示为:

$$测量误差 = 测量结果 - 真值$$

测量结果是由测量所得到的赋予被测量的值,是客观存在的量的试验表现,仅是对测量所得被测量之值的近似或估计,显然它是人们认识的结果,不仅与量的本身有关,而且与测量程序、测量仪器、测量环境以及测量人员等有关。真值是量的定义的完整体现,是与给定的特定量的定义完全一致的值,它是通过完善的或完美无缺的测量才能获得的值。

真值是一个理想的概念,一般是不知道的。基本量的真值可以按定义给出,但实现起来还是含有误差。真值常用实际值（通常用高一等级的计量标准出具所计量的量值）或一系列计量结果的平均值来代替。

对某一量进行计量后,用被计量的量的计量结果 x 减去其真值 x_0 而得到的差值就是人们通常理解的绝对误差（简称误差）δ,即:

$$\delta = x - x_0 \tag{1-3}$$

式中:x 为测量值;x_0 为真值。

绝对误差有大小和符号,其单位与被测量的单位相同,如三角形的三个内角和的真值为 $180°$,实测结果为 $179°$,则绝对误差为 $-1°$,符号为负,说明测量结果小于真值,不应将绝对误差与误差的绝对值混淆,后者为误差的模。

绝对误差常常并不能用来比较测量之间的准确程度。如测定两个电压 V_1 和 V_2,测

量结果 V_1 为 100.1 V，V_2 为 10.1 V，如果 V_1 和 V_2 的实际值分别为 100 V 和 10 V，按式(1-3)定义两个量的测量结果的绝对误差是相等的，而实际上前一种测量比后一种测量明显要准确得多。为了弥补绝对误差的不足，提出了相对误差的概念。

相对误差是测量结果的绝对误差 δ 与真值 x_0 之比，即 δ/x_0。

由于通常真值不能确定，实际上用的是约定真值。就约定真值取值方式考查，相对误差有实际相对误差、额定相对误差(也称引用误差)和标称相对误差。

真值取值为被测量的实际值，则定义为实际相对误差；真值取值为器具的额定值(满刻度)，则定义为额定相对误差；真值取值为被测量的测定值，则定义为标称相对误差。

2. 误差的分类

从不同的角度可以对误差进行不同的分类。

(1)从误差产生的原因这一角度，误差可分为：

①设备误差(仪器误差)。如所用的计量器具示值不准引起的误差。

②方法误差。计量的操作不规范引起的误差。

③环境误差。由于环境因素与要求的标准状态不一致而产生的误差，如恒温、电磁屏蔽、隔振等不完善引起的误差。

④人员误差(人为误差)。计量人员生理差异和技术不熟练引起的误差。

(2)从计量仪器使用角度，可以分为工作误差、影响误差和固有误差等。

(3)从计量测量数据处理需要，按其性质一般将误差分为两类，即系统误差和随机误差。

①系统误差。是指在重复性条件下，对同一被测量进行无限多次测量所得结果的平均值与被测量的真值之差。系统误差决定测量结果的正确度。

系统误差在所处的测量条件下，误差的绝对值和符号保持恒定或遵循某一规律变化。根据出现的规律性，系统误差又分为误差值和符号不变的恒定误差及误差值变化的变值误差两种。变值误差按误差值的变化特点又可分为累进误差、周期性误差、按复杂规律变化的误差等。

②随机误差。是指测量结果与在重复性条件下对同一被测量进行无限多次测量所得结果的平均值之差。随机误差决定计量结果的精密度。

每次误差的取值和符号没有一定的规律，并不能预计，多次测量的误差整体服从统计规律，当测量次数不断增加，其误差的算术平均值趋于零。

随机误差出现的概率分布规律可以分为正态分布和非正态分布两大类。它是围绕在测量结果的算术平均值(数学期望)周围随机变化分布。要分析这类误差，必须了解它的概率分布规律。

3. 测量结果的正确度、精密度和准确度

在实际工作中，测量不可能进行无限次，通常又不知道被测量的真值，因此真值是理想的概念，无法确切知道其值的大小，但可通过改进测量方法、测量设备及控制影响量等方法来减小客观存在着的测量误差。

正确度反映了系统误差的大小，表明测量结果与真值的接近程度；精密度也叫精确度(精度)，直接表示测量结果与真值一致的程度；准确度是精密度与正确度的综合表达。

图 1-1 表示了正确度、精密度与准确度三者的关系。

| (a)正确但不精密 | (b)精密但不正确 | (c)准确 |

图 1-1　计量结果的正确度、精密度与准确度示意图

(二)测量不确定度的评定

1. 不确定度产生的原因

测量过程中的随机效应及系统效应均会导致测量不确定度,数据处理中的修约也会导致不确定度。不确定度的 A 类评定是用对观测列进行统计分析的方法,来评定标准不确定度。不确定度的 B 类评定是用不同于对观测列进行统计分析的方法,来评定标准不确定度。这些从产生不确定度的原因上所做的分类,与从评定方法上所做 A、B 分类之间不存在任何联系。

A、B 分类旨在指出评定方法的不同,只是为了便于理解和讨论,并不意味着两类分量之间存在本质上的区别。

测量中可能导致不确定度的来源一般有:被测量的定义不完整;复现被测量的测量方法不理想;取样的代表性不够,即被测样本不能代表所定义的被测量;对测量过程受环境影响的认识不恰如其分或对环境的测量与控制不完善;对模拟式仪器的读数存在人为偏移;测量仪器的计量性能(如灵敏度、鉴别力[阈]、分辨力及稳定性等)的局限性;测量标准或标准物质的不确定度;引用的数据或其他参量的不确定度;测量方法和测量程序的近似与假设;在相同条件下被测量在重复观测中的变化。

对那些尚未认识到的系统效应,显然是不可能在不确定度评价中予以考虑的,但是它可能导致测量结果的误差。

2. 标准不确定度的 A 类评定

在重复性条件或复现性条件下得出 n 个观察结果 x_k,随机变量 x 的期望值 μ,x 的最佳估计是 n 次独立观察结果的算术平均值(又称为样本平均值):

$$\bar{x} = \frac{1}{n} \sum_{k=1}^{n} x_k \tag{1-4}$$

观测值的试验方差

$$S^2(x_k) = \frac{1}{n-1} \sum_{k=1}^{n} (x_k - \bar{x})^2 \tag{1-5}$$

式中:$S^2(x_k)$ 是 x_k 的概率分布的总体方差 σ^2 的无偏估计;其正平方根 $S(x_k)$ 表征了 x_k 的分散性,确切地说,表征了它们在 x 上下的分散性。

$S(x_k)$ 称为样本标准差或试验标准差,表示试验测量列中任一次测量结果的标准差。通常以独立观测列的算术平均值作为测量结果,测量结果的标准不确定度为

$S(\bar{x}) = S(x_k)/\sqrt{n} = u(\bar{x})$。

观察次数 n 应该充分多,以使 $[\bar{x}]$ 成为 x 的期望值 μ 的可靠估计值,并使 $S^2(x_k)$ 成为 σ^2 的可靠估计值,从而也使 $u(x_k)$ 更为可靠。

3. 标准不确定度的 B 类评定

获得 B 类标准不确定度的信息来源一般有:以前的观测数据;对有关技术资料和测量仪器特性的了解与经验;生产部门提供的技术说明文件;校准证书、检定证书或其他文件提供的数据、准确度的等别或级别,包括目前暂在使用的极限误差等;手册或某些资料给出的参考数据及其不确定度;规定试验方法的国家标准或类似的技术文件中给出的重复性限 r 或复现性限 R。

用这类方法得到的估计方差 $u^2(x_i)$,可简称 B 类方差。如估计值 x_i 来源于制造部门的说明书、校准证书、手册或其他资料,其中同时还明确给出了其不确定度 $u(x_i)$ 是标准差 $S(x_i)$ 的 K 倍,指明了包含因子后的大小,则标准不确定度 $u(x_i)$ 可取 $u(x_i)/K$,而估计方差 $u^2(x_i)$ 为其平方。

例7:校准证书上指出,标称值为 1 kg 的砝码质量 $m = 1\,000.000\,32$ g,并说明按包含因子 $K = 3$ 给出的扩展不确定度 $u = 0.24$ mg,则砝码的标准不确定度为 $u(m) = 0.24$ mg/3 $= 80$ μg,估计方差为 $u^2(m) = (80\ \mu g)^2 = 6.4 \times 10^{-9} g^2$,相应的相对标准不确定度为:

$$u_{rel}(m) = u(m)/m = 80 \times 10^{-9}$$

如 x_i 的扩展不确定度不是按标准差 $S(x_i)$ 的 K 倍给出的,而是给出了置信概率 p 为 90%、95% 或 99% 的置信区间的半宽 u_{90}、u_{95}、u_{99},除非另有说明,一般按正态分布考虑其标准不确定度 $u(x_1)$。对应于上述三种置信概率的包含因子 K_p,分别为 1.645、1.960 或 2.576,更为完整的关系见表 1-8。

表1-8　正态分布情况下置信概率 p 与包含因子 K_p 间的关系

$p(\%)$	50	68.27	90	95	95.45	99	99.73
K_p	0.67	1	1.645	1.960	2	2.576	3

例8:校准证书上给出的标称值为 10 Ω 的标准电阻器的电阻 R_s 在 23 ℃ 时为:

$$R_s(23\ ℃) = (10.000\,74 \pm 0.000\,13)\ \Omega$$

同时,说明置信概率为 99%。

因 $u_{99} = 0.13$ mΩ,按表 1-8 得,$K_p = 2.576$,其标准不确定度 $u(R_s) = 0.13$ mΩ/2.576 $= 50$ μΩ,估计方差 $u^2(R_s) = (50\ \mu\Omega)^2 = 2.5 \times 10^{-9}\ \Omega^2$。相应的相对标准不确定度

$$u_{rel}(R_s) = u(R_s)/R_s = 5 \times 10^{-6}$$

4. 合成不确定度的评定

当测量结果是由若干个其他量的值求得时,例如 $Y = x_1 + x_2 + x_3 + x_4$,并且各量彼此独立,按其他各量的方差和协方差算得的标准不确定度,就是合成标准不确定度。合成标准不确定度可以按 A、B 两类评定方法合成。

当全部输入量 x_i 是彼此独立或不相关时,合成不确定度 $u_c(y)$ 由下式得出:

$$u_c^2(y) = \sum_{i=1}^{n} (\frac{\partial f}{\partial x_i})^2 u^2(x_i) \tag{1-6}$$

式(1-6)中标准不确定度 $u(x_i)$ 既可按 A 类,也可按 B 类方法评定。

例9:已知电压 $V = \overline{V} + \Delta V$,设电压重复测量按 A 类评定方法得出 $u(V) = 12\ \mu V$,而测量出的平均值 $\overline{V} = 0.928\ 571\ V$,附加修正值 $\Delta V = 0$。测量仪器引入的标准不确定度 $u(\Delta V) = 8.7\ \mu V$。V 与 ΔV 彼此独立,故 V 的合成方差:

$$u_c^2(V) = u^2(\overline{V}) + u^2(\Delta V) = (12\ \mu V)^2 + (8.7\ \mu V)^2 = 220 \times 10^{-12}\ V^2$$

则合成不确定度:

$$u_c(V) = 15\ \mu V$$

相对合成标准不确定度:

$$u_{crel}(V) = u_c(V)/\overline{V} = 15 \times 10^{-6}\ V/0.928\ 571\ V = 16 \times 10^{-6}$$

5. 测量不确定度的表示

计量结果的不确定度如何表示和计算是一个极其重要的问题。1980 年,国际计量局召集的国际会议上讨论了此问题,1981 年 10 月国际计量委员会正式提出了这方面的建议书并得到同意。按建议,不确定度以标准差 σ(或方差 σ^2)表征,对特殊用途,可将 σ 乘以某一因子(量值因子)表示,但此时乘的因子或概率通常必须注明。

合成不确定度可以用下列 4 种方式表示,例如标准砝码的质量为 m_s,测量结果为 100.021 47 g,合成标准不确定度 $u_c(m_s) = 0.35$ mg,则:

(1)$m_s = 100.021\ 47$ g,合成不确定度 $u_c(m_s)$ 为 0.35 mg。

(2)$m_s = 100.021\ 47(35)$ g,括号内的数是按标准差给出的,其末位数与前面结果内末位数对齐。

(3)$m_s = 100.021\ 47(0.000\ 35)$ g,括号内的数是按标准差给出的,与前面结果有相同计量单位。

(4)$m_s = (100.021\ 47 \pm 0.000\ 35)$ g,正负号后之值是按标准差给出的,它并非置信区间。

当给出扩展不确定度时,为了明确起见,推荐以下说明方式,例如:$m_s = (100.021\ 47 \pm 0.000\ 79)$ g,式中,正负号后的值为扩展不确定度 $u_{95} = K_{95} u_c$,而合成标准不确定度 $u_c(m_s) = 0.35$ mg,自由度 $\nu = 9$,包含因子 $K_p = t_{95}(9) = 2.26$,从而具有约为 95% 概率的置信区间。

如某测量结果的总不确定度为 0.35 mm,应注明其概率为 99.73%。注意,极限误差并不就是不确定度,极限误差只是当不确定度概率为 99.73% 时表达的一个特例。

作为一个测量结果,不仅要表示其量值大小,而且要标出其测量的不确定度,才能叫一个完整的测量结果,才能使人们知道其测量结果的准确可靠程度。

6. 误差与不确定度的区别

测量误差是测量结果减去被测量的真值。由于真值不能确定,实际上用的是约定真值。约定真值是对给定目的具有适当不确定度的、赋予特定量的值,有时该值是约定采用的,也常用某量的多次测量结果来确定约定真值。误差值只取一个符号,非正即负。

误差与不确定度是完全不同的两个概念,不应混淆或误用。对同一个被测量不论其测量程序、条件如何,测量结果相同的,其误差也相同;而在重复性条件下,则不同结果可有相同的不确定度。测量误差与测量不确定度的主要区别见表1-9。

表 1-9　测量误差与测量不确定度的主要区别

序号	内容	误差	不确定度
1	定义的要点	表明测量结果偏离真值,是一个差值	表明赋予被测量之值的分散性,是一个区间
2	分量的分类	按出现于测量结果中的规律分为随机和系统,都是无限多次测量时的理想化概念	按是否用统计方法求得,分为A类和B类,都是标准不确定度
3	可操作性	由于真值未知,只能通过约定真值求得其估计值	按试验、资料、经验评定,试验方差是总体方差的无偏估计
4	表示的符号	非正即负,不要用正负(±)号表示	为正值,当由方差求得时取其正平方差
5	合成的方法	各误差分量的代数和	当各分量彼此独立时为方根和必要时加入协方差
6	结果的修正	已知系统误差的估计值时,可以对测量结果进行修正,得到已修正的测量结果	不能用不确定度对结果进行修正,在已修正结果的不确定度中应考虑修正不完善引入的分量
7	结果的说明	属于给定的测量结果,只有相同的结果才有相同的误差	合理赋予被测量的任一个值,均具有相同的分散性
8	试验标准(偏差)	来源于给定的测量结果,不表示被测量估计值的随机误差	来源于合理赋予的被测量之值,表示同一个观测列中任一个估计值的标准不确定度
9	自由度	不存在	可作为不确定度评定是否可靠的指标
10	置信概度	不存在	当了解分布时,可按置信概率给出置信区间

五、数据统计分析

随机误差分布的规律给数据处理提供了理论基础,但它是对无限多次测量而言。实际工作中,我们只做有限次测量,并把它看做是从无限总体中随机抽出的一部分,称之为样本。样本中包含的个数叫样本容量,用 n 表示。

(一)数据集中趋势的表示

1. 算术平均值

算术平均值是指 n 次测定数据的平均值。

$$\bar{x} = \frac{x_1 + x_2 + \cdots + x_n}{n} = \frac{1}{n}\sum_{i=1}^{n} x_i$$

$\bar{x}$ 是总体平均值的最佳估计。对于有限次测定,测量值总向算术平均值 $\bar{x}$ 集中,即数值出现在算术平均值周围;对于无限次测定,即 $n \to \infty$ 时,$\bar{x} \to \mu$。

2. 中位数 M

将数据按大小顺序排列,位于正中间的数据称为中位数 M。凡为奇数时,居中者即是中位数;n 为偶数时,正中间两个数据的平均值即是中位数。

(二)数据分散程度的表示

1. 极差 R(或称全距)

极差指一组平行测定数据中最大者(x_{max})和最小者(x_{min})之差。

$$R = x_{max} - x_{min}$$

2. 平均偏差

平均偏差指各次测量值与平均值的偏差的绝对值的平均。

绝对偏差 $\quad\quad\quad d_i = x_i - \bar{x}(i = 1, 2, \cdots, n)$

平均偏差 $\quad \bar{d} = \dfrac{|d_1| + |d_2| + |d_3| + \cdots + |d_n|}{n} = \dfrac{1}{n}\sum_{i=1}^{n}|d_i|$

相对平均偏差 $\quad\quad\quad R_{\bar{d}} = \dfrac{\bar{d}}{\bar{x}} \times 100\%$

3. 标准偏差 S

标准偏差 $\quad\quad\quad S = \sqrt{\dfrac{\sum_{i=1}^{n}(x_i - \bar{x})^2}{n-1}}$

相对标准偏差,也叫变异系数,用 C_v 表示,一般计算百分率,即

$$C_v = \dfrac{S}{\bar{x}} \times 100\%$$

自由度 $\quad\quad\quad f = n - 1$

(三)平均值的置信度区间

1. 定义

1)置信度

置信度表示对所做判断有把握的程度,用符号 P 表示。

有时我们对某一件事会说"我对这件事有八成的把握"。这里的"八成的把握"就是置信度,实际是指某事件出现的概率。

常用置信度表示方式:$P = 0.90$,$P = 0.95$;或 $P = 90\%$,$P = 95\%$。

2)置信区间

按照 t 分布计算,在某一置信度下以个别测量值为中心的包含真值的范围,叫个别测量值的置信区间。

2. 分布曲线

1)t 分布的定义

$$t = \dfrac{\bar{x} - \mu}{S}\sqrt{n}$$

2)t分布曲线

t分布曲线的纵坐标是概率密度,横坐标是t,这时随机误差不按正态分布,而是按t分布(见图1-2)。

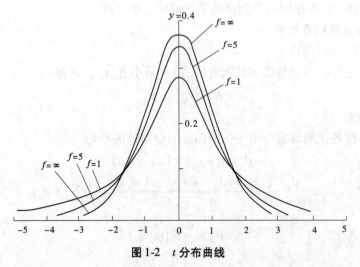

图1-2 t分布曲线

3)与正态分布的关系

t分布曲线随自由度f变化,当$n \rightarrow \infty$时,t分布曲线即是正态分布曲线。

当$n \rightarrow \infty$时,$S \rightarrow \sigma$,t即是μ。实际上,当$f = 20$时,t与μ已十分接近。

3.平均值的置信区间

1)表示方法

$$\mu = \bar{x} \pm t \frac{S}{\sqrt{n}}$$

2)含义

在一定置信度下,以平均值为中心,包括总体平均值的置信区间。

3)计算方法

(1)求出测量值的$\bar{x}$,S;

(2)根据要求的置信度与f值,从t分布值表中查出t值;

(3)代入公式计算。

(四)显著性检验

显著性检验常用的方法有两种:t检验法和F检验法。

分析工作中常遇到两种情况:样品测定平均值和样品标准值不一致;两组测定数据的平均值不一致。需要分别进行平均值与标准值的比较和两组平均值的比较。

1.平均值与标准值的比较

1)比较方法

用标准试样做几次测定,然后用t检验法检验测定结果的平均值与标准试样的标准值之间是否存在差异。

2)计算方法

(1)求$t_{计算}$。

$$t_{计算} = \frac{|\bar{x} - \mu|}{S}\sqrt{n}$$

(2)根据置信度(通常取置信度95%)和自由度f,查t分布表中$t_{表}$值。

(3)比较$t_{计算}$和$t_{表}$,若$t_{计算} > t_{表}$,说明测定的平均值出现在以真值为中心的95%概率区间之外,平均值与真实值有显著差异,我们认为有系统误差存在。

例10:某化验室测定标样中CaO含量得如下结果:CaO含量$=30.51\%$,$S = 0.05$,$n = 6$,标样中CaO含量标准值是30.43%,此操作是否有系统误差(置信度为95%)?

解:$t_{计算} = \dfrac{|\bar{x} - \mu|}{S}\sqrt{n} = \dfrac{|30.51 - 30.43|}{0.05} \times \sqrt{6} = 3.92$

查表:置信度为95%,$f = 5$时,$t_{表} = 2.57$,比较可知$t_{计算} > t_{表}$。

因此,此操作存在系统误差。

2.两组平均值的比较

1)比较方法

用两种方法进行测定,结果分别为$\bar{x}_1$,S_1,n_1;$\bar{x}_2$,S_2,n_2。然后分别用F检验法及t检验法计算后,比较两组数据是否存在显著差异。

2)计算方法

(1)精密度的比较——F检验法:

①求$F_{计算}$,$F_{计算} = \dfrac{S_{大}^2}{S_{小}^2} > 1$。

②由$F_{表}$根据两种测定方法的自由度,查相应$F_{值}$进行比较。

③若$F_{计算} < F_{表}$,说明S_1和S_2差异不显著,进而用t检验法检验平均值间有无显著差异。若$F_{计算} > F_{表}$,S_1和S_2差异显著。

(2)平均值的比较:

①求$t_{计算}$,$t_{计算} = \dfrac{\bar{x}_1 - \bar{x}_2}{S}\sqrt{\dfrac{n_1 n_2}{n_1 + n_2}}$。

若S_1与S_2无显著差异,取$S_{小}$作为S。

②查t值表,自由度$f = n_1 + n_2 - 2$。

③若$t_{计算} > t_{表}$,说明两组平均值有显著差异。

例11:Na_2CO_3试样用两种方法测定结果如下:

方法1:$\bar{x}_1 = 42.34$,$S_1 = 0.10$,$n_1 = 5$。

方法2:$\bar{x}_2 = 42.44$,$S_2 = 0.12$,$n_2 = 4$。

由此可以比较两种方法的测定结果有无显著差异。

(五)离群值的取舍

1.定义

在一组平行测定数据中,有时会出现个别值与其他值相差较远,这种值叫离群值。

判断一个测定值是否是离群值,不是把数据摆在一块看一看,哪个离得远,哪个是离群值,而是要经过计算、比较才能确定,我们用的方法就叫 Q 检验法。

2. 检验方法

(1)求 $Q_{计算}$:$Q_{计算} = \dfrac{x_{离群} - x_{邻近}}{x_{最大} - x_{最小}}$。

即:求出离群值与其最邻近的一个数值的差,再将它与极差相比就得 $Q_{计算}$ 值。

(2)比较:根据测定次数 n 和置信度查 $Q_{表}$,若 $Q_{计算} > Q_{表}$,则离群值应舍去,反之则保留离群值。90% 置信水平的 Q 临界值见表 1-10。

表 1-10 90% 置信水平的 Q 临界值

数据 n	3	4	5	6	7	8	9	10	⋯	∞
Q_{90}	0.90	0.76	0.64	0.56	0.51	0.47	0.44	0.41	⋯	0

六、抽样方法

(一)总体、个体和样本

总体是指研究对象的全体,个体是指组成总体的每个基本单位,例如一批砖、一批混凝土、一批钢筋等都是总体,而每块砖、每块混凝土、每根钢筋等都是个体。

在统计学中,我们把所研究的全部元素组成的集合称做母体或总体(可分为有限总体和无限总体),总体中的每一个元素称为个体。

在实际问题中,人们并不是关心组成总体的每个个体的各种具体特征,而是研究它某一方面的质量特性指标 x,因此总体实际上是指个体质量特性指标 x 的取值全体。

总体的性质由组成总体的个体所决定,所以要了解总体的性质,必须对总体中的每个个体进行逐个的研究,但是这样做不仅工作量大,而且有时也是不允许的。例如,要对某砖瓦厂每天生产的砖的几何尺寸进行测量,工作量就很大,测量任务就过于繁重,因此不可能对每块砖都进行测量;如要了解砖的抗折强度,也不能对每块砖都进行抗折强度试验,因为抗折强度试验是破坏性试验,试验过后,砖就无法使用了。由于上述原因,对于总体的研究一般是通过从总体中抽取一部分个体,根据对这一部分个体的研究,对总体的性质做出估计判断。从总体中抽取的一部分个体称为样本,样本中包括的个体数目称为样本容量或样本大小。

从某个总体 x 中抽取一个容量为 n 的样本,便得到 n 个样本值 $x_1, x_2, \cdots, x_n$,其中 x_1 称为第 1 个个体,x_2 称为第 2 个个体,⋯⋯,x_n 称为第 n 个个体。但是抽样前,每个个体是何值不能预先知道,只有抽样后才知道。为此,我们先将这一样本的第一个个体用随机变量 x_1 表示。

设 x 是具有分布函数 F 的随机变量,若 $x_1, x_2, \cdots, x_n$ 是具有同一分布函数的相互独立的随机变量,则称其为从分布函数 F(或总体 F 或总体 X)得到的容量为 n 的简单随机样本,简称样本,它们的观察值 $x_1, x_2, \cdots, x_n$ 称为样本值,又称为 X 的 n 个独立的观察值。

(二)统计量

1. 统计量的概念

样本来自总体,因此样本中包含了有关总体的丰富信息。但是不经加工的信息是零散的,为了把这些零散的信息集中起来反映总体的特征,需要对样本进行加工,图与表是对样本进行加工的一种有效方法,另一种有效方法就是构造样本的函数,不同的函数反映总体的不同特征。不含未知参数的样本函数称为统计量。

2. 常用的统计量类型

1)描述样本集中位置的统计量

(1)样本均值。

样本均值也称样本平均数,记为 $\bar{x}$,它是样本数据 $x_1, x_2, \cdots, x_n$ 的算术平均数。

$$\bar{x} = \frac{1}{n} \sum_{i=1}^{n} x_i$$

对于 n 较大的分组数据,可利用将每组的中值 x'_i 用频率 f_i 加权计算近似的样本均值:

$$\bar{x} \approx \sum_{i=1}^{k} x'_i f_i$$

样本均值是使用最为广泛的反映数据集中位置的度量。它的计算比较简单,但缺点是它受极端值的影响比较大。

(2)样本中位数。

样本中位数是表示数据集中位置的另一种重要的度量,用符号 Me 表示。在确定样本中位数时,需要将所有样本数据按其数值大小从小到大重新排列成以下的有序样本:

$$x_{(1)}, x_{(2)}, \cdots, x_{(n)}$$

其中,$x_{(1)} = x_{\min}, x_{(n)} = x_{\max}$ 分别是数据的最小值与最大值。

样本中位数定义为有序样本中位置居于中间的数值,具体地说:

$$Me = \begin{cases} x\left(\dfrac{n+1}{2}\right) & n \text{ 为奇数} \\ \dfrac{1}{2}\left[x\left(\dfrac{n}{2}\right) + x\left(\dfrac{n}{2}+1\right)\right] & n \text{ 为偶数} \end{cases}$$

与均值相比,中位数不受极端值的影响。因此,在某些场合,中位数比均值更能代表一组数据的中间位置。

(3)样本众数。

样本众数是样本数据中出现频率最高的值,常记为 Mod。样本众数的主要缺点是受数据的随机性影响比较大,有时也不唯一。

2)描述样本分散程度的统计量

一组数据内部总是有差别的,对一组质量特性数据,大小的差异反映质量的波动,也有一些用来表示数据内部差异或分散程度的量,其中常用的有样本极差、样本方差、样本标准差、样本变异系数。

(1)样本极差。

样本极差是样本数据中最大值与最小值之差,用 R 表示。对于有序样本,极差:

$$R = x_{(n)} - x_{(1)}$$

样本极差只利用了数据中两个极端值,因此它对数据信息的利用不够充分,极差常用

于 n 不大的情况。

（2）样本方差与样本标准差。

数据的分散程度可以用每个数据 x_i 偏离其均值 $\bar{x}$ 的差 $x_i - \bar{x}$ 来表示，$x_i - \bar{x}$ 称为 x_i 离差。对离差不能直接取平均，因为离差有正有负，取平均会正负相抵，无法反映分散的真实情况。当然可以先将其取绝对值，再进行平均，这就是平均绝对差 $\dfrac{1}{n} \sum\limits_{i=1}^{n} |x_i - \bar{x}|$。

但由于绝对值的研究较为困难，因此平均绝对差使用并不广泛。使用最为广泛的是用离差平方来代替离差的绝对值，因而数据的总波动用离差平方和 $\sum\limits_{i=1}^{n} (x_i - \bar{x})^2$ 来表示，样本方差定义为离差平方和除以 $n-1$，用 S^2 表示，即：

$$S^2 = \frac{1}{n-1} \sum_{i=1}^{n} (x_i - \bar{x})^2$$

因为 n 个离差的总和必为 0，所以对 n 个独立数据，独立的离差个数只有 $n-1$ 个，称 $n-1$ 为离差平方和的自由度，因此样本方差是用 $n-1$ 而不是用 n 除离差平方和。

样本方差的正算术平方根称为样本标准差，即：

$$S = \sqrt{S^2} = \sqrt{\frac{1}{n-1} \sum_{i=1}^{n} (x_i - \bar{x})^2}$$

（3）样本变异系数。

样本标准差与样本均值之比称为样本变异系数，有时也称之为相对标准差，记为 C_v。

$$C_v = \frac{S}{\bar{x}}$$

样本变异系数是对消除量纲影响后的样本分散程度的一种度量。

统计量是样本的函数，它是一个随机变量，抽样前它的值不确定，抽样后将样本观测值代入 Φ 表达式中，则 $\Phi(x_1, x_2, \cdots, x_n)$ 是一个确定值，称为统计量 Φ 的观测值。统计量的分布称为抽样分布。根据具体问题，寻求合适的统计量，用数理统计的方法是解决各种实际情况的关键。

（三）抽样方法

由样本对总体进行估计推断时，必须对样本有所要求。如果从总体中抽取的样本能客观地反映总体，那么由此样本对总体做出的估计推断就比较符合实际，因此需要研究从总体中抽取样本的问题。

从理论上讲，抽样方法必须是随机抽样。所谓随机抽样，是指总体的每一个个体都有被抽到的可能，并且每个个体被抽到的可能性相同，而不是凭人们的主观意图去挑选。当然，在实际应用中要想做到绝对的随机抽样是困难的，不过我们应尽量避免由于抽样引起的误差。

抽样方法分概率抽样与非概率抽样两类，现分述如下。

1. 概率抽样

概率抽样的原则（随机性原则）是总体中的每一个样本被选中的概率相等。概率抽样之所以能够保证样本对总体的代表性，其原理就在于它能够很好地按总体内在结构中所蕴涵的各种随机事件的概率来构成样本,使样本成为总体的缩影。

概率抽样又分以下 5 种抽样。

1) 简单随机抽样

抽样前先将总体中所有个体进行统一编号,使每一个编号与一个个体对应,然后用抽签或查随机数表的办法,确定要抽个体的编号,最后按号从总体中抽取个体组成样本。从理论上讲,利用简单随机抽样的方法得到的样本代表性强、误差小,但在具体应用中手续比较烦琐,不太常用。

按照等概率的原则,直接从含有 N 个元素的总体中抽取几个元素组成样本($N > n$)。

2) 系统抽样(等距抽样或机械抽样)

把总体的单位进行排序,再计算出抽样距离,然后按照这一固定的抽样距离抽取样本。第一个样本采用简单随机抽样的办法抽取。抽样距离按下式计算:

$$K = \frac{N}{n}$$

式中:K 为抽样距离;N 为总体规模;n 为样本规模。

前提条件是总体中个体的排列对于研究的变量来说应是随机的,即不存在某种与研究变量相关的规则分布。可以在调查允许的条件下,从不同的样本开始抽样,对比几次样本的特点。如果有明显差别,说明样本在总体中的分布呈某种循环性规律,且这种循环和抽样距离重合。

3) 分层抽样(类型抽样)

先将总体中的所有单位按照某种特征或标志(性别、年龄等)划分成若干类型或层次,然后在各个类型或层次中采用简单随机抽样或系统抽样的办法抽取一个子样本,最后将这些子样本合起来构成总体的样本。

分层抽样有以下两种方法:

(1)先以分层变量将总体划分为若干层,再按照各层在总体中的比例从各层中抽取。

(2)先以分层变量将总体划分为若干层,再将各层中的元素按分层的顺序整齐排列,最后按系统抽样的方法抽取样本。

分层抽样是把异质性较强的总体分成一个个同质性较强的子总体,再抽取不同子总体中的样本分别代表该子总体,所有的样本进而代表总体。

分层标准如下:

(1)以调查所要分析和研究的主要变量或相关的变量作为分层的标准。

(2)以保证各层内部同质性强、各层之间异质性强、突出总体内在结构的变量作为分层变量。

(3)以那些有明显分层区分的变量作为分层变量。

分层的比例问题:

(1)按比例分层抽样。根据各种类型或层次中的单位数目占总体单位数目的比重来抽取子样本的方法。

（2）不按比例分层抽样。有的层次在总体中的比重太小，其样本量就会非常少，此时采用该方法，主要是便于对不同层次的子总体进行专门研究或进行相互比较。如果要用样本资料推断总体，则需要先对各层的数据资料进行加权处理，调整样本中各层的比例，使数据恢复到总体中各层实际的比例结构。

4）整群抽样

整群抽样的单位不是单个的个体，而是成群的个体。它是从总体中随机抽取一些小群体，然后由所抽出的若干个小群体内的所有元素构成调查的样本。对小群体的抽取可采用简单随机抽样、系统抽样和分层抽样的方法。

整群抽样的优点：简便易行，节省费用，特别是在总体抽样难以确定的情况下非常适合；缺点：样本分布比较集中，代表性相对较差。

一般来说，类别相对较多，每一类中个体相对较少的做法效果较好。

分层抽样与整群抽样的区别：分层抽样要求各子群体之间的差异较大，而子群体内部差异较小；整群抽样要求各子群体之间的差异较小，而子群体内部的差异性很大。换句话说，分层抽样是用代表不同子群体的子样本来代表总体中的群体分布；整群抽样是用子群体代表总体，再通过子群体内部样本的分布来反映总体样本的分布。

5）多阶抽样（分段抽样）

多阶抽样是按照元素的隶属关系或层次关系，把抽样过程分为几个阶段进行的。其适用于总体规模特别大，或者总体分布的范围特别广时。

类别与个体之间的平衡问题：

（1）各个抽样阶段中的子总体同质性程度。

（2）各层子总体的个数。

（3）研究所能提供的人力和经费。

多阶抽样的缺陷为每级抽样时都会产生误差。弥补的措施有增加开头阶段的样本数，同时适当地减少最后阶段的样本数。

2. 非概率抽样

非概率抽样不是按照等概率原则，而是根据人们的主观经验或其他条件来抽取样本，常用于探索性研究。非概率抽样的种类主要有以下几种：

（1）偶遇抽样。并非简单随机抽样，概率不等。

（2）判断抽样（立意抽样）。抽样标准取决于调查者的主观选择。

（3）配额抽样。尽可能地根据那些影响研究变量的各种因素来对总体分层，并找出不同特征的成员在总体中所占的比例。配额抽样实际上要求在抽样前对样本在总体中的分布有准确的了解。

配额抽样与分层抽样的区别：前者注重的是样本与总体在结构比例上的表面一致性；后者一方面要提高各层间的异质性与同层的同质性，另一方面也是为了照顾到某些比例小的层次，使得所抽样本的代表性进一步提高，误差进一步减小。在概率上，前者是按照事先规定的条件，有目的地寻找；后者是客观地、等概率地到各层中进行抽样。

第三节　工程项目划分

一、项目名称

(1)水利水电工程质量检验与评定应当进行项目划分。项目按级划分为单位工程、分部工程、单元(工序)工程等三级。各类水利水电工程项目划分示例见水利水电枢纽工程项目划分(见表1-11)、堤防工程项目划分(见表1-12)、引水(渠道)工程项目划分(见表1-13)。

表1-11　水利水电枢纽工程项目划分

工程类别	单位工程	分部工程	说明
一、拦河坝工程	(一)土质心(斜)墙土石坝	1. 坝基开挖与处理	
		△2. 坝基及坝肩防渗	视工程量可划分为数个分部工程
		△3. 防渗心(斜)墙	视工程量可划分为数个分部工程
		*4. 坝体填筑	视工程量可划分为数个分部工程
		5. 坝体排水	视工程量可划分为数个分部工程
		6. 坝脚排水棱体(或贴坡排水)	视工程量可划分为数个分部工程
		7. 上游坝面护坡	
		8. 下游坝面护坡	1. 含马道、梯步、排水沟 2. 如为混凝土面板(或预制块)和浆砌石护坡,应含排水孔及反滤层
		9. 坝顶	含防浪墙、栏杆、路面、灯饰等
		10. 护岸及其他	
		11. 高边坡处理	视工程量可划分为数个分部工程,当工程量很大时,可单列为单位工程
		12. 观测设施	含监测仪器埋设、管理房等。单独招标时,可单列为单位工程
	(二)均质土坝	1. 坝基开挖与处理	
		△2. 坝基及坝肩防渗	视工程量可划分为数个分部工程
		*3. 坝体填筑	视工程量可划分为数个分部工程
		4. 坝体排水	视工程量可划分为数个分部工程
		5. 坝脚排水棱体(或贴坡排水)	视工程量可划分为数个分部工程
		6. 上游坝面护坡	
		7. 下游坝面护坡	1. 含马道、梯步、排水沟 2. 如为混凝土面板(或预制块)和浆砌石护坡,应含排水孔及反滤层
		8. 坝顶	含防浪墙、栏杆、路面、灯饰等
		9. 护岸及其他	
		10. 高边坡处理	视工程量可划分为数个分部工程
		11. 观测设施	含监测仪器埋设、管理房等。单独招标时,可单列为单位工程

工程类别	单位工程	分部工程	说明
一、拦河坝工程	（三）混凝土面板堆石坝	1. 坝基开挖与处理	
		△2. 趾板及周边缝止水	视工程量可划分为数个分部工程
		△3. 坝基及坝肩防渗	视工程量可划分为数个分部工程
		△4. 混凝土面板及接缝止水	视工程量可划分为数个分部工程
		5. 垫层与过渡层	
		6. 堆石体	视工程量可划分为数个分部工程
		7. 上游铺盖和盖重	
		8. 下游坝面护坡	含马道、梯步、排水沟
		9. 坝顶	含防浪墙、栏杆、路面、灯饰等
		10. 护岸及其他	
		11. 高边坡处理	视工程量可划分为数个分部工程，当工程量很大时，可单列为单位工程
		12. 观测设施	含监测仪器埋设、管理房等。单独招标时，可单列为单位工程
	（四）沥青混凝土面板(心墙)堆石坝	1. 坝基开挖与处理	视工程量可划分为数个分部工程
		△2. 坝基及坝肩防渗	视工程量可划分为数个分部工程
		△3. 沥青混凝土面板（心墙）	视工程量可划分为数个分部工程
		*4. 坝体填筑	视工程量可划分为数个分部工程
		5. 坝体排水	
		6. 上游坝面护坡	沥青混凝土心墙土石坝有此分部
		7. 下游坝面护坡	含马道、梯步、排水沟
		8. 坝顶	含防浪墙、栏杆、路面、灯饰等
		9. 护岸及其他	
		10. 高边坡处理	视工程量可划分为数个分部工程，当工程量很大时，可单列为单位工程
		11. 观测设施	含监测仪器埋设、管理房等。单独招标时，可单列为单位工程

工程类别	单位工程	分部工程	说明
一、拦河坝工程	(五)复合土工膜斜(心)墙土石坝	1. 坝基开挖与处理	
		△2. 坝基及坝肩防渗	
		△3. 土工膜斜(心)墙	
		*4. 坝体填筑	视工程量可划分为数个分部工程
		5. 坝体排水	
		6. 上游坝面护坡	
		7. 下游坝面护坡	含马道、梯步、排水沟
		8. 坝顶	含防浪墙、栏杆、路面、灯饰
		9. 护岸及其他	
		10. 高边坡处理	视工程量可划分为数个分部工程
		11. 观测设施	含监测仪器埋设、管理房等。单独招标时,可单列为单位工程
	(六)混凝土(碾压混凝土)重力坝	1. 坝基开挖与处理	
		△2. 坝基及坝肩防渗与排水	
		3. 非溢流坝段	视工程量可划分为数个分部工程
		△4. 溢流坝段	视工程量可划分为数个分部工程
		*5. 引水坝段	
		6. 厂坝联结段	
		△7. 底孔(中孔)坝段	视工程量可划分为数个分部工程
		8. 坝体接缝灌浆	
		9. 廊道及坝内交通	含灯饰、路面、梯步、排水沟等。如无灌浆(排水)廊道,本分部工程应为主要分部工程
		10. 坝顶	含路面、灯饰、栏杆等
		11. 消能防冲工程	视工程量可划分为数个分部工程
		12. 高边坡处理	视工程量可划分为数个分部工程,当工程量很大时,可单列为单位工程
		13. 金属结构及启闭机安装	视工程量可划分为数个分部工程
		14. 观测设施	含监测仪器埋设、管理房等。单独招标时,可单列为单位工程

工程类别	单位工程	分部工程	说明
一、拦河坝工程	（七）混凝土（碾压混凝土）拱坝	1. 坝基开挖与处理	
		△2. 坝基及坝肩防渗排水	视工程量可划分为数个分部工程
		3. 非溢流坝段	视工程量可划分为数个分部工程
		△4. 溢流坝段	
		△5. 底孔（中孔）坝段	
		6. 坝体接缝灌浆	视工程量可划分为数个分部工程
		7. 廊道	含梯步、排水沟、灯饰等。如无灌浆（排水）廊道，本分部工程应为主要分部工程
		8. 消能防冲	视工程量可划分为数个分部工程
		9. 坝顶	含路面、栏杆、灯饰等
		△10. 推力墩（重力墩、翼坝）	
		11. 周边缝	仅限于有周边缝拱坝
		12. 铰座	仅限于铰拱坝
		13. 高边坡处理	视工程量可划分为数个分部工程
		14. 金属结构及启闭机安装	视工程量可划分为数个分部工程
		15. 观测设施	含监测仪器埋设、管理房等。单独招标时，可单列为单位工程
	（八）浆砌石重力坝	1. 坝基开挖与处理	
		△2. 坝基及坝肩防渗排水	视工程量可划分为数个分部工程
		3. 非溢流坝段	视工程量可划分为数个分部工程
		△4. 溢流坝段	
		*5. 引水坝段	
		6. 厂坝联结段	
		△7. 底孔（中孔）坝段	
		△8. 坝面（心墙）防渗	
		9. 廊道及坝内交通	含灯饰、路面、梯步、排水沟等。如无灌浆（排水）廊道，本分部工程应为主要分部工程
		10. 坝顶	含路面、栏杆、灯饰等
		11. 消能防冲工程	视工程量可划分为数个分部工程
		12. 高边坡处理	视工程量可划分为数个分部工程
		13. 金属结构及启闭机安装	
		14. 观测设施	含监测仪器埋设、管理房等。单独招标时，可单列为单位工程

工程类别	单位工程	分部工程	说明
一、拦河坝工程	(九)浆砌石拱坝	1. 坝基开挖与处理	
		△2. 坝基及坝肩防渗排水	
		3. 非溢流坝段	视工程量可划分为数个分部工程
		△4. 溢流坝段	
		△5. 底孔(中孔)坝段	
		△6. 坝面防渗	
		7. 廊道	含灯饰、路面、梯步、排水沟等
		8. 消能防冲	
		9. 坝顶	含路面、栏杆、灯饰等
		△10. 推力墩(重力墩、翼坝)	视工程量可划分为数个分部工程
		11. 高边坡处理	视工程量可划分为数个分部工程
		12. 金属结构及启闭机安装	
		13. 观测设施	含监测仪器埋设、管理房等。单独招标时,可单列为单位工程
	(十)橡胶坝	1. 坝基开挖与处理	
		2. 基础底板	
		3. 边墩(岸墙)、中墩	
		4. 铺盖或截渗墙、上游翼墙及护坡	
		5. 消能防冲	
		△6. 坝袋安装	
		△7. 控制系统	含管路安装、水泵安装、空压机安装
		8. 安全与观测系统	含充水坝安全溢流设备安装、排气阀安装;充气坝安全阀安装、水封管(或 U 形管)安装;自动塌坝装置安装;坝袋内压力观测设施安装,上下游水位观测设施安装
		9. 管理房	房屋建筑按《建筑工程施工质量验收统一标准》(GB 50300—2001)附录 B 划分分项工程

工程类别	单位工程	分部工程	说明
二、泄洪工程	(一)溢洪道工程(含陡槽溢洪道、侧堰溢洪道、竖井溢洪道)	△1. 地基防渗及排水	
		2. 进水渠段	
		△3. 控制段	
		4. 泄槽段	
		5. 消能防冲段	视工程量可划分为数个分部工程
		6. 尾水段	
		7. 护坡及其他	
		8. 高边坡处理	视工程量可划分为数个分部工程
		9. 金属结构及启闭机安装	视工程量可划分为数个分部工程
	(二)泄洪隧洞(放空洞、排砂洞)	△1. 进水口或竖井(土建)	
		2. 有压洞身段	视工程量可划分为数个分部工程
		3. 无压洞身段	
		△4. 工作闸门段(土建)	
		5. 出口消能段	
		6. 尾水段	
		△7. 导流洞堵体段	
		8. 金属结构及启闭机安装	
三、枢纽工程中的引水工程	(一)坝体引水工程(含发电、灌溉、工业及生活取水口工程)	△1. 进水闸室段(土建)	
		2. 引水渠段	
		3. 厂坝联结段	
		4. 金属结构及启闭机安装	

工程类别	单位工程	分部工程	说明
三、枢纽工程中的引水工程	(二)引水隧洞及压力管道工程	△1. 进水闸室段(土建)	
		2. 洞身段	视工程量可划分为数个分部工程
		3. 调压井	
		△4. 压力管道段	
		5. 灌浆工程	含回填灌浆、固结灌浆、接缝灌浆
		6. 封堵体	长隧洞临时支洞
		7. 封堵闸	长隧洞永久支洞
		8. 金属结构及启闭机安装	
四、发电工程	(一)地面发电厂房工程	1. 进口段(指闸坝式)	
		2. 安装间	
		3. 主机段	土建,每台机组段为一个分部工程
		4. 尾水段	
		5. 尾水渠	
		6. 副厂房、中控室	安装工作量大时,可单列控制盘柜安装分部工程。房屋建筑工程按《建筑工程施工质量验收统一标准》(GB 50300—2001)附录 B 划分分项工程
		△7. 水轮发电机组安装	以每台机组安装工程为一个分部工程
		8. 辅助设备安装	
		9. 电气设备安装	电气一次、电气二次可分列分部工程
		10. 通信系统	通信设备安装,单独招标时,可单列为单位工程
		11. 金属结构及启闭(起重)设备安装	拦污栅、进口及尾水闸门启闭机、桥式起重机可单列分部工程
		△12. 主厂房房建工程	按《建筑工程施工质量验收统一标准》(GB 50300—2001)附录 B 序号 2、3、4、5、6、8 划分分项工程
		13. 厂区交通、排水及绿化	含道路、建筑小品、亭台、花坛、场坪绿化、排水沟渠等

工程类别	单位工程	分部工程	说明
四、发电工程	（二）地下发电厂房工程	1. 安装间	
		2. 主机段	土建，每台机组段为一个分部工程
		3. 尾水段	
		4. 尾水洞	
		5. 副厂房、中控室	在安装工作量大时，可单列控制盘柜安装分部工程。房屋建筑工程按《建筑工程施工质量验收统一标准》（GB 50300—2001）附录 B 划分分项工程
		6. 交通隧洞	视工程量可划分为数个分部工程
		7. 出线洞	
		8. 通风洞	
		△9. 水轮发电机组安装	每台机组为一个分部工程
		10. 辅助设备安装	
		11. 电气设备安装	电气一次、电气二次可分列分部工程
		12. 金属结构及启闭（起重）设备安装	尾水闸门启闭机、桥式起重机可单列分部工程
		13. 通信系统	通信设备安装，单独招标时，可单列为单位工程
		14. 砌体及装修工程	按《建筑工程施工质量验收统一标准》（GB 50300—2001）附录 B 序号 2、3、4、5、6、8 划分分项工程
	（三）坝内式发电厂房工程	△1. 进水口闸室段（土建）	
		2. 压力管道	
		3. 安装间	
		4. 主机段	土建，每台机组段为一个分部工程
		5. 尾水段	
		6. 副厂房及中控室	在安装工作量大时，可单列控制盘柜安装分部工程。房屋建筑工程按《建筑工程施工质量验收统一标准》（GB 50300—2001）附录 B 划分分项工程
		△7. 水轮发电机组安装	每台机组为一个分部工程
		8. 辅助设备安装	
		9. 电气设备安装	电气一次、电气二次可分列分部工程
		10. 通信系统	通信设备安装，单独招标时，可单列为单位工程
		11. 交通廊道	含梯步、路面、灯饰工程。电梯按《建筑工程施工质量验收统一标准》（GB 50300—2001）附录 B 序号 9 划分分项工程
		12. 金属结构及启闭（起重）设备安装	视工程量可划分为数个分部工程
		13. 砌体及装修工程	按《建筑工程施工质量验收统一标准》（GB 50300—2001）附录 B 序号 2、3、4、5、6、8 划分分项工程

工程类别	单位工程	分部工程	说明
五、升压变电工程	地面升压变电站、地下升压变电站	1. 变电站（土建）	
		2. 开关站（土建）	
		3. 操作控制室	房屋建筑工程按《建筑工程施工质量验收统一标准》（GB 50300—2001）附录 B 划分分项工程
		△4. 主变压器安装	
		5. 其他电气设备安装	按设备类型划分
		6. 交通洞	仅限于地下升压站
六、水闸工程	泄洪闸、冲砂闸、进水闸	1. 上游联结段	
		2. 地基防渗及排水	
		△3. 闸室段（土建）	
		4. 消能防冲段	
		5. 下游联结段	
		6. 交通桥（工作桥）	含栏杆、灯饰等
		7. 金属结构及启闭机安装	视工程量可划分为数个分部工程
		8. 闸房	按《建筑工程施工质量验收统一标准》（GB 50300—2001）附录 B 划分分项工程
七、过鱼工程	（一）鱼闸工程	1. 上鱼室	
		2. 井或闸室	
		3. 下鱼室	
		4. 金属结构及启闭机安装	
	（二）鱼道工程	1. 进口段	
		2. 槽身段	
		3. 出口段	
		4. 金属结构及启闭机安装	

续表 1-11

工程类别	单位工程	分部工程	说明
八、航运工程	（一）船闸工程		按交通部《船闸工程质量检验评定标准》（JTJ 288—93）表 2.0.2-1、表 2.0.2-2 和表 2.0.2-3 划分分部工程和分项工程
	（二）升船机工程	1. 上引航道及导航建筑物	按交通部《船闸工程质量检验评定标准》（JTJ 288—93）表 2.0.2-1、表 2.0.2-2 和表 2.0.2-3 划分分项工程
		2. 上闸首	按交通部《船闸工程质量检验评定标准》（JTJ 288—93）表 2.0.2-1、表 2.0.2-2 和表 2.0.2-3 划分分项工程
		3. 升船机主体	含普通混凝土、混凝土预制构件制作、混凝土预制构件安装、钢构件安装、承船厢制作、承船厢安装、升船机制作、升船机安装、机电设备安装等
		4. 下闸首	按交通部《船闸工程质量检验评定标准》（JTJ 288—93）表 2.0.2-1、表 2.0.2-2 和表 2.0.2-3 划分分项工程
		5. 下引航道	按交通部《船闸工程质量检验评定标准》（JTJ 288—93）表 2.0.2-1、表 2.0.2-2 和表 2.0.2-3 划分分项工程
		6. 金属结构及启闭机安装	按交通部《船闸工程质量检验评定标准》（JTJ 288—93）表 2.0.2-1、表 2.0.2-2 和表 2.0.2-3 划分分项工程
		7. 附属设施	按交通部《船闸工程质量检验评定标准》（JTJ 288—93）表 2.0.2-1、表 2.0.2-2 和表 2.0.2-3 划分分项工程
九、交通工程	（一）永久性专用公路工程		按交通部《公路工程质量检验评定标准》（JTG F80/1～2—2004）进行项目划分
	（二）永久性专用铁路工程		按铁道部发布的铁路工程有关规定进行项目划分
十、管理设施			永久性辅助性生产房屋及生活用房按《建筑工程施工质量验收统一标准》（GB 50300—2001）附录 B 及附录 C 进行项目划分

注:分部工程名称前加"△"者为主要分部工程。加"＊"者可定为主要分部工程,也可定为一般分部工程,视实际情况决定。

表 1-12　堤防工程项目划分

工程类别	单位工程	分部工程	说明
一、防洪堤（1、2、3、4级堤防）	（一）△堤身工程	△1.堤基处理	
		2.堤基防渗	
		3.堤身防渗	
		△4.堤身填（浇、砌）筑工程	包括碾压式土堤填筑、土料吹填筑堤、混凝土防洪墙、砌石堤等
		5.填塘固基	
		6.压浸平台	
		7.堤身防护	
		8.堤脚防护	
		9.小型穿堤建筑物	视工程量，以一个或同类数个小型穿堤建筑物为一个分部工程
	（二）堤岸防护	1.护脚工程	
		△2.护坡工程	
二、交叉联结建筑物（仅限于较大建筑物）	（一）涵洞	1.地基与基础工程	
		2.进口段	
		△3.洞身	视工程量可划分为一个或数个分部工程
		4.出口段	
	（二）水闸	1.上游联结段	
		2.地基与基础	
		△3.闸室（土建）	
		4.交通桥	
		5.消能防冲段	
		6.下游联结段	
		7.金属结构及启闭机安装	
	（三）公路桥	按照《公路工程质量检验评定标准》（土建工程）（JTG F80/1—2004）附录 A 进行项目划分	
	（四）公路		
三、管理设施	管理设施	△1.观测设施	单独招标时，可单列为单位工程
		2.生产生活设施	房屋建筑工程按《建筑工程施工质量验收统一标准》（GB 50300—2001）附录 B 划分分项工程
		3.交通工程	公路按《公路工程质量检验评定标准》（JTG F80/1～2—2004）划分分项工程
		4.通信工程	通信设备安装，单独招标时，可单列为单位工程

注：1.单位工程名称前加"△"者为主要单位工程，分部工程名称前加"△"者为主要分部工程。

　　2.交叉联结建筑物中的"较大建筑物"指该建筑物的工程量（投资）与防洪堤中所划分的其他单位工程的工程量（投资）接近的建筑物。

表 1-13　引水(渠道)工程项目划分

工程类别	单位工程	分部工程	说明
一、引(输)水河(渠)道	明渠、暗渠	1. 渠基开挖工程	以开挖为主。视工程量划分为数个分部工程
		2. 渠基填筑工程	以填筑为主。视工程量划分为数个分部工程
		△3. 渠道衬砌工程	视工程量划分为数个分部工程
		4. 渠顶工程	含路面、排水沟、绿化工程、桩号及界桩埋设等
		5. 高边坡处理	指渠顶以上边坡处理,视工程量划分为数个分部工程
		6. 小型渠系建筑物	以同类数座建筑物为一个分部工程
二、建筑物	(一)水闸	1. 上游引河段	视工程量划分为数个分部工程
		2. 上游联结段	
		3. 闸基开挖与处理	
		4. 地基防渗及排水	
		△5. 闸室段(土建)	
		6. 消能防冲段	
		7. 下游联结段	
		8. 下游引河段	视工程量划分为数个分部工程
		9. 桥梁工程	
		10. 金属结构及启闭机安装	
		11. 闸房	按《建筑工程施工质量验收统一标准》(GB 50300—2001)附录 B 划分分项工程
	(二)渡槽	1. 基础工程	
		2. 进出口段	
		△3. 支承结构	视工程量划分为数个分部工程
		△4. 槽身	视工程量划分为数个分部工程
	(三)隧洞	1. 进口段	
		2. 洞身　△(1)洞身段	围岩软弱或裂隙发育时,按长度将洞身划分为数个分部工程,每个分部工程中有开挖单元及衬砌单元。洞身分部工程中对安全、功能或效益起控制作用的分部工程为主要分部工程
		(2)洞身开挖	围岩质地条件较好时,按施工顺序将洞身划分为数个洞身开挖分部工程和数个洞身衬砌分部工程。洞身衬砌分部工程中对安全、功能或效益起控制作用的分部工程为主要分部工程
		△(3)洞身衬砌	
		3. 隧洞固结灌浆	
		△4. 隧洞回填灌浆	
		5. 堵头段(或封堵闸)	临时支洞为堵头段,永久支洞为封堵闸
		6. 出口段	

工程类别	单位工程	分部工程	说明
二、建筑物	（四）倒虹吸工程	1. 进口段	含开挖、砌（浇）筑及回填工程
		△2. 管道段	含管床、管道安装、镇墩、支墩、阀井及设备安装等。视工程量可按管道长度划分为数个分部工程
		3. 出口段	含开挖、砌（浇）筑及回填工程
		4. 金属结构及启闭机安装	
	（五）涵洞	1. 基础与地基工程	
		2. 进口段	
		△3. 洞身	视工程量可划分为数个分部工程
		4. 出口段	
	（六）泵站	1. 引渠	视工程量可划分为数个分部工程
		2. 前池及进水池	
		3. 地基与基础处理	
		4. 主机段（土建，电机层地面以下）	以每台机组为一个分部工程
		5. 检修间	按《建筑工程施工质量验收统一标准》（GB 50300—2001）附录 B 划分分项工程
		6. 配电间	
		△7. 泵房房建工程（电机层地面至屋顶）	
		△8. 主机泵设备安装	以每台机组安装为一个分部工程
		9. 辅助设备安装	
		10. 金属结构及启闭机安装	视工程量可划分为数个分部工程
		11. 输水管道工程	视工程量可划分为数个分部工程
		12. 变电站	
		13. 出水池	
		14. 观测设施	
		15. 桥梁（检修桥、清污机桥等）	
	（七）公路桥涵（含引道）	按照《公路工程质量检验评定标准》（土建工程）（JTG F80/1—2004）附录 A 进行项目划分	
	（八）铁路桥涵	按照铁道部发布的规定进行项目划分	
	（九）防冰设施（拦冰索、排冰闸等）	按设计及施工部署进行项目划分	
三、船闸工程	按交通部《船闸工程质量检验评定标准》（JTJ 288—93）表 2.0.2-1、表 2.0.2-2 和表 2.0.2-3 划分分部工程和分项工程		
四、管理设施	管理处（站、点）的生产及生活用房	按《建筑工程施工质量验收统一标准》（GB 50300—2001）附录 B 及附录 C 进行项目划分。观测设施及通信设施单独招标时，单列为单位工程	

注：1. 分部工程名称前加"△"者为主要分部工程。

    2. 建筑物级别按《灌溉与排水工程设计规范》（GB 50288—99）第 2 章规定执行。

（2）工程中永久性房屋（管理设施用房）、专用公路、专用铁路等工程项目，可按相关行业标准划分和确定项目名称。

二、项目划分原则

（1）项目划分的基本原则是结合工程结构特点、施工部署及施工合同要求进行，划分结果应有利于保证施工质量及施工质量管理。例如，混凝土重力坝可按坝段进行项目划分，土石坝则应按防渗体、坝壳及排水堆石体等进行项目划分。

（2）单位工程项目的划分应按下列原则确定：

①枢纽工程。一般以每座独立的建筑物为一个单位工程。当工程规模大时，可将一个建筑物中具有独立施工条件的一部分划分为一个单位工程。

②堤防工程。按招标标段或工程结构划分单位工程。规模较大的交叉联结建筑物及管理设施以每座独立的建筑物为一个单位工程。

③引水（渠道）工程。按招标标段或工程结构划分单位工程。大中型（渠道）建筑物以每座独立的建筑物为一个单位工程。

④除险加固工程。按招标标段或加固内容，并结合工程量划分单位工程。除险加固工程因险情不同，其除险加固内容和工程量也相差很大，应按实际情况进行项目划分。加固工程量大时，以同一招标标段中的每座独立建筑物的加固项目为一个单位工程，当加固工程量不大时，也可将一个施工单位承担完成的几个建筑物的加固项目划分为一个单位工程。

（3）分部工程项目的划分应按下列原则确定：

①枢纽工程，土建部分按设计的主要组成部分划分，金属结构及启闭机安装工程和机电设备安装工程按组合功能划分。

②堤防工程，按长度或功能划分。

③引水（渠道）工程中的河（渠）道按施工部署或长度划分。大中型建筑物按工程结构主要组成部分划分。

④除险加固工程，按加固内容或部位划分。

⑤同一单位工程中，各个分部工程的工程量（或投资）不宜相差太大，每个单位工程中的分部工程数目，不宜少于 5 个。

（4）单元工程项目的划分应按下列原则确定：

①按《单元工程评定标准》规定进行划分。

②河（渠）道开挖、填筑及衬砌单元工程划分界限宜设在变形缝或结构缝处，长度一般不大于 100 m。同一分部工程中各单元工程的工程量（或投资）不宜相差太大。

③《单元工程评定标准》中未涉及的单元工程可依据工程结构、施工部署或质量考核要求，按层、块、段进行划分。

三、项目划分程序

（1）由项目法人组织监理、设计及施工等单位进行工程项目划分，并确定主要单位工程、主要分部工程、重要隐蔽单元工程和关键部位单元工程。项目法人在主体工程开工前将项目划分表及说明,书面报相应工程质量监督机构确认。

(2)工程质量监督机构收到项目划分书面报告后,应在 14 个工作日内对项目划分进行确认并将确认结果书面通知项目法人。

(3)工程实施过程中,需对单位工程、主要分部工程、重要隐蔽单元工程和关键部位单元工程的项目划分进行调整时,项目法人应重新报送工程质量监督机构确认。为了有利于施工质量管理工作的连续性和施工质量检验评定结果的合理性,对不影响单位工程、主要分部工程、关键部位单元工程、重要隐蔽部位单元工程的项目划分的局部调整,由项目法人组织监理、设计和施工等单位进行。但对影响上述工程项目划分进行调整时,应重新报送质量监督机构进行确认。

第四节 施工质量评定

一、合格标准

(1)合格标准是工程验收标准。不合格工程必须进行处理且达到合格标准后,才能进行后续工程施工或验收。水利水电工程施工质量等级评定的主要依据有:

①国家及相关行业技术标准;

②《单元工程评定标准》;

③经批准的设计文件、施工图纸、金属结构设计图样与技术条件、设计修改通知书、厂家提供的设备安装说明书及有关技术文件;

④工程承发包合同中约定的技术标准;

⑤工程施工期及试运行期的试验和观测分析成果。

(2)单元(工序)工程施工质量评定标准按照《单元工程评定标准》或合同约定的合格标准执行。当达不到合格标准时,应及时处理。处理后的质量等级按下列规定重新确定:

①全部返工重做的,可重新评定质量等级。

②经加固补强并经设计和监理单位鉴定能达到设计要求时,其质量评为合格。

③处理后的工程部分质量指标仍达不到设计要求时,经设计复核,项目法人及监理单位确认能满足安全和使用功能要求,可不再进行处理;或经加固补强后,改变了外形尺寸或造成工程永久性缺陷的,经项目法人、监理单位及设计单位确认能基本满足设计要求,其质量可定为合格,但应按规定进行质量缺陷备案。

(3)分部工程施工质量同时满足下列标准时,其质量评定为合格:

①所含单元工程的质量全部合格,质量事故及质量缺陷已按要求处理,并经检验合格;

②原材料、中间产品及混凝土(砂浆)试件质量全部合格,金属结构及启闭机制造质量合格,机电产品质量合格。

(4)单位工程施工质量同时满足下列标准时,其质量评为合格:

①所含分部工程质量全部合格;

②质量事故已按要求进行处理;

③工程外观质量得分率达到70%以上;

④单位工程施工质量检验与评定资料基本齐全；

⑤工程施工期及试运行期，单位工程观测资料分析结果符合国家和行业技术标准以及合同约定的标准要求。

外观质量得分率按下式计算，小数点后保留一位：

$$单位工程外观质量得分 = \frac{实得分}{应得分} \times 100\%$$

（5）工程项目施工质量同时满足下列标准时，其质量评定为合格：

①单位工程质量全部合格；

②工程施工期及试运行期，各单位工程观测资料分析结果均符合国家和行业技术标准以及合同约定的标准要求。

二、优良标准

（1）优良等级是为工程项目质量创优而设置。

（2）单元工程施工质量优良标准应按照《单元工程评定标准》以及合同约定的优良标准执行。全部返工重做的单元工程，经检验达到优良标准时，可评为优良等级。

（3）分部工程施工质量同时满足下列标准时，其质量评为优良：

①所含单元工程质量全部合格，其中70%以上达到优良等级，重要隐蔽单元工程和关键部位单元工程质量优良率达90%以上，且未发生过质量事故；

②中间产品质量全部合格，混凝土（砂浆）试件质量达到优良等级（当试件组数小于30时，试件质量合格）。原材料质量、金属结构及启闭机制造质量合格，机电产品质量合格。

（4）单位工程施工质量同时满足下列标准时，其质量评为优良：

①所含分部工程质量全部合格，其中70%以上达到优良等级，主要分部工程质量全部优良，且施工中未发生过较大质量事故；

②质量事故已按要求进行处理；

③外观质量得分率达到85%以上；

④单位工程施工质量检验与评定资料齐全；

⑤工程施工期及试运行期，单位工程观测资料分析结果符合国家和行业技术标准以及合同约定的标准要求。

（5）工程项目施工质量同时满足下列标准时，其质量评为优良：

①单位工程质量全部合格，其中70%以上单位工程质量达到优良等级，且主要单位工程质量全部优良；

②工程施工期及试运行期，各单位工程观测资料分析结果均符合国家和行业技术标准以及合同约定的标准要求。

三、质量评定工作的组织与管理

（1）单元（工序）工程质量在施工单位自评合格后，由监理工程师核定质量等级并签证认可。

（2）重要隐蔽单元工程及关键部位单元工程质量经施工单位自评合格、监理单位抽检后,由项目法人(或委托监理)、监理、设计、施工、工程运行管理(施工阶段已经有时)等单位组成联合小组,共同检查核定其质量等级并填写签证表,报工程质量监督机构核备。

(3)分部工程质量,在施工单位自评合格后,由监理单位复核,项目法人认定。分部工程验收的质量结论由项目法人报工程质量监督机构核备。大型枢纽工程主要建筑物分部工程验收的质量结论由项目法人报工程质量监督机构核定。分部工程施工质量评定见表1-14。

表1-14 分部工程施工质量评定

单位工程名称		施工单位							
分部工程名称		施工日期	自 年 月 日至 年 月 日						
分部工程量		评定日期	年 月 日						

项次	单元工程种类	工程量	单元工程个数	合格个数	其中优良个数	备注
1						
2						
3						
4						
5						
6						
合计						
重要隐蔽单元工程、关键部位单元工程						

施工单位自评意见	监理单位复核意见	项目法人认定意见
本分部工程的单元工程质量全部合格。优良率为 %,重要隐蔽单元工程及关键部位单元工程 个,优良率为 %。原材料质量 ,中间产品质量 ,金属结构及启闭机制造质量 ,机电产品质量 。质量事故及质量缺陷处理情况: 。 分部工程质量等级: 评定人: 项目技术负责人: (盖公章) 年 月 日	复核意见: 分部工程质量等级: 监理工程师: 年 月 日 总监或副总监: (盖公章) 年 月 日	认定意见: 分部工程质量等级: 现场代表: 年 月 日 技术负责人: (盖公章) 年 月 日

工程质量监督机构	核定(备)意见: 核定等级: 核定(备)人:(签名) 机构负责人:(签名) 年 月 日 年 月 日

注:分部工程验收的质量结论,由项目法人报质量监督机构核备。大型枢纽工程主要建筑物的分部工程验收的质量结论,由项目法人报质量监督机构核定。

（4）单位工程质量,在施工单位自评合格后,由监理单位复核,项目法人认定。单位工程验收的质量结论由项目法人报工程质量监督机构核定。单位工程施工质量评定和单位工程施工质量检验与评定资料核查格式见表 1-15 和表 1-16。

表 1-15　单位工程施工质量评定

工程项目名称			施工单位				
单位工程名称			施工日期	自　　年　　月　　日至 年　　月　　日			
单位工程量			评定日期	年　　月　　日			

序号	分部工程名称	质量等级		序号	分部工程名称	质量等级	
		合格	优良			合格	优良
1				8			
2				9			
3				10			
4				11			
5				12			
6				13			
7				14			

分部工程共　　个,全部合格,其中优良　　个,优良率　　%,主要分部工程优良率　　%。

外观质量	应得　　分,实得　　分,得分率　　%
施工质量检验资料	
质量事故处理情况	
外观资料分析结论	

施工单位自评等级: 评定人: 项目经理: （盖公章） 年　月　日	监理单位复核等级: 复核人: 总监或副总监: （盖公章） 年　月　日	项目法人认定等级: 认定人: 单位负责人: （盖公章） 年　月　日	质量监督机构核定等级: 核定人: 机构负责人: （盖公章） 年　月　日

表 1-16 单位工程施工质量检验与评定资料核查

单位工程名称				施工单位	
				核查日期	年 月 日
项次		项目		份数	核查情况
1	原材料	水泥出厂合格证、厂家试验报告			
2		钢材出厂合格证、厂家试验报告			
3		外加剂出厂合格证及有关技术性能指标			
4		粉煤灰出厂合格证及技术性能指标			
5		防水材料出厂合格证、厂家试验报告			
6		止水带出厂合格证及技术性能试验报告			
7		土工布出厂合格证及技术性能试验报告			
8		装饰材料出厂合格证及技术性能试验报告			
9		水泥复验报告及统计资料			
10		钢材复验报告及统计资料			
11		其他原材料出厂合格证及技术性能试验资料			
12	中间产品	砂、石骨料试验资料			
13		石料试验资料			
14		混凝土拌和物检查资料			
15		混凝土试件统计资料			
16		砂浆拌和物及试件统计资料			
17		混凝土预制件(块)检验资料			
18	金属结构及启闭机	拦污栅出厂合格证及有关技术文件			
19		闸门出厂合格证及有关技术文件			
20		启闭机出厂合格证及有关技术文件			
21		压力钢管生产许可证及有关技术文件			
22		闸门、拦污栅安装测量记录			
23		压力钢管安装测量记录			
24		启闭机安装测量记录			
25		焊接记录及探伤报告			
26		焊工资质证明材料(复印件)			
27		运行试验记录			

项次	项目		份数	核查情况
28	机电设备	产品出厂合格证、厂家提交的安装说明书及有关资料		
29		重大设备质量缺陷处理资料		
30		水轮发电机组安装测量记录		
31		升压变电设备安装测试记录		
32		电气设备安装测试记录		
33		焊缝探伤报告及焊工资质证明		
34		机组调试及试验记录		
35		水力机械辅助设备试验记录		
36		发电电气设备试验记录		
37		升压变电电气设备检测试验报告		
38		管道试验记录		
39		72 h 试运行记录		
40	重要隐蔽工程施工记录	灌浆记录、图表		
41		造孔灌注桩施工记录、图表		
42		振冲桩振冲记录		
43		基础排水工程施工记录		
44		地下防渗墙施工记录		
45		主要建筑物地基开挖处理记录		
46		其他重要施工记录		
47	综合资料	质量事故调查及处理报告、质量缺陷处理检查记录		
48		工程施工期及试运行期观测资料		
49		工序、单元工程质量评定表		
50		分部工程、单位工程质量评定表		

施工单位自查意见	监理单位复查意见
自查：	复查：
填表人：	监理工程师：
质检部门负责人： （盖公章）	监理单位： （盖公章）
年 月 日	年 月 日

（5）工程项目质量，在单位工程质量评定合格后，由监理单位进行统计并评定工程项目质量等级，经项目法人认定后，报工程质量监督机构核定。工程项目施工质量评定见表 1-17。

表 1-17 工程项目施工质量评定

工程项目名称					项目法人				
工程等级					设计单位				
建设地点					监理单位				
主要工程量					施工单位				
开工、竣工日期	自　年　月　日 至　年　月　日				评定日期		年　月　日		

序号	单位工程名称	单元工程质量统计			分部工程质量统计			单位工程等级	备注
		个数（个）	其中优良（个）	优良率（％）	个数（个）	其中优良（个）	优良率（％）		
1									
2									
3									
4									
5									
6									
7									
8									加△者为主要单位工程
9									
10									
11									
12									
13									
14									
15									
16									
17									
18									
19									
20									
单元工程、分部工程合计									
评定结果	本项目单位工程　　个,质量全部合格。其中,优良工程　　个,优良率　　％,主要单位工程优良率　　％,外观资料分析结论:								

监理单位意见	项目法人意见	质量监督机构核定意见
工程项目质量等级: 总监理工程师: 监理单位:　　　（盖公章） 　　　　年　月　日	工程项目质量等级: 法定代表人: 项目法人:　　　（盖公章） 　　　年　月　日	工程项目质量等级: 负责人: 质量监督机构:　　（盖公章） 　　　年　月　日

（6）阶段验收前,工程质量监督机构应提交工程质量评价意见。

（7）工程质量监督机构应按有关规定在工程竣工验收前提交工程质量监督报告,工程质量监督报告应当有工程质量是否合格的明确结论。

第二章 水利水电工程质量试验与检测

第一节 原材料及中间产品质量检验

在规程规范和质量标准中对原材料、中间产品的检测数量和标准,均有具体的规定;现将原材料、中间产品质量重点检验项目和标准叙述如下。

一、胶凝材料

水泥品质应符合现行国家标准及有关部颁标准的规定,主要检测抗压强度、抗折强度、细度、凝结时间、安定性、氧化镁、三氧化硫和烧失量等。

(1)水泥取样方法。施工现场所有进场水泥必须进行复检。按《水泥取样方法》(GB 12573—1990)进行,取样应有代表性,可连续取,亦可从 20 个以上不同部位取等量样品,总量不少于 20 kg。

(2)水泥代表批量。水泥出厂前按同品种、同强度等级编号和取样。袋装水泥和散装水泥应分别进行编号和取样。每一编号为一取样单位。水泥出厂编号按水泥厂年生产能力规定:

120 万 t 以上,不超过 1 200 t 为一编号;

60 万 t 以上至 120 万 t,不超过 1 000 t 为一编号;

30 万 t 以上至 60 万 t,不超过 600 t 为一编号;

10 万 t 以上至 30 万 t,不超过 400 t 为一编号;

10 万 t 以下,不超过 200 t 为一编号。

当散装水泥运输工具的容量超过该厂规定出厂编号吨数时,允许该编号的数量超过取样规定吨数。

一般现场取样以同强度等级、同编号不超过 200 t 为一取样单位。

(3)水泥现场存放期限一般不能超过三个月,超过三个月必须再次复检。

(4)各种水泥的现行产品标准及检测参数见表 2-1、表 2-2。

表 2-1 水泥的现行产品标准及检测参数

编号	水泥品种	产品标准	检测参数编号	说明
1	硅酸盐水泥		2~12,15	代替 GB 175—1999
2	普通硅酸盐水泥	GB 175—2007	1~7,9~11,15	
3	复合硅酸盐水泥		1~7,9,15	代替 GB 12958—1999

编号	水泥品种	产品标准	检测参数编号	说明
4	矿渣硅酸盐水泥	GB 175—2007	1 ~ 7,9,15	代替 GB 1344—1999
5	火山灰质硅酸盐水泥			
6	粉煤灰硅酸盐水泥			
7	白色硅酸盐水泥	GB 2015—2005	1 ~ 6,9,13	
8	快硬硅酸盐水泥	GB 199—1990	1 ~ 7,9	
9	道路硅酸盐水泥	GB 13693—2005	1 ~ 6,9 ~ 11,15,19	
10	钢渣、矿渣水泥	GB 13590—92	1 ~ 6,9	
11	砌筑水泥	GB/T 3183—2003	1 ~ 6,9	
12	铝酸盐水泥	GB 201—2000	1,3,5,6,16	

表 2-2　水泥检测参数执行标准

参数编号	检测参数	标准
1	细度	《水泥细度检验方法 筛析法》(GB/T 1345—2005)
2	标准稠度用水量	《水泥标准稠度用水量 凝结时间 安定性检验方法》(GB/T 1346—2001)
3	凝结时间	《水泥标准稠度用水量 凝结时间 安定性检验方法》(GB/T 1346—2001)
4	安定性	《水泥标准稠度用水量 凝结时间 安定性检验方法》(GB/T 1346—2001)
5	抗折强度	《水泥胶砂强度检验方法(ISO 法)》(GB/T 17671—1999)
6	抗压强度	《水泥胶砂强度检验方法(ISO 法)》(GB/T 17671—1999)
7	压蒸安定性	《水泥标准稠度用水量 凝结时间 安定性检验方法》(GB/T 1346—2001)
8	比表面积	《水泥比表面积测定方法 勃氏法》(GB/T 8074—2008)
9	三氧化硫	《水泥化学分析方法》(GB/T 176—2008)
10	氧化镁	《水泥化学分析方法》(GB/T 176—2008)
11	烧失量	《水泥化学分析方法》(GB/T 176—2008)
12	不溶物	《水泥化学分析方法》(GB/T 176—2008)
13	白度	《建筑材料与非金属矿产品白度测量方法》(GB 5950—1996)
14	二氧化硅	《水泥化学分析方法》(GB/T 176—2008)
15	碱	《水泥化学分析方法》(GB/T 176—2008)
16	Fe_2O_3 和 SiO_2	《铝酸盐水泥》(GB 201—2000)
17	含水量	《用于水泥和混凝土中的粉煤灰》(GB/T 1596—2005)
18	干缩率	《道路硅酸盐水泥》(GB 13693—2005)
19	耐磨性	《道路硅酸盐水泥》(GB 13693—2005)

注:强度试验方法 GB/T 17671—1999 仅对通用硅酸盐水泥(前六种水泥)有效,其他水泥执行 GB 175—1999。

（5）检验结果：

①细度。80 μm方孔筛筛余不得超过10.0%，本项不合格属不合格品。

②标准稠度用水量。以仪器试杆沉入水泥净浆并距底板6 mm ± 1 mm时的用水量为该水泥的标准稠度用水量。

③安定性。用沸煮法检验必须合格，本项不合格为不合格品。

④凝结时间。初凝不得早于45 min，终凝不得迟于10 h。初凝时间不合格为废品，终凝时间不合格为不合格品。

⑤强度。各强度等级水泥的各龄期强度不得低于相应产品标准要求。

除水泥外，胶凝材料中的掺合料是以硅、铝、钙等一种或多种氧化物为主要成分，掺入混凝土中能改善新拌混凝土或硬化混凝土性能的粉体材料。掺合料分活性掺合料和非活性掺合料两大类。常用的掺合料有粉煤灰、粒化高炉矿渣粉、钢渣粉、磷渣粉、硅灰、沸石粉、岩粉（凝灰岩粉、石灰岩粉）等。

（6）掺合料品质技术要求有细度、需水量比、强度比（活性指数）、CaO含量和SO_3含量及烧失量等指标。

粉煤灰品质检验标准见《用于水泥和混凝土中的粉煤灰》（GB/T 1596—2005）。

混凝土和砂浆用粉煤灰技术要求见表2-3。

表2-3　混凝土和砂浆用粉煤灰技术要求

编号	项目		粉煤灰等级		
			Ⅰ级	Ⅱ级	Ⅲ级
1	细度（45 μm方孔筛筛余）不大于（%）	F类粉煤灰	12.0	25.0	45.0
		C类粉煤灰			
2	需水量比，不大于（%）	F类粉煤灰	95.0	105.0	115.0
		C类粉煤灰			
3	烧失量，不大于（%）	F类粉煤灰	5.0	8.0	15.0
		C类粉煤灰			
4	含水量，不大于（%）	F类粉煤灰	1.0		
		C类粉煤灰			
5	三氧化硫，不大于（%）	F类粉煤灰	3.0		
		C类粉煤灰			
6	游离氧化钙，不大于（%）	F类粉煤灰	1.0		
		C类粉煤灰	4.0		
7	安定性雷氏夹煮沸后增加距离，不大于（mm）	F类粉煤灰	5.0		
		C类粉煤灰			

注：C类粉煤灰的氧化钙含量一般大于10%。

（7）粉煤灰检测细度、烧失量、需水量比、三氧化硫等，其具体要求：烧失量不得超过12%，干灰含量不得超过1%，三氧化硫（水泥和粉煤灰总量中的）不得超过3.5%，0.08 mm方孔筛筛余量不得超过12%。

注：成品粉煤灰的品质指标应按国家标准执行。

（8）硅粉。是硅合金与硅合金制造过程中，从电弧炉烟气中收集的以无定形二氧化硅为主的微细球形颗粒。硅粉的物理性质及品质要求见表2-4和表2-5。

表2-4　硅粉的物理性能

颜色	密度（g/cm³）	比表面积（m²/kg）	平均粒径（μm）
浅灰色或深灰色	2.2	约20 000	约0.1

表2-5　硅粉的品质要求

检测项目	烧失量（%）	Cl⁻¹（%）	SiO₂（%）	比表面积（m²/kg）	含水量（%）	活性指数（胶砂）（28 d）（%）
指标	≤6	≤0.02	≥85	≥15 000	≤3.0	≥85

注：比表面积按 BET 氮吸附法测定。

（9）矿渣粉。是水淬粒化高炉矿渣经干燥、粉磨达到适当细度的粉体。矿渣粉的品质要求见表2-6。

表2-6　矿渣粉的品质要求

编号	项目		等级		
			S105	S95	S75
1	密度（g/cm³），不小于		28.0		
2	比表面积（cm²/g），不小于		350		
3	活性指数（%），不小于	7 d	95	75	55
		28 d	105	95	75
4	流动度比（%），不小于		85	90	95
5	含水量比（%），不大于		1.0		
6	三氧化硫（%），不大于		4.0		
7	氯离子*（%），不大于		0.02		
8	烧失量*（%），不大于		3.0		

注：*为选择性指标，可根据用户要求协商提高。当用户有要求时，供货方应提供矿渣的氯离子和烧失量数据。

二、细骨料

（一）细骨料指标

（1）砂按产源分为天然砂、人工砂两类。

天然砂包括河砂、湖砂、山砂、淡化海砂。人工砂包括机制砂、混合砂。

（2）砂按细度模数分为粗、中、细三种规格，粗砂的细度模数为3.7～3.1，中砂的细度模数为3.0～2.3，细砂的细度模数为2.2～1.6。

（3）砂按技术要求分为Ⅰ类、Ⅱ类、Ⅲ类。

（4）砂的适用范围：Ⅰ类宜用于强度等级大于C60的混凝土；Ⅱ类宜用于强度等级

C30～C60 及抗冻、抗渗或其他要求的混凝土;Ⅲ类宜用于强度等级小于 C30 的混凝土和建筑砂浆。

(5)细骨料(砂)检测项目及质量技术要求见表 2-7。

表 2-7　细骨料(砂)检测项目及质量技术要求

项目		指标		说明
		天然砂	人工砂	
石粉含量(%)		—	6～18	指小于 0.15 mm 颗粒
含泥量 (%)	≥R_{90}300 和有抗冻要求的	≤3	—	指颗粒小于 0.08 mm 的细屑、淤泥和黏土的总量
	＜R_{90}300	≤5		
泥块含量(%)		不允许	不允许	指砂中粒径大于 1.25 mm,以水洗、手捏后变成小于 0.63 mm 的颗粒含量
坚固性(%)		≤8	≤8	有抗冻要求的混凝土
		≤10	≤10	无抗冻要求的混凝土
表观密度(kg/m³)		≥2 500	≥2 500	
硫化物及硫酸盐(%)		≤1	≤1	折算成 SO_3,按质量计
有机质含量(%)		浅于标准色	不允许	
云母含量(%)		≤2	≤2	
轻物质量(%)		≤1	—	指表观密度小于 2 000 kg/m³ 的物质

(二)细骨料检验标准

《水工混凝土试验规程》(SL 352—2006);

《水工混凝土砂石骨料试验规程》(DL/T 5151—2001);

《建筑用砂》(GB/T 14684—2001);

《水工混凝土施工规范》(SDJ 207—82、DL/T 5144—2001)。

(三)取样方法

取样方法为同种类、规格、适用等级及日产量每 600 t 为一批,不足 600 t 亦为一批;日产量超过 2 000 t,按 1 000 t 为一批,不足 1 000 t 为一批。在每批中随机按四分法抽取一定数量材料做试样。

(四)检验判定

(1)检验(含复检)后,各项性能指标都符合标准的相应类别规定时,可判为该产品合格。

(2)若有一项性能指标不符合标准要求,则应从同一批产品中加倍取样,对不符合标准要求的项目进行复检。复检后,该项指标符合标准要求时,可判该类产品合格,仍然不符合标准要求时,则该批产品判为不合格。

三、粗骨料

(一)粗骨料品质指标和检验标准

(1)水利上用粗骨料(碎石或砾石)分级为 5～20 mm、20～40 mm、40～80 mm、80～

150 mm（或 80 ~ 120 mm）四级标准。根据结构大小、钢筋间距选定为一级配、二级配、三级配、四级配。颗粒级配采用紧密密度试验，决定石子颗粒级配。

（2）粗骨料主要检测超径、逊径、含泥量、泥团、软弱颗粒含量、硫酸盐及硫化物含量、有机质含量、针片状颗粒含量、表观密度、吸水率等，具体的质量技术要求见表2-8。

表 2-8　粗骨料的质量技术要求

项目		指标		说明
		卵石	碎石	
含泥量（%）		$D20$、$D40$ 粒径级 ≤1	$D20$、$D40$ 粒径级 ≤1	粒径小于 0.08 mm 颗粒的含量
		$D80$、$D150$（$D120$）粒径级 ≤0.5	$D80$、$D150$（$D120$）粒径级 ≤0.5	
泥块含量（%）		不允许	不允许	指骨料中粒径大于 5 mm，经水洗，手捏后变成小于 2.5 mm 的颗粒含量
坚固性（%）	有抗冻要求	≤5	≤5	有抗冻要求的混凝土
	无抗冻要求	≤12	≤12	无抗冻要求的混凝土
硫化物及硫酸盐含量（%）		≤0.5	≤0.5	折算成 SO_3
有机质含量		浅于标准色	不允许	如深于标准色，应进行混凝土强度对比试验
表观密度（kg/m³）		≥2 550	≥2 550	
吸水率（%）		≤2.5	≤2.5	
针片状颗粒含量（%）		≤15	≤15	碎石经试验论证，可以放宽至 25%

（二）检验标准

《水工混凝土试验规程》（SL 352—2006）；

《水工混凝土砂石骨料试验规程》（DL/T 5151—2001）；

《建筑用卵石、碎石》（GB/T 14685—2001）；

《水工混凝土施工规范》（SDJ 207—82、DL/T 5144—2001）。

（三）取样方法

取样方法为同品种、规格、适用等级及日产量每600 t 为一批，不足600 t 亦为一批；日产量超过 2 000 t，按 1 000 t 为一批，不足 1 000 t 亦为一批；日产量超过 5 000 t，按 2 000 t 为一批，不足 2 000 t 亦为一批。在每批中随机按四分法抽取一定数量材料做试样。

（四）施工现场卵石、碎石复检

（1）粗骨料进入施工场地时要对其质量进行初验。初验其外观质量、粒径、风化、级配、软弱颗粒、针片状、夹泥（块）等的情况，初步判定是否满足要求，初验检验骨料不合格，不得进入料场，不再进行质量复检。

（2）取样及批量现场取样时要从不同部位抽取规定数量，一般复验代表批量为 400 m³。

（五）检验判定

（1）检验（含复检）后，各项性能指标都符合标准的相应类别规定时，可判为该产品合格。

（2）颗粒级配、含泥量和泥块含量、针片状颗粒含量若有一项性能指标不符合标准要求，则应从同一批产品中加倍取样，对不符合标准要求的项目进行复检。复检后，该项指标符合标准要求时，可判该类产品合格，仍然不符合标准要求时，则该批产品判为不合格。

四、钢材

目前，我国建筑工程中用量最大的钢材品种是钢筋。按所用的钢种，可分为碳素结构钢钢筋和低合金结构钢钢筋；按生产工艺可分为热轧钢筋、冷加工钢筋、余热处理钢筋、热处理钢筋、钢丝及钢绞线等。

（一）质量检验

（1）钢筋焊接接头或焊接制品（焊接骨架、焊接网）质量检验与验收应按国家标准《混凝土结构工程施工质量验收规范》（GB 50204—2002）中的基本规定及其他有关规定执行。

（2）钢筋焊接接头或焊接制品应按检验批次进行质量检验与验收，并划分为主控项目和一般项目两类。质量检验时，应包括外观检查和力学性能检验。

（3）纵向受力钢筋焊接接头，包括闪光对焊接头、电弧焊接头、电渣压力焊接头、气压焊接头等。连接方式检查和接头的力学性能检验规定为主控项目。

接头连接方式应符合设计要求，并应全数检查，检验方法为观察。

接头试件进行力学性能检验时，其质量和检查数量应符合有关规定。检验方法包括检查钢筋出厂质量证明书、钢筋进场复验报告、各项焊接材料产品合格证、接头试件力学性能试验报告等。

（4）钢筋焊接接头或焊接制品质量验收时，应在施工单位自行质量评定合格的基础上，由监理（建设）单位对检验批次有关资料进行核查，组织项目专业质量检查员等进行验收，对焊接接头合格与否做出结论。

（二）取样方法及取样数量

（1）钢筋、钢丝、钢绞线，应按批进行随机取样检查，每批由同一厂别、同一炉罐号、同一规格、同一交货状态、同一进场（厂）时间为一验收批。

（2）钢筋混凝土用钢筋有热轧带肋钢筋、热轧光圆钢筋、低碳钢热轧圆盘条、余热处理钢筋。

每批数量不大于 60 t，取一组试样。

（3）冷轧带肋钢筋，每批数量不大于 60 t，取一组试样。

（4）各类钢筋每组试件数量见表 2-9。

（5）凡表 2-9 中规定取两根试件的（低碳钢热轧圆盘条冷弯试件除外）均应从任意两根（两盘）中分别切取，每根钢筋上切取一个拉力试件、一个冷弯试件。

（6）试件截取长度（用 L 表示）计算如下：

拉力（伸）试件

$$L \geqslant 5d + 200 \text{ mm}（d \text{ 为钢筋直径}）$$

冷弯试件

$$L \geqslant 5d + 150 \text{ mm} (d \text{ 为钢筋直径})$$

注:(1)直径小于等于 10 mm 的光圆钢筋,拉力(伸)试件长度 $L \geqslant 10d + 200$ mm。

(2)冷拔低碳钢丝的拉力(伸)试件 $L = 350$ mm,反复弯曲试件 $L = 150$ mm。

表 2-9　钢筋试件取样数量

钢筋种类	每组试件数量	
	拉伸试验	弯曲试验
热轧带肋钢筋	2 根	2 根
热轧光圆钢筋	2 根	2 根
低碳钢热轧圆盘条	1 根	2 根
余热处理钢筋	2 根	2 根
冷轧带肋钢筋	逐盘 1 个	每批 2 个

注:1. 低碳钢热轧圆盘条,冷弯试件应取自同盘的两端。

2. 试件切取时,应在钢筋或盘条的任意一端截去 500 mm 后切取。

(三)试验评定

(1)屈服点、抗拉强度、伸长率均应符合相应标准中规定的指标。

(2)做拉伸试验的两根试件中,如一根试件的屈服点、抗拉强度、伸长率三个指标中有一个指标不符合标准,即为拉力试验不合格,应取双倍试件重新测定;在第二次拉力试验中,如仍有一个指标不符合规定,不论这个指标在第一次试验中是否合格,拉力试验项目均定为不合格,表示该批钢筋为不合格产品。

(3)试验出现下列情况之一者,试验结果无效:

①试件断在标距外(伸长率无效);

②操作不当,影响试验结果;

③试验记录有误或设备发生故障。

(4)冷弯试验后弯曲外侧表面,如无裂纹、断裂或起层,即判为合格。做冷弯试验的两根试件中,如有一根试件不合格,可取双倍数量试件重新做冷弯试验,第二次冷弯试验中,如仍有一根不合格,即判该批钢筋为不合格产品。

注:弯曲表面金属体上出现的开裂,其长度大于 2 mm,而小于等于 5 mm,宽度大于 0.2 mm,而小于 0.5 mm 时称裂纹。

五、外加剂

(一)外加剂的类型

混凝土外加剂是在拌制混凝土过程中掺入,用以改善混凝土性能的物质,掺量不大于水泥质量的 5%(特殊情况除外)。

混凝土外加剂按其主要功能分为以下四类:

(1)改善混凝土拌和物流变性能的外加剂。包括各种减水剂、引气剂和泵送剂等。

(2)调节混凝土凝结时间、硬化性能的外加剂。包括缓凝剂、早强剂和速凝剂等。

（3）改善混凝土耐久性的外加剂。包括引气剂、防水剂和阻锈剂等。

（4）改善混凝土其他性能的外加剂。包括加气剂、膨胀剂、防冻剂、着色剂、黏结剂和碱－骨料反应抑制剂等。

常用混凝土外加剂选用参考见表2-10。

表2-10　常用混凝土外加剂选用参考

外加剂类型	主要功能	适用范围
普通减水剂	1. 在保证混凝土工作性能及强度不变条件下，可节约水泥用量 2. 在保证混凝土工作性能及水泥用量不变条件下，可减少用水量，提高混凝土强度 3. 在保持混凝土用水量及水泥用量不变条件下，可增大混凝土流动性	1. 用于日最低气温 +5 ℃以上的混凝土施工 2. 各种预制及现浇混凝土、钢筋混凝土及预应力混凝土 3. 大模板施工、滑模施工、大体积混凝土、泵送混凝土及流动性混凝土
高效减水剂	1. 在保证混凝土工作性能及水泥用量不变条件下，可大幅度减少用水量（减水率大于12%），可制备早强、高强混凝土 2. 在保持混凝土用水量及水泥用量不变条件下，可增大混凝土拌和物的流动性，制备大流动性混凝土	1. 用于日最低气温 0 ℃以上的混凝土施工 2. 用于钢筋密集、截面复杂、空间窄小及混凝土不易振捣的部位 3. 凡普通减水剂适用的范围高效减水剂亦适用 4. 制备早强、高强混凝土及流动性混凝土
缓凝剂及缓凝减水剂	降低热峰值及推迟热峰出现的时间	1. 大体积混凝土 2. 夏季和炎热地区的混凝土施工 3. 用于日最低气温 +5 ℃以上的混凝土施工 4. 预拌混凝土、泵送混凝土及滑模施工
引气剂及引气减水剂	1. 改善混凝土拌和物的工作性，减少混凝土泌水离析 2. 增加硬化混凝土的抗冻融性	1. 有抗冻融耐久性要求的混凝土 2. 骨料质量差及轻骨料混凝土 3. 提高混凝土的抗渗性 4. 泵送混凝土 5. 改善混凝土的抹光性
早强剂及早强减水剂	1. 缩短混凝土的热蒸养时间 2. 加速自然养护混凝土的硬化	1. 用于日最低温度 －3 ℃以上时自然气温正负交替的亚寒地区的混凝土施工 2. 用于蒸养混凝土、早强混凝土
防冻剂	使混凝土在负温条件下仍能水化硬化	冬季负温条件下混凝土施工
膨胀剂及灌浆剂	使混凝土体积在水化、硬化过程中产生一定的膨胀，以减少混凝土干缩裂缝，提高抗裂性和抗渗性能，提高混凝土密实程度	1. 补偿收缩混凝土，用于自防水屋面、地下防水及基础后浇缝、防水堵漏等 2. 填充用膨胀混凝土，用于设备底座灌浆，地脚螺栓固定等 3. 自应力混凝土，用于自应力混凝土压力管
速凝剂	速凝、早强	用于喷射混凝土
微沫剂	改善砂浆稠度，节约白灰及水泥	砌筑砂浆
泵送剂	提高混凝土可泵性，增加水的黏度，防止泌水离析	1. 泵送混凝土 2. 大流动性混凝土 3. 预拌混凝土

（二）品质指标

水工混凝土常用的外加剂有高效减水剂、引气剂、普通减水剂、早强减水剂、缓凝减水剂、引气减水剂、缓凝高效减水剂、缓凝剂和高温缓凝剂等。掺外加剂混凝土的性能要求见表2-11。

表 2-11　掺外加剂混凝土的性能要求

检测项目		引气剂	普通减水剂	早强减水剂	缓凝减水剂	引气减水剂	高效减水剂	缓凝剂	缓凝高效减水剂	高温缓凝剂
减水率(%)		≥6	≥8	≥8	≥8	≥12	≥15	—	≥15	≥6
含气量(%)		4.5~5.5	≤2.5	≤2.5	≤3.0	4.5~5.5	<3.0	<2.5	<3.0	<2.5
泌水率比(%)		≤70	≤95	≤95	≤100	≤70	≤95	≤100	≤100	≤95
凝结时间差（min）	初凝	−90~+120	0~+90	≤+30	+90~+120	−60~+90	−60~+90	+210~+480	+210~+240	+300~+480
	终凝	−90~+120	0~+90	≤0	+90~+120	−60~+90	−60~+90	+210~+720	+210~+240	≤+720
抗压强度比（%）	3 d	≥90	≥115	≥130	≥90	≥115	≥130	≥90	≥125	—
	7 d	≥90	≥115	≥115	≥90	≥110	≥125	≥95	≥125	≥90
	28 d	≥85	≥110	≥105	≥85	≥105	≥120	≥105	≥120	≥100
28 d收缩率比（%）		<125	<125	<125	<125	<125	<125	<125	<125	<125
抗冻等级		≥F200	≥F50	≥F50	≥F50	≥F200	≥F50	—	≥F50	
对钢筋锈蚀作用		应说明对钢筋有无锈蚀危害								

注:1. 凝结时间差,"−"号表示凝结时间提前,"+"号表示凝结时间延缓。

2. 除含气量和抗冻等级两项试验项目外,表中所列数据为受检验混凝土与基准混凝土的差值或比值。

（三）检验标准

《混凝土外加剂的分类、命名、术语与定义》（GB/T 8075—2005）；

《混凝土外加剂应用技术规范》（GB 50119—2003）；

《水工混凝土外加剂技术规程》（DL/T 5100—1999）。

六、填筑土料

（一）土样的采取

原状土试样的采取应按相关的取样技术标准进行,首先取样数量应足够,取样质量应符合规定要求,至于采取原状土还是采取扰动土,则视工程对象而定。对于填土工程,除采取扰动土外,对每一料场的不同土层,还应有一定数量的原状土供测定天然含水率和天然密度用。如只要求进行土的分类,则可只采取扰动土。

对于重要的水工建筑物的取样单,应附有地质说明书,以便于分析土的物理力学性质与地质年代成因的相互关系。对于取土的数量,应满足进行各项试验项目和试验方法的需要,一般来说,采取的土样数量可参照表2-12。

表 2-12　土工试验要求的取样数量

试验项目	土样类别	样品状态	最大颗粒直径(mm)	样品质量和数量	说明
含水率	砂土 细粒土	扰动 扰动		80～100 g 80～100 g	
密度	细粒土 砂土	原状 原状		$(10 \times 10 \times 10)\,cm^3$ $(10 \times 10 \times 10)\,cm^3$	
比重	细粒土 砂土 砂、砾	扰动 扰动 扰动	>5	50 g 50 g 2～10 kg	取土量视最大 颗粒直径大小而定
颗粒分析	砂、砾 砂土 细粒土	扰动 扰动 原状	>2 >2 <2	500～7 000 g 200～500 g 50～200 cm³	取土量视最大颗粒 直径大小而异或扰动 土 200～500 g
相对密度	砂土 砂土	原状 扰动	<5	$(10 \times 10 \times 10)\,cm^3$ 2 000 g	
界限含水率	细粒土 细粒土	扰动 原状		500 g $(10 \times 10 \times 10)\,cm^3$	
收缩	细粒土 细粒土	原状 扰动		$(10 \times 10 \times 10)\,cm^3$ 1 000 g	
膨胀	细粒土 细粒土	原状 扰动		$(10 \times 10 \times 10)\,cm^3$ 1 000 g	
湿化	细粒土 细粒土	原状 扰动		$(10 \times 10 \times 10)\,cm^3$ 1 000 g	
毛管水上升高度	砂土 细粒土	扰动 原状		2 000 g $(10 \times 10 \times 10)\,cm^3$	或扰动土 2 000 g
击实	细粒土	扰动		30 kg	轻型三层击实
渗透	砂土 细粒土 细粒土	扰动 扰动 原状		4～5 kg $(10 \times 10 \times 10)\,cm^3$	
固结	细粒土 细粒土	原状 扰动		$(10 \times 10 \times 10)\,cm^3$ 1 000 g	
黄土压缩	细粒土	原状		$(20 \times 20 \times 20)\,cm^3$	
三轴剪切	细粒土 细粒土 砂土	原状 扰动 扰动		$(20 \times 20 \times 20)\,cm^3$ 5 000 g 5 000 g	
直接剪切	细粒土 细粒土 砂土	原状 扰动 扰动		$(10 \times 10 \times 10)\,cm^3$ 1 500～3 000 g 3 000 g	
无侧限抗压强度	细粒土	原状		$(10 \times 10 \times 15)\,cm^3$	
天然坡角	砂土	扰动	<5	1 000～3 000 g	

注:1. 表中击实、固结、黄土压缩、直接剪切、三轴剪切等试验项目所需的试样数量均指一组试验而言,如需要做多组试验,应视具体情况多采取土样。

2. 特殊试验项目的土样数量可酌量采取。

（二）土的物理、化学性质指标

土的试验项目方法和依据标准见表2-13。

表2-13　土的试验项目方法和依据标准

试验项目	试验方法	依据标准
含水率	烘干法、酒精燃烧法、比重法	SL 237—1999
密度	环刀法、蜡封法、灌砂法、灌水法、核子射线法	SL 237—1999
比重	比重瓶法、浮称法、虹吸筒法	SL 237—1999
颗粒大小分析	筛析法、密度计法、移液管法	SL 237—1999
相对密度	最大孔隙比试验、最小孔隙比试验	SL 237—1999
界限含水率	液塑限联合测定法、碟式仪液限试验、滚搓法塑限试验	SL 237—1999
湿化	浮筒法、网板法	SL 237—1999
毛管水上升高度	直接观测法、土样管法	SL 237—1999
击实	轻型击实试验、重型击实试验	SL 237—1999
渗透	水头渗透试验、变水头渗透试验	SL 237—1999
固结	固结试验	SL 237—1999
三轴压缩	三轴压缩试验	SL 237—1999
直接剪切	直剪试验	SL 237—1999

七、土工合成材料

（一）分类

（1）物理性指标：拉伸面积质量、厚度、等效孔径等。

（2）力学指标：拉伸强度、撕裂强度、顶破强度、胀破强度等。

（3）水力学指标：垂直渗透系数、平面渗透系数、梯度比等。

（4）耐久性：抗老化性、抗化学腐蚀性等。

（二）测试项目

土工合成材料性能的主要测试项目见表2-14。

（三）取样和试样制备

用做试验的试样从厂家送交的产品中按5%的数量抽检，不得少于1件，并且样品沿其径向的长度应不小于1 m，其面积应不小于2 m²；随机剪取的样品距产品的边缘至少为

100 mm;从样品裁切试样时,应尽量避免在同样的纵向和横向位置上,即要求沿对角线取样。裁切试样时应注意以下事项:

表 2-14 土工合成材料性能的主要测试项目

测试项目		测试方法	说明
物理性	厚度(mm)	用测厚仪测 2 kPa 压力下厚度	尚应测定不同法向压力时的厚度
	单位面积质量（g/m²）	称重法	
	等效孔径 O_{95}(mm)	粒料干筛法	表示织物试样的表观最大孔径
力学性能	抗拉强度（kN/m）	宽条撕裂法,用拉力机	
	握持抗拉强度（kN/m）	夹具钳口窄于样条宽,用拉力机	
	撕裂强度	梯形撕裂法,用拉力机	模拟土工织物边缘有裂口继续抗撕能力
	刺破强度(N)	用平头刚性顶杆顶破	模拟织物遇坚棱石块等的抗破坏能力
	胀破强度（kPa）	用胀破仪,施液压	模拟织物受基土反力时抗胀破的能力
	直剪摩擦系数 f_d	用土工试验直剪仪	确定材料与土或其他材料的界面抗剪强度
	拉拔摩擦系数 f_p	用拉拔试验箱,加法向压力拉拔	确定材料从土中拔出时的抗力
	垂直渗透系数 k_v(cm/s)	渗透仪,测垂直于试样的渗透系数	测定织物长期工作时判别其会不会被淤堵的指标
	平面渗透系数 k_h(cm/s)	渗透仪,测沿试样平面的渗透系数	
	梯度比	用梯度比渗透仪	
耐外性	抗紫外线	用人工老化箱照射试样	估计材料受日光紫外线照射一定时间后的性能改变
	蠕变	试样上直接加砝码,长期试验	估计材料长期受力时的变形特性
	其他特殊试验（抗酸碱、抗高低温等）	根据需要,专门设计试验方法	估计不同环境条件下材料性能改变

注:具体测试方法可参考《土工合成材料测试规程》(SL/T 235—1999)。

（1）试样应完好无损，不含污秽、折痕、孔洞和损伤等明显瑕疵点。

（2）裁样前应有计划，对织物可先剪成尺寸较要求稍大的块片，然后修成精确尺寸。

（3）剪成的试样应编号，有特殊情况应作记录。

由于土工合成材料产品均匀性较差，同一批产品甚至同一样品的不同部位，性能指标都会有差异。为了尽量减少测试结果再受外界其他影响，要求将试样先在规定的标准状态下，即温度（20±2）℃、相对湿度为（60±10）%和一个标准大气压静置24 h。如确定材料不受环境影响，可免去上述调湿处理。试验记录中应标明试验时的温度和湿度。

八、石料

（1）岩石物理性质是指岩石的物质组成和结构特征所决定的基本物理属性，包括含水率、吸水率、颗粒密度、膨胀性、耐崩解性和抗冻性等。相应的岩石物理性质试验包括含水率试验、吸水性试验、颗粒密度试验、膨胀性试验、耐崩解性试验、冻融试验等。对于膨胀岩要做膨胀性试验；对于在干湿交替状态下的黏土岩类和风化岩石要做耐崩解性试验；对于经常处于冻结和融解条件下的工程岩体，要进行冻融试验。

（2）岩石力学性质试验包括单轴压缩变形试验、单轴抗压强度试验、三轴压缩强度试验、抗拉强度试验、直剪强度试验、点荷载强度试验、断裂韧度试验等。

（3）水利水电工程岩石试验包括岩石物理力学试验、岩体强度和变形试验、岩体应力测试、岩石声波测试以及工程岩体观测等内容。岩石试验工作应在详细了解工程规模、工程地质条件、设计意图、建筑物特点和施工方法的基础上进行，试验内容、试验方法、试验数量等应与工程建设的各个勘察设计阶段的深度相适应，并应符合下列规定：

①规划阶段应充分利用与建筑物地段工程地质条件相类似工程的岩石试验成果。根据实际情况，可布置少量室内岩块试验。对近期开发工程，可布置少量现场点荷载试验及声波测试。

②可行性研究阶段应根据划分的工程地质单元布置室内岩块试验和现场岩体声波测试。对坝址和其他建筑物方案选择起重要作用的主要岩石力学问题，应布置现场岩体试验项目。

③初步设计阶段应根据工程岩体条件及建筑物特点，拟定出关键的岩石力学问题，采取岩块和岩体试验相结合的原则，并满足试验数量的要求，进行深入的试验研究。

④技施设计阶段应根据初步设计审查后新发现的工程地质问题和新提出的岩石力学问题及建筑物基础加固与处理的需要，进行专门性岩石试验。

⑤工程施工和运行期间，应对主要建筑物部位的工程岩体进行工程岩体原位观测。检测天然密度、饱和极限抗压强度、最大吸水率、软化系数、抗冻强度等级等。

九、拌和及养护用水

（一）品质要求

凡适用于饮用水，均可以拌制和养护混凝土，天然矿化水应检测总含盐量、硫酸根离子含量、氯离子含量、pH值等，具体要求如表2-15所示。

表 2-15　拌制和养护混凝土的天然矿化水的物质含量限值

表 2-15　拌制和养护混凝土的天然矿化水的物质含量限值

项目	预应力混凝土	钢筋混凝土	素混凝土
pH 值	>4	>4	>4
不溶物（mg/L）	<2 000	<2 000	<5 000
可溶物（mg/L）	<2 000	<5 000	<10 000
氯化物（以 Cl^{-1} 计）（mg/L）	<500	<1 200	<3 500
硫酸盐（以 SO_4^{2-} 计）（mg/L）	<600	<2 700	<2 700
硫化物（以 S^{2-} 计）（mg/L）	<100		

注：本表适用于各种大坝水泥、硅酸盐类水泥、普通硅酸盐类水泥、矿渣硅酸盐类水泥、火山灰硅酸盐类水泥和粉煤灰硅酸盐类水泥拌制的混凝土。

（二）检验标准

《水工混凝土施工规范》（SDJ 207—82、DL/T 5144—2001）；

《水工混凝土水质分析试验规程》（DL/T 5152—2001）；

《水质分析方法》（SL 78～94—1994）。

十、混凝土拌和物

检测拌和混凝土用水泥和外加剂等的原材料称量偏差、拌和时间，具体要求见表 2-16 和表 2-17。

表 2-16　混凝土各组分称量的允许偏差

材料名称	允许偏差
水泥、掺合物	±1%
砂石	±2%
水、片冰、外加剂溶液	±1%

表 2-17　混凝土纯拌和时间　　　　　　　　　　（单位：min）

拌和机进料容量（m³）	最大骨料粒径（mm）	坍落度（cm）		
		2～5	5～8	≥8
1.0	80	—	2.5	2.0
1.6	150 或 120	2.5	2.0	2.0
2.4	150	2.5	2.0	2.0
5.0	150	3.5	3.0	2.5

注：1. 入机拌和量不应超过拌和机规定容量的 10%。

　　2. 掺和混合材、减水剂、加气剂及加冰时宜延长拌和时间，出机的拌和物中不应有块。

拌和设备应经常进行下列项目的检验：

（1）拌和物的均匀性；

（2）各种条件下适宜的拌和时间；

（3）衡器的准确性；

（4）拌和机及叶片的磨损情况。

为了控制混凝土工程质量，检验混凝土拌和物的各种性能及其质量和流变特征，要求统一遵循混凝土拌和物性能试验方法，从而对工业与民用建筑和一般构筑物中所使用普通混凝土拌和物的基本性能进行检查。

（一）拌和物取样及试样制备

（1）混凝土拌和物试验用料取样应根据不同要求，从同一盘搅拌或同一车运送的混凝土中取出或在实验室用机械或人工拌制。

（2）混凝土工程施工中取样进行混凝土拌和物性能试验时，应符合有关方法标准。

（二）混凝土拌和物的和易性

表示混凝土拌和物的施工操作难易程度和抵抗离析作用的性质称为和易性。和易性是由流动性、黏聚性、保水性等性能组成的一个总的概念。

混凝土拌和物和易性的评定，通常采用测定混凝土拌和物的流动性，辅以直观经验评定黏聚性和保水性，来确定和易性。测定混凝土拌和物的流动性，应按 GB/T 50080—2002 进行。流动性大小用坍落度或维勃稠度指标表示。

混凝土拌和物泌水性试验，是为了检查混凝土拌和物在固体组分沉降过程中水分离析的趋势，也适用于评定外加剂的品质和混凝土配合比的适用性。

（三）混凝土拌和物凝结时间测定

1. 测定目的

测定不同水泥品种、不同外加剂、不同混凝土配合比以及不同气温环境下混凝土拌和物的凝结时间，以控制现场施工流程、施工安排及施工工艺。

2. 基本原理

用不同截面面积的金属测针，在一定时间内，竖直插入从混凝土拌和物筛出的砂浆中，以达到一定深度时所受阻力值的大小，作为衡量凝结时间的标准。

普通混凝土的主要物理力学性能包括抗压强度、抗拉强度、抗折强度、疲劳强度、静力受压弹性模量、收缩、徐变等性能。

普通混凝土的长期性能、耐久性能是指除具有足够的强度能够承受外力外，还应具有承受周围使用环境介质侵袭破坏的能力，如抗冻性能、抗渗性能和耐化学腐蚀性能等。

十一、砌筑砂浆

检测水泥、砂料、水及掺合料、外加剂等的品种质量，水泥砂浆强度等级和相应的配合比、拌和时间、28 d 抗压强度保证率，砂浆强度离差系数、砂浆沉入度、砂浆配合比称量。

砂浆及其拌和物基本性能有砂浆稠度、密度、分层度、凝结时间、抗冻性能、收缩等。

砌筑砂浆强度试验取样方法和试块留置如下：

（1）砌筑砂浆强度试验以同一强度等级、同一配合比、同种原材料每一楼层（基础砌体可按一个楼层计）或 250 m³ 砌体为一取样单位。

（2）每一取样单位留置标准养护试块不少于两组（每组六个试块）。

（3）每一取样单位还应制作同条件养护试块不少于一组。

（4）试样要有代表性，每组试块的试样必须取自同一次拌制的砌筑砂浆拌和物。

①施工中取试样应在使用地点的砂浆槽、砂浆运送车或搅拌机出料口，至少从三个不同部位抽取，数量应多于试验用料的 1～2 倍。

②实验室拌制砂浆进行试验所用材料应与现场材料一致。材料称量精确度：水泥、外加剂为 ±0.5%，砂、石灰膏、黏土膏、粉煤灰和磨细生石灰粉为 ±1%。搅拌时可用机械或人工拌和，用搅拌机搅拌时，其搅拌量不宜少于搅拌机容量的 20%，搅拌时间不宜少于 2 min。

十二、混凝土试件

（一）试件制作与养护

（1）混凝土试件的制作与养护依据《水工混凝土试验规程》（SL 352—2000）和《普通混凝土力学性能试验方法标准》（GB/T 50081—2002）。

（2）普通混凝土的物理力学性能和长期性能、耐久性能试验用试件，除抗渗、疲劳试验外均以三块为一组。

（3）每组试验的试件及其相应的对比所用的拌和物，应根据不同要求从同一盘搅拌或同一车运送的混凝土中取出，或在实验室用机械或人工单独拌制，试件规格见表 2-18。

表 2-18　混凝土各项性能试验采用的试件规格

标准试件		专用试件	
试验项目	试件规格	试验项目	试件规格
抗压强度	150 mm × 150 mm × 150 mm	自生体积变形	ϕ200 mm × 600 mm
劈裂抗拉强度	150 mm × 150 mm × 150 mm	导温系数	ϕ200 mm × 400 mm
轴向抗拉强度	100 mm × 100 mm × 550 mm	导热系数	ϕ200 mm × 400 mm
极限拉伸	100 mm × 100 mm × 550 mm	比热	ϕ200 mm × 400 mm
抗剪强度	150 mm × 150 mm × 150 mm	热膨胀系数	ϕ200 mm × 500 mm
抗弯强度	150 mm × 150 mm × 550 mm	绝热温升	ϕ400 mm × 400 mm
静力抗压弹性模量	ϕ150 mm × 300 mm	渗透系数	ϕ150 mm × 150 mm 150 mm × 150 mm × 150 mm ϕ300 mm × 300 mm 300 mm × 300 mm × 300 mm ϕ450 mm × 450 mm
混凝土与钢筋握裹力	100 mm × 100 mm × 550 mm		
压缩徐变	ϕ150 mm × 450 mm 或 ϕ 200 mm × 400 mm	抗冲磨（圆环法）	外径 500 mm、内径 300 mm、 高 100 mm
拉伸徐变	ϕ150 mm × 500 mm	抗冲磨（水下钢球法）	ϕ300 mm × 100 mm
干缩	100 mm × 100 mm × 515 mm	氯离子渗透性	ϕ95 mm × 50 mm
抗渗等级	圆台体：顶面 ϕ175 mm 底面 ϕ185 mm 高度 150 mm	氯离子扩散系数	ϕ100 mm × 50 mm
抗冻等级	100 mm × 100 mm × 440 mm		

（4）按各试验方法的具体规定,力学性能、长期性能及耐久性能试验的试件有标准养护、同条件养护及自然养护等几种养护形式。

（5）采用标准养护的试件,成型后应覆盖表面,以防止水分蒸发,并应在室温为（20±5）℃情况下静置一昼夜,然后编号、拆模,放入标准养护室养护至规定龄期。

（二）混凝土力学性能试验

具体参照《水工混凝土试验规程》（SL 352—2006）进行。

（三）普通混凝土抗渗试验

混凝土的抗渗性是指抵抗压力水渗透的能力。混凝土渗透能力的形成,是由于混凝土中多余水分蒸发后留下了孔洞或孔道,同时新拌混凝土因泌水在粗骨料颗粒与钢筋下缘形成的水膜,或泌水留下的孔道和水囊,在压力水的使用下会形成内部渗水的管道。再加之施工缝处理不好、捣固不密实等,都能引起混凝土渗水,甚至引起钢筋的锈蚀和保护层的开裂、剥落等破坏现象。

混凝土的抗渗能力,用抗渗等级来表示,也可用渗水高度和渗透系数表示。以 28 d 龄期按标准要求制作、养护的标准试件,按标准方法进行抗渗试验,以不出现渗水现象的最大水压（MPa）,来确定抗渗等级。抗渗等级用 P 表示,可分为 P4、P6、P8、P10、P12 等。改善混凝土抗渗能力的主要措施是提高混凝土的密实度,切断其渗水通道,尽量采用较小的水灰比,具体试验方法见《水工混凝土试验规程》（SL 352—2006）。

（四）普通混凝土抗冻性能试验

混凝土的抗冻性是指其在饱和水状态下遭受冰冻时,抵抗冰冻破坏的能力。抗冻性是评定混凝土耐久性的重要指标。抗冻性以抗冻等级（F）表示。它是按标准方法将试件进行冻融循环,以强度降低不超过 25% 或质量损失不大于 5% 时所能承受的最多冻融循环次数来确定。抗冻等级可分为 F25、F50、F100、F150、F200、F250、F300 等。影响混凝土抗冻性的主要因素,除原材料本身的条件外,还有混凝土的孔隙率,因此常常采用小水灰比以提高混凝土的密实度和采用加气混凝土等办法来提高混凝土的抗冻性能。混凝土抗冻性能试验可采用慢冻法和快冻法进行测定。

快冻法适用于在水中经快速冻融来测定混凝土的抗冻性能。快冻法抗冻性能的指标可用能经受快速冻融循环的次数或耐久性系数来表示,特别适用于抗冻性要求高的混凝土。

混凝土耐快速冻融循环次数应用同时满足相对动弹性模量值不小于 60% 和质量损失率不超过 5% 时的最大循环次数来表示,具体试验方法见《水工混凝土试验规程》（SL 352—2006）。

（五）普通混凝土试块试验数据统计

（1）同一标号（或强度等级）混凝土试块 28 d 龄期抗压强度的组数 $n \geqslant 30$ 时,应符合表 2-19 的要求。

表 2-19　混凝土试块 28 d 龄期抗压强度质量标准

项目		质量标准	
		优良	合格
任何一组试块抗压强度最低不得低于设计值的百分数		90%	85%
无筋(或少筋)混凝土强度保证率		85%	80%
配筋混凝土强度保证率		95%	90%
混凝土抗压强度的离差系数	<20 MPa	<0.18	<0.22
	≥20 MPa	<0.14	<0.18

（2）同一标号（或强度等级）混凝土试块 28 d 龄期抗压强度的组数 $5 \leqslant n < 30$ 时,混凝土试块强度同时满足下列要求:

$$R_n - 0.7S_n > R_{标}$$
$$R_n - 1.60S_n \geqslant 0.83R_{标} \qquad (R_{标} \geqslant 20 \text{ MPa})$$
$$或 \geqslant 0.80R_{标} \qquad (R_{标} < 20 \text{ MPa})$$

$$S_n = \sqrt{\dfrac{\sum\limits_{i=1}^{n}(R_i - R_n)^2}{n-1}}$$

式中:S_n 为 n 组试件强度的标准差,MPa,当统计得到的 $S_n < 2.0$ MPa(或 1.5 MPa)时,应取 $S_n = 2.0$ MPa($R_{标} \geqslant 20$ MPa),$S_n = 1.5$ MPa($R_{标} < 20$ MPa);R_n 为 n 组试件强度的平均值,MPa;R_i 为单组试件强度,MPa;$R_{标}$ 为设计 28 d 龄期抗压强度值,MPa;n 为样本容量。

（3）同一标号（或强度等级）混凝土试块 28 d 龄期抗压强度的组数 $2 \leqslant n < 5$ 时,混凝土试块强度应同时满足下列要求:

$$\overline{R}_n \geqslant 1.15R_{标}$$
$$R_{\min} \geqslant 0.95R_{标}$$

式中:$\overline{R}_n$ 为 n 组试块强度的平均值,MPa;$R_{标}$ 为设计 28 d 龄期抗压强度值,MPa;$R_{\min}$ 为 n 组试块中强度最小一组的值,MPa。

（4）同一标号（或强度等级）混凝土试块 28 d 龄期抗压强度的组数只有一组时,混凝土试块强度应满足下列要求:

$$R \geqslant 1.15R_{标}$$

式中:R 为试块强度实测值,MPa;$R_{标}$ 为设计 28 d 龄期抗压强度值,MPa。

第二节　结构实体检测

一、钢筋混凝土结构强度检测

（一）常用的混凝土强度检测方法

常用的混凝土强度现场检测方法有回弹法、超声波法、超声回弹综合法、钻芯法、拔出法等。

1. 回弹法

回弹法是以在混凝土结构或构件上测得的回弹值和碳化深度来评定混凝土结构或构件强度的一种方法,它不会对结构或构件的力学性质和承载能力产生不利影响,在工程上已得到广泛应用。

2. 超声波法

超声波法检测混凝土常用的频率为 20 ~ 250 kHz,它既可用于检测混凝土强度,也可用于检测混凝土缺陷。

3. 超声回弹综合法

回弹法只能测得混凝土表层的强度,内部情况却无法得知,当混凝土的强度较低时,其塑性变形较大,此时回弹值与混凝土表层强度之间的变化关系不太明显;超声波在混凝土中的传播速度可以反映混凝土内部的强度变化,但对强度较高的混凝土,波速随强度的变化不太明显。如将以上两种方法结合,互相取长补短,通过试验建立超声波波速—回弹值—混凝土强度之间的相关关系,用双参数来评定混凝土的强度,即为超声回弹综合法。该法是一种较为成熟、可靠的混凝土强度检测方法。

4. 钻芯法

钻芯法是利用专用钻机和人造金刚石空心薄壁钻头,在结构混凝土上钻取芯样以检测混凝土强度和缺陷的一种检测方法。它可用于检测混凝土的强度,结构混凝土受冻、火灾损伤的深度,混凝土接缝及分层处的质量状况,混凝土裂缝的深度、离析、孔洞等缺陷。该方法直观、准确、可靠,是其他无损检测方法不可取代的一种有效方法。钻芯法检测混凝土费用较高,费时较长,且对混凝土造成局部损伤,因而大量的钻芯取样往往受到限制,可利用其他无损检测方法如超声法与钻芯法结合使用,以减少钻芯数量,另一方面钻芯法的检测结果又可验证其他无损检测方法如超声法的检测结果,以提高其检测的可靠性。

5. 拔出法

拔出法是将安装在混凝土体内的锚固件拔出,测定其极限抗拔力,然后根据预先建立的混凝土极限拔出力与其抗压强度之间的相关关系来测定混凝土强度的一种半破损(局部破损)检测方法。大量试验表明:极限拔出力与混凝土抗压强度之间确实存在着某种近似线性的对应关系,这就为该方法的应用提供了坚实的基础。拔出法可分为预埋拔出法及后装拔出法两种,预埋拔出法是指预先将锚固件埋入混凝土内的拔出法,后装拔出法是指在已硬化的混凝土上钻孔,然后在其上安装锚固件的拔出法。前者主要适用于成批、连续生产的混凝土结构构件的强度检测,后者可用于新、旧混凝土各种构件的强度检测。拔出法一般不宜直接用于遭受冻害、化学腐蚀、火灾等损伤混凝土的检测。

(二)混凝土强度检测常使用的规范、标准及检测数量

1. 回弹法检测混凝土强度

标准依据:《回弹法检测混凝土抗压强度技术规范》(JGJ/T 23—2001)。利用回弹仪(一种直射锤击式仪器)检测普通混凝土结构构件抗压强度的方法简称回弹法。它是应用最广的无损检测方法,混凝土试块的抗压强度与无损检测的参数(回弹值)之间建立起来的关系曲线称为测强曲线,它是无损检测推定混凝土强度的基础。测强曲线根据材料

来源,分为统一测强曲线、地区测强曲线和专用(率定)测强曲线三类。

适用范围:《回弹法检测混凝土抗压强度技术规程》(JGJ/T 23—2001)中规定:回弹法检测混凝土的龄期为 14~1 000 d,不适用于表层及内部质量有明显差异或内部存在缺陷的混凝土构件和特种成型工艺制作的混凝土构件的检测,限制了回弹法的检测范围。

抽检数量:①单个构件的检测按选定构件检测。②批量检测必须是相同施工工艺条件下的同类结构或构件,其抽检数量不得少于同批构件总数的 30% 且不得少于 10 件。③对一般施工质量的检测和结构性能的检测,可按照现行国家标准《建筑结构检测技术标准》(GB/T 50344—2004)的规定抽样。④现场应随机抽样并具有代表性,即构件为主体结构承重构件。

测区的布置:①所选测区相对平整和清洁,不存在蜂窝和麻面,也没有裂缝、裂纹、剥落、层裂等现象,并避开预埋件。②每一结构或构件测区数不应少于 10 个,对某一方向尺寸不大于 4.5 m 且另一方向尺寸不大于 0.3 m 的构件,其测区数量可适当减少,但不应少于 5 个。③每个测区面积不宜大于 0.04 m²,测点间距不小于 20 mm,相邻测区间距应控制在 2.0 m 以内,测点距构件边缘或施工缝边缘不宜大于 0.5 m,且不宜小于 0.2 m;测区可对称布置,亦可布置在一侧。④检测时,回弹仪的轴线始终垂直于被检测区的测点所在面。⑤对弹击时产生颤动的薄壁、小型构件应进行固定。

2. 超声—回弹综合法检测混凝土强度

标准依据:《超声回弹综合法检测混凝土强度技术规程》(CECS 02:2005)。综合法检测是利用两种或两种以上检测方法及指标推定混凝土强度的方法。超声—回弹综合法是指用超声仪和回弹仪,在同一混凝土结构或构件的测区上,测得混凝土声速平均值 v_m 和回弹测点平均值 R_m,并以此综合推定混凝土强度。

适用范围:混凝土用水泥应符合现行国家标准《通用硅酸盐水泥》(GB 175—2007)的要求;混凝土用砂、石骨料应符合现行行业标准《普通混凝土用砂石质量标准及检验方法》(JGJ 52—2006)的要求;可掺或不掺矿物掺合料、外加剂、粉煤灰、泵送剂;人工或一般机械搅拌的混凝土或泵送混凝土;自然养护;龄期 7~2 000 d;混凝土强度 10~70 MPa。

检测数量:①按单个构件检测时,应在构件上均匀布置测区,每个构件上测区数量不应少于 10 个。②同批构件按批抽样检测时,构件抽样数不应少于同批构件的 30%,且不应少于 10 个;对一般施工质量的检测和结构性能的检测,可按照现行国家标准《建筑结构检测技术标准》(GB/T 50344—2004)的规定抽样。③对某一方向尺寸不大于 4.5 m 且另一方向尺寸不大于 0.3 m 的构件,其测区数量可适当减少,但不应少于 5 个。

3. 钻芯法检测混凝土强度

标准依据:《钻芯法检测混凝土强度技术规程》(CECS 03:2007)。钻芯法是利用专用混凝土钻芯机,直接从所需检测的结构或构件上钻取混凝土芯样,按有关规范加工处理后,进行抗压试验,根据芯样的抗压强度推定结构混凝土立方体抗压强度的一种局部破损的检测方法,因直观、可靠、准确而广泛运用于现场混凝土质量检测中。

适用条件:检测混凝土结构中强度不大于 80 MPa 的普通混凝土抗压强度。用于确定检测批或单个构件的混凝土强度推定值,也可用于钻芯修正方法修正间接强度检测方法得到的混凝土抗压强度换算值(如用回弹法检测混凝土强度)。

取样数量:芯样试件最小样本量不宜少于 15 个,小直径芯样试件的最小样本量应适当增加(减小离散性)。确定单个构件的混凝土强度推定值时,有效芯样试件数量不应少于 3 个,较小的构件有效芯样试件不得少于 2 个,并以其中的芯样试件抗压强度值中的最小值作为混凝土强度推定值。对于采用间接测强方法时(如无损检测中的回弹法)可采用钻芯修正,标准芯样试件数量不应少于 6 个,小直径芯样数量宜适当增加。

(三)钢筋保护层厚度检测

标准依据:《混凝土结构工程施工质量验收规范》(GB 50204—2002)、《混凝土中钢筋检测技术规程》(JGJ/T 152—2008)。

取样数量:①由监理、施工单位等各方根据构件的重要性共同选定;②梁、板构件应抽取构件数量的 2% 且不少于 5 个,悬挑梁、板构件则不宜少于同类构件数量的 50%。

检测部位及方法如下:

(1)选定的梁类构件应全部检测受力钢筋的保护层厚度(主要是跨中下部正弯矩、梁端上部负弯矩部位)。

(2)选定的板类构件应抽取不少于 6 根纵向受力钢筋的保护层厚度。

(3)检测方法可采用非破损或局部破损的方法,也可采用非破损方法结合局部破损校准方法。

二、砌体结构强度检测

砌体结构强度检测方法大致可分三类。第一类为直接测定砌体强度的方法,包括切割法、原位轴压法和扁顶法。以切割法最为准确,但砂浆强度很低时,不易切割出完整无损的试件;原位轴压法与扁顶法均受周边砌体的影响,虽经修正,但准确度略差,扁顶法更受变形条件限制。第二类为测定砂浆强度的方法,此类方法根据其测定强度的不同分为两小类。其一为直接测定通缝抗剪强度的方法,包括原位单剪法、原位单砖双剪法和推出法;其二为间接测定砂浆抗压强度的方法,包括筒压法、砂浆片剪切法、回弹法、砂浆片点荷法、射钉法等。第三类为测定砖的抗压强度且评定其强度等级的方法,包括现场取样测定法、回弹法。两种方法均为现场取样,前者完全按砌墙砖试验方法进行试验,结果准确;后者检测则甚为麻烦,且结果准确性较前者差。

(一)切割法

切割法是在墙体上切割出外形尺寸与标准砌体抗压试件尺寸相当的砌体,通过压力试验机进行抗压强度试验,并将试验抗压强度换算为标准砌体抗压强度的方法。

适用范围:本方法适用于测试块体材料为砖或中小型砌块的砌体抗压强度;同时其砂浆强度大于 1 MPa 的砌体检测,当砂浆强度低于 1 MPa 时,不易取出完整的试件或切割扰动对砌体强度的影响较大。

检测数量:测试部位应具有代表性,并符合下列规定:

(1)同一设计强度等级砌筑单位为 1 个检测单元,每个检测单元应布置不少于 3 个测区,每个测区应不少于 1 个测点;

(2)测试部位宜选在墙体中部距楼、地面 1 m 左右的高度处,切割砌体每侧的墙体宽度不应小于 1 m;

(3)同一墙体上,测点不宜多于 1 个,多于 1 个时,切割砌体的水平净距不得小于 2 m;

(4)测试部位严禁选在挑梁下、应力集中部位以及墙梁的墙体计算高度范围内。

(二)原位轴压法

原位轴压法是在墙体上开凿两条水平槽孔,安放原位压力机,测试槽间砌体的抗压强度,并将抗压强度换算为标准砌体抗压强度的方法。

适用范围:本方法适用于测试 240 mm 厚普通砖墙体的砌体抗压。

检测数量:测试部位应具有代表性,并符合下列规定:

(1)同一设计强度等级砌筑单位为 1 个检测单元,每个检测单元应布置不少于 6 个测区,每个测区应不少于 1 个测点;

(2)测试部位宜选在墙体中部距楼、地面 1 m 左右的高度处,槽间砌体每侧的墙体宽度不应大于 1.5 m;

(3)同一墙体上,测点不宜多于 1 个,且宜置于沿墙体长度的中间部位,多于 1 个时,其水平净距不得小于 2 m;

(4)测试部位严禁选在挑梁下、应力集中部位以及墙梁的墙体计算高度范围内。

(三)扁顶法

扁顶液压顶法(简称扁顶法)是在砖墙的水平灰缝安放扁式液压千斤顶(简称扁顶),测得墙受压工作应力、砌体弹性模量和砌体抗压强度的方法。

适用范围:本方法适用于测试 240 mm 或 370 mm 厚砖墙的受压工作应力、砌体弹性模量和砌体抗压强度。

检测数量:测试部位应具有代表性,并符合下列规定:

(1)同一设计强度等级砌筑单位为 1 个检测单元,每个检测单元应布置不少于 6 个测区,每个测区应布置不少于 1 个测点;

(2)测试部位宜选在墙体中部距楼、地面 1 m 左右的高度处,槽间砌体每侧的墙体宽度不应大于 1.5 m;

(3)同一墙体上,测点不宜多于 1 个,且宜置于沿墙体长度的中间部位,测点多于 1 个时,其水平净距不得小于 2 m;

(4)测试部位严禁选在挑梁下、应力集中部位以及墙梁的墙体计算高度范围内。

(四)回弹法

回弹法是使用砂浆回弹仪检测砂浆表面硬度,根据回弹值和碳化深度评定砌筑砂浆抗压强度的方法。

适用范围:本方法适用于评定烧结普通砖砌体中砌筑砂浆的抗压强度,不适用于高温、上期浸水、冰冻、化学侵蚀、火灾等情况下的砂浆抗压强度。

检测数量:测试部位应具有代表性,并符合下列规定:

(1)同一设计强度等级砌筑单位为 1 个检测单元,每个检测单元应布置不少于 6 个测区,每个测区应布置不少于 5 个测位;

(2)每个测位均匀布置 12 个弹击点,选定弹击点应避开砖的边缘、气孔或松动的砂

浆,相邻两弹击点的间距不应小于 20 mm;

（3）在每一测位内选择 1~3 处灰缝,用游标卡尺和 1% 的酚酞试剂测量砂浆碳化深度,读数精确至 0.5 mm;

（4）测位宜选在承重墙的可测面上,并避开门窗洞口及预埋铁件等附近的墙体,墙面上每个测位的面积宜大于 0.3 m²。

三、预制构件检测

预制构件是指预制混凝土构件。常用的预制构件主要有薄腹梁、桁架、梁、柱、预应力空心板和墙板等。

预制构件作为产品,进入装配式结构的施工现场时,应按检验批检查其合格证,以保证其外观质量、尺寸偏差和结构性能符合要求。

一般情况下,预制构件厂生产的中小型预制构件应按规定划分检验批,并按规定抽样数量进行结构性能试验,以检验其承载力、挠度和裂缝控制性能(抗裂或裂缝宽度)。

对于设计成熟、生产数量较少的大型构件,可以不做破坏性承载力检验,甚至可以不做结构性能检验,可仅做挠度、抗裂或裂缝宽度检验,但应采取加强材料和制作质量检验的措施代替结构性能检验,以保证预制构件的质量。

标准依据:《混凝土结构工程施工质量验收规范》(GB 50204—2002)、《混凝土结构设计规范》(GB 50010—2002)、《混凝土结构试验方法标准》(GB 50152—92)。

检测数量:对于成批生产的构件,按同一工艺正常生产的不超过 1 000 件且不超过 3 个月的同类型产品为一批。当连续检验 10 批且每批的结构性能均符合《混凝土结构工程施工质量验收规范》(GB 50204—2002)规定的要求时,对同一工艺正常生产的构件,可改为不超过 2 000 件且不超过 3 个月同类型产品为一批,在每批中应随机抽取一个构件作为试件进行检验。

检测规则:预制构件应按标准图或设计要求的试验参数及检验指标进行结构性能检验并遵守以下规则:

（1）钢筋混凝土构件和允许出现裂缝的预应力混凝土构件进行承载力、挠度和裂缝宽度检验;

（2）要求不允许出现裂缝的预应力混凝土构件进行承载力、挠度和裂缝宽度检验;

（3）预应力混凝土构件中的非预应力杆件按钢筋混凝土构件的要求进行检验。

第三章 水利水电工程外观质量检验评定

第一节 水利水电工程外观质量检验评定
说明与规定

一、有关说明

本章内容依据《水利水电工程施工质量检验与评定规程》(SL 176—2007)附录 A 水利水电工程外观质量评定办法,参照部分省、流域机构制定的水利工程外观质量评定标准等有关规定编写。

本章中"外观质量评定标准内容"直接引用《水利水电工程施工质量检验与评定规程》(SL 176—2007)外观质量参考标准根据工程项目特征及地方颁布实施的评定标准编写,各工程项目应用时,其质量标准及标准分应由项目法人组织监理、设计、施工等单位研究确定后报工程质量监督机构审批、核备。

二、基本规定

(1)水利水电工程外观质量评定办法,按工程类型分为枢纽工程、堤防工程、引水(渠道)工程、其他工程等四类。

(2)外观质量评定表列出的某些项目,如实际工程中无该项内容,应在相应检查、检测栏内用斜线"/"表示;工程有评定表中未列出的外观质量检验项目时,应根据工程情况和有关技术标准进行补充。

(3)单位工程完工后,应按规定由工程外观质量评定组负责工程外观质量评定。

(4)外观质量评定表由工程外观质量评定组根据现场检查、检测结果填写,表尾由各单位参加工程外观质量评定的人员签名。

(5)工程外观质量评定结论由项目法人报工程质量监督机构核定。

第二节 水利水电工程外观质量检验评定
标准与参考标准

(1)枢纽工程水工建筑物外观质量评定参考标准见表3-1。

表 3-1　枢纽工程水工建筑物外观质量评定参考标准

项次	项目	工程部位		质量标准
1	建筑物外部尺寸	主、副坝坝坡坡度	不陡于设计值	一级:测点合格率100% 二级:测点合格率90.0% ~ 99.9% 三级:测点合格率70.0% ~ 89.9% 四级:测点合格率70.0%以下
		主、副坝坝顶宽度	±20 mm	
		主、副坝坝顶高程	不低于设计高程	
		防浪墙高度	±20 mm	
		坝顶挡墙宽度	±20 mm	
		主、副坝坝顶道路及防汛路路面宽度	±20 mm	
		主、副坝坝顶道路及防汛路横坡坡比	±0.25%	
		排水棱体顶标高	±30 mm	
		泄洪渠上口宽和底宽	±1/200 设计值	
		泄洪渠底板高程	±20 mm	
		泄洪渠溢流堰宽度	±20 mm	
		溢流堰顶高程、底高程	±20 mm	
		泄洪渠挡墙墙顶宽度(厚度)	±20 mm	
		泄洪渠桥桥面宽度	±20 mm	
		闸墩长、宽	±20 mm	
		闸室净宽	±20 mm	
		闸墩顶面高程、闸室底板顶面高程	±10 mm	
		扭面边墙长、宽	±20 mm	
		扭面顶面高程、底板顶面高程	±20 mm	
		泄槽、挑流鼻坎段底板顺水流向长	±20 mm	
		泄槽、挑流鼻坎段底面高程	±10 mm	
		泄槽段左、右边墙长	±20 mm	
		泄槽段净宽	±20 mm	
		贴坡挡墙顶面、底面高程	±10 mm	
2	轮廓线	防浪墙	20 mm/15 m	一级:测点合格率100% 二级:测点合格率90.0% ~ 99.9% 三级:测点合格率70.0% ~ 89.9% 四级:测点合格率70.0%以下
		坝顶道路	20 mm/15 m	
		坝顶挡墙	20 mm/15 m	
		护坡工程顶边线、底平台边线	20 mm/15 m	
		泄洪渠边线	20 mm/15 m	
		闸墩与底板(或贴角)结合处	20 mm/15 m	
		闸墩墩头(尾)竖直边线	20 mm/15 m	
		直墙底边线(顶边线)	20 mm/15 m	
		路缘石	20 mm/15 m	
		防汛路	20 mm/15 m	
		桥面边线	20 mm/15 m	

项次	项目	工程部位		质量标准
3	表面平整度	干砌石护坡	50 mm/2 m	一级:测点合格率100% 二级:测点合格率90.0% ~ 99.9% 三级:测点合格率70.0% ~ 89.9% 四级:测点合格率70.0%以下
		浆砌石踏步	30 mm/2 m	
		浆砌石排水沟	30 mm/2 m	
		浆砌石挡墙墙面	30 mm/2 m	
		防浪墙混凝土面	10 mm/2 m	
		主、副坝坝顶道路及防汛路	10 mm/2 m	
		闸室底板	10 mm/2 m	
		闸墩	10 mm/2 m	
		闸室上游底板	10 mm/2 m	
		闸室下游底板	10 mm/2 m	
		排架	10 mm/2 m	
		现浇混凝土护坡	10 mm/2 m	
		泄洪渠桥桥面平整度	5 mm/2 m	
4	立面垂直度	防浪墙	4/1 000 设计高,且总偏差不大于 20 mm	一级:测点合格率100% 二级:测点合格率90.0% ~ 99.9% 三级:测点合格率70.0% ~ 89.9% 四级:测点合格率70.0%以下
		泄洪渠挡墙	4/1 000 设计高,且总偏差不大于 20 mm	
5	大角方正	坝顶挡土墙	±0.6°(±6 mm)	一级:测点合格率100% 二级:测点合格率90.0% ~ 99.9% 三级:测点合格率70.0% ~ 89.9% 四级:测点合格率70.0%以下
		泄洪渠	±0.6°(±6 mm)	
		闸墩	±0.6°(±6 mm)	
		排架柱	±0.6°(±6 mm)	
6	曲面与平面联结	溢流堰		一级:圆滑过渡,曲线流畅 二级:平顺联结,曲线基本流畅 三级:联结不够平顺,有明显折线 四级:未达到三级标准者
7	扭面与平面联结	泄洪渠控制段		一级:圆滑过渡,曲线流畅 二级:平顺联结,曲线基本流畅 三级:联结不够平顺,有明显折线 四级:未达到三级标准者
8	马道及排水沟	马道宽度	±20 mm	一级:测点合格率100% 二级:测点合格率90.0% ~ 99.9% 三级:测点合格率70.0% ~ 89.9% 四级:测点合格率70.0%以下
		排水沟尺寸	±20 mm	

项次	项目	工程部位		质量标准
9	梯步	踏步宽、步高及上下级踏步的高度差	±20 mm	一级:测点合格率100% 二级:测点合格率90.0% ~ 99.9% 三级:测点合格率70.0% ~ 89.9% 四级:测点合格率70.0%以下
10	栏杆	截面尺寸	±5 mm	一级:测点合格率100% 二级:测点合格率90.0% ~ 99.9% 三级:测点合格率70.0% ~ 89.9% 四级:测点合格率70.0%以下
		栏杆垂直度	±5 mm	
		顺直度	10 mm/15 m	
11	扶梯	启闭机室内扶梯	长±20 mm,宽、高±10 mm;顺直度:不超过 10 mm;油漆:色泽均匀,无起皱、脱皮、结疤及流淌现象	一级:测点合格率100% 二级:测点合格率90.0% ~99.9% 三级:测点合格率70.0% ~ 89.9% 四级:测点合格率70.0%以下
12	闸坝灯饰	坝顶路灯		一级:架设位置正确、均匀、顺直,架立牢固 二级:架设位置正确、均匀,架立牢固 三级:架设位置正确,架立牢固 四级:未达到三级标准者
13	混凝土表面缺陷情况	所有混凝土工程		一级:混凝土表面无蜂窝、麻面、挂帘、裙边、错台及表面裂缝 二级:缺陷总面积≤3%,局部≤0.5%且不连续,不得集中,单位面积不超过 0.1 m² 三级:缺陷总面积3% ~5%,局部≤0.5% 四级:缺陷总面积 >5%

项次	项目		工程部位		质量标准
14	表面钢筋割除		闸室段、泄洪渠挡墙		一级:全部割除,无明显凸出部分 二级:全部割除,但有少量明显凸出表面 三级:割除面积达95%,且未割除部分不影响建筑物功能与安全 四级:割除面积<95%
15	砌体勾缝	宽度均匀、平整	浆砌石挡墙		一级:砌体排列整齐,铺放均匀、平整,无沉陷裂缝 二级:砌体排列基本整齐,铺放均匀、平整,局部有沉陷裂缝 三级:砌体排列多处不够整齐,铺放均匀、平整,局部有沉陷裂缝 四级:砌体排列不整齐、不平整,多处有裂缝
16		竖、横缝平直	防浪墙		一级:勾缝宽度均匀,砂浆填塞平整 二级:勾缝宽度局部不够均匀,砂浆填塞基本平整 三级:勾缝宽度多处不均匀,砂浆填塞不够平整 四级:勾缝宽度不均匀,砂浆填塞粗糙不平
17	浆砌卵石露头情况				一级:露头均匀、排列整齐、灰浆饱满密实、大面平整 二级:露头基本均匀、排列较整齐、灰浆饱满密实、大面平整 三级:露头基本均匀、排列基本整齐、灰浆饱满密实 四级:达不到三级标准者
18	变形缝		混凝土、浆砌石工程		一级:缝宽均匀平顺,止水材料完整,填充材料饱满,外观美观 二级:缝宽基本均匀,填充材料饱满,止水材料完整 三级:止水材料完整,填充材料基本饱满 四级:达不到三级标准者

项次	项目	工程部位		质量标准
19	启闭平台梁、柱、排架	梁、柱、排架	截面面积尺寸：±10 mm	一级：测点合格率 100% 二级：测点合格率 90.0% ~ 99.9% 三级：测点合格率 70.0% ~ 89.9% 四级：测点合格率 70.0% 以下
		垂直度	4/1 000 柱高，且不超过 20 mm	
20	建筑物表面	所有建筑物		一级：建筑物表面附着物全部清除，表面清洁 二级：建筑物表面附着物已清除，但局部清除不彻底 三级：建筑物表面附着物已清除 80%，无垃圾 四级：达不到三级标准者
21	升压变电工程围墙（栏杆）、杆、架、塔、柱	评定组现场检查		
22	水工金属结构外表面	启闭机、闸门		一级：焊缝均匀，飞渣清除干净，临时支撑割除彻底且打磨平整，油漆均匀，色泽一致，无脱皮、起皱现象 二级：焊缝均匀，表面清除干净，油漆基本均匀 三级：表面基本清除干净，油漆基本均匀 四级：达不到三级标准者
23	电站盘柜			一级：排列整齐、色泽一致 二级：排列整齐、色泽基本一致 三级：排列基本整齐、色泽基本一致 四级：达不到三级标准者
24	电缆线路敷设			一级：电缆沟整齐平顺、排水良好、覆盖平整，电缆桥架排列整齐、油漆色泽一致、完好无损、安装位置符合设计要求、电缆摆放平顺 二级：电缆沟平顺、排水良好、覆盖平整，电缆桥架排列整齐、油漆色泽协调、电缆摆放平顺 三级：电缆沟基本平顺、电缆桥架排列基本整齐 四级：达不到三级标准者

项次	项目	工程部位	质量标准
25	电站油、气、水管路		一级：安装整齐平直、固定良好、无渗漏现象、色泽准确均匀
			二级：安装基本平直牢固、无渗漏、色泽准确基本均匀
			三级：安装基本平顺、牢固、色泽准确
			四级：达不到三级标准者
26	厂区道路及排水沟		一级：平面平整、宽度均匀、联结平顺、坡度等符合设计
			二级：表面无明显凹凸、线性平顺
			三级：联结基本平顺、路面无破损
			四级：未达到三级标准者
27	厂区（工程）绿化	主坝下游草皮护坡	一级：草皮铺设（种植）均匀，全部成活，无空白
			二级：草皮铺设（种植）均匀，成活面积90%以上，无空白
			三级：草皮铺设（种植）基本均匀，成活面积70%以上，有少量空白
			四级：达不到三级标准者

（2）堤防工程外观质量评定标准见表 3-2。

表 3-2　堤防工程外观质量评定标准

项次	项目	检查、量测内容			质量标准
1	外部尺寸	土堤	高程	堤顶	允许偏差 0 ～ +15 cm
				平（戗）台顶	允许偏差 −10 ～ +15 cm
			宽度	堤顶	允许偏差 −5 ～ +15 cm
				平（戗）台顶	允许偏差 −10 ～ +15 cm
			边坡坡度		不陡于设计值，目测平顺
		混凝土及砌石墙（堤）	堤顶高程	干砌石墙（堤）	允许偏差 0 ～ +5 cm
				浆砌石墙（堤）	允许偏差 0 ～ +4 cm
				混凝土墙（堤）	允许偏差 0 ～ +3 cm
			墙面垂直度	干砌石墙（堤）	允许偏差 0.5%
				浆砌石墙（堤）	允许偏差 0.5%
				混凝土墙（堤）	允许偏差 0.5%
			墙顶厚度	各类砌筑墙（堤）	允许偏差 −1 ～ +2 cm
			边坡坡度		不陡于设计值，目测平顺

项次	项目	检查、量测内容	质量标准
2	轮廓线	用长 15 m 拉线沿堤顶轮廓连续测量	15 m 长度内凹凸偏差不超过 3 cm/15 m
3	表面平整度	干砌石墙（堤）	用 2 m 靠尺检测，不大于 5.0 cm /2 m
		浆砌石墙（堤）	用 2 m 靠尺检测，不大于 2.5 cm /2 m
		混凝土墙（堤）	用 2 m 靠尺检测，不大于 1.0 cm /2 m
4	曲面与平面联结	现场检查	一级：圆滑过渡，曲线流畅 二级：平顺联结，曲线基本流畅 三级：联结不够平顺，有明显折线 四级：联结不平顺，折线突出
5	排水	现场检查，结合量测	质量标准：排水通畅，形状尺寸误差 ±3 cm，无附着物 一级：符合质量标准 二级：基本符合质量标准 三级：局部尺寸误差大，局部有附着物 四级：排水尺寸误差大，多处有附着物
6	上堤马道	现场检查，结合量测	质量标准：马道宽度偏差 ±2 cm，高度偏差 ±2 cm 一级：符合质量标准 二级：基本符合质量标准 三级：发现尺寸误差较大 四级：多处马道尺寸误差大
7	堤顶附属设施	现场检查	一级：混凝土表面平整，棱线平直度等指标符合质量标准 二级：混凝土表面平整，棱线平直度等指标基本符合质量标准 三级：混凝土表面平整，棱线平直度等指标发现尺寸误差较大 四级：混凝土表面平整，棱线平直度等指标误差大
8	防汛备料堆放	现场检查	一级：按规定位置备料，堆放整齐 二级：按规定位置备料，堆放欠整齐 三级：未按规定位置备料，堆放欠整齐 四级：备料任意堆放

项次	项目	检查、量测内容	质量标准
9	草皮	现场检查	一级:草皮铺设(种植)均匀,全部成活,无空白 二级:草皮铺设(种植)均匀,成活面积90%以上,无空白 三级:草皮铺设(种植)基本均匀,成活面积70%以上,有少量空白 四级:达不到三级标准者
10	植树	现场检查	一级:植树排列整齐、美观,全部成活,无空白 二级:植树排列整齐,成活率90%以上,无空白 三级:植树排列基本整齐,成活率70%以上,有少量空白 四级:达不到三级标准者
11	砌体排列	现场检查	一级:砌体排列整齐,铺放均匀、平整,无沉陷裂缝 二级:砌体排列基本整齐,铺放均匀、平整,局部有沉陷裂缝 三级:砌体排列多处不够整齐,铺放均匀、平整,局部有沉陷裂缝 四级:砌体排列不整齐、不平整,多处有裂缝
12	砌缝	现场检查	一级:勾缝宽度均匀,砂浆填塞平整 二级:勾缝宽度局部不够均匀,砂浆填塞基本平整 三级:勾缝宽度多处不均匀,砂浆填塞不够平整 四级:勾缝宽度不均匀,砂浆填塞粗糙不平

注:草皮、植树质量标准中的"空白",指漏栽(种)面积。

（3）引水（渠道）工程外观质量评定标准。

①明（暗）渠工程外观质量评定标准见表 3-3。

表 3-3　明(暗)渠工程外观质量评定标准

项次	项目	检查、量测内容	质量标准
1	外部尺寸	上口宽、底宽	允许偏差:±1/200 设计值
		渠顶宽	±3 cm
2	轮廓线	渠顶边线 渠底边线 其他部位	用 15 m 长拉线连续测量,其最大凹凸不超过 3 cm
3	表面平整度	混凝土面、砂浆抹面、混凝土预制块	用 2 m 直尺检测,不大于 1 cm/2 m
		浆砌石(料石、块石、石板)	用 2 m 直尺检测,不大于 2 cm/2 m
		干砌石	用 2 m 直尺检测,不大于 3 cm/2 m
		泥结石路面	用 2 m 直尺检测,不大于 3 cm/2 m
4	曲面与平面联结	现场检查	一级:圆滑过渡,曲线流畅,表面清洁,无附着物 二级:联结平顺,曲线基本流畅,表面清洁,无附着物 三级:联结基本平顺,局部有折线,表面无附着物 四级:达不到三级标准者
5	扭面与平面联结		
6	渠坡渠底衬砌	混凝土护面、砂浆抹面现场检查	一级:表面平整光洁,无质量缺陷 二级:表面平整,无附着物,无错台、裂缝及蜂窝等质量缺陷 三级:表面平整,局部蜂窝、麻面、错台及裂缝等质量缺陷面积小于 5%,且已处理合格 四级:达不到三级标准者
		混凝土预制板(块)护面现场检查	一级:完整、砌缝整齐,表面清洁、平整 二级:完整、砌缝整齐,大面平整,表面较清洁 三级:完整、砌缝基本整齐,大面平整,表面基本清洁 四级:达不到三级标准者
		浆砌石(含料石、块石、石板、卵石)现场检查	一级:石料外形尺寸一致,勾缝平顺美观,大面平整,露头均匀,排列整齐 二级:石料外形尺寸一致,勾缝平顺,大面平整,露头较均匀,排列较整齐 三级:石料外形尺寸基本一致,勾缝平顺,大面基本平整,露头基本均匀 四级:达不到三级标准者

项次	项目	检查、量测内容	质量标准
7	变形缝、结构缝	现场检查	一级:缝宽均匀、平顺,充填材料饱满密实 二级:缝宽较均匀,充填材料饱满密实 三级:缝宽基本均匀,局部稍差,充填材料基本饱满 四级:达不到三级标准者
8	渠顶路面及排水沟	现场检查	一级:路面平整,宽度一致,排水沟整洁通畅,无倒坡 二级:路面平整,宽度基本一致,排水沟通畅,无倒坡 三级:路面较平整,宽度基本一致,排水沟通畅 四级:达不到三级标准者
9	渠顶以上边坡	混凝土格栅护砌现场检查	一级:网格摆放平稳、整齐,坡脚线为直线或规则曲线 二级:网格摆放平稳、较整齐,坡脚线基本为直线或规则曲线 三级:网格摆放平稳、基本整齐,局部稍差 四级:达不到三级标准者
		砌石衬护边坡现场检查	一级:砌石排列整齐、平整、美观 二级:砌石排列较整齐,大面平整 三级:砌石面基本平整 四级:达不到三级标准者
10	戗台及排水沟	戗台宽度	允许偏差为:±2 cm
		排水沟宽度	允许偏差为:±1.5 cm
		戗台边线顺直度	3 cm/15 m
11	沿渠小建筑物	现场检查	一级:外表平整、清洁、美观,无缺陷 二级:外表平整、清洁,无缺陷 三级:外表基本平整、较清洁,表面缺陷面积小于5%总面积 四级:达不到三级标准者
12	梯步	现场检查	一级:梯步高度均匀,长度相同,宽度一致,表面清洁,无缺陷 二级:梯步高度均匀,长度基本相同,宽度一致,表面清洁,无缺陷 三级:梯步高度均匀,长度基本相同,宽度基本一致,表面较清洁,有局部缺陷 四级:达不到三级标准者

项次	项目	检查、量测内容	质量标准
13	弃渣堆放	现场检查	一级:堆放位置正确,稳定、平整 二级:堆放位置正确,稳定、基本平整 三级:堆放位置基本正确,稳定、基本平整,局部稍差 四级:达不到三级标准者
14	绿化	植树现场检查	一级:植树排列整齐、美观,全部成活,无空白 二级:植树排列整齐,成活率 90% 以上,无空白 三级:植树排列基本整齐,成活率 70% 以上,有少量空白 四级:达不到三级标准者
		草皮现场检查	一级:草皮铺设(种植)均匀,全部成活,无空白 二级:草皮铺设(种植)均匀,成活面积 90% 以上,无空白 三级:草皮铺设(种植)基本均匀,成活面积 70% 以上,有少量空白 四级:达不到三级标准者
		草方格(草格栅)现场检查	一级:大面平整,过渡自然,网格规则整齐,栽插均匀,栽种植物成活率达 80% 以上 二级:大面较平整,网格规则,栽插较均匀,栽种植物成活率达 60% 以上 三级:大面基本平整,网格基本规则,栽插基本均匀,栽种植物成活率达 50% 以上 四级:达不到三级标准者
15	原状岩土面完整性	现场检查	一级:原状岩土面完整,无扰动破坏 二级:原状岩土面完整,局部有扰动,无松动岩土 三级:原状岩土面基本完整,松动岩土已处理 四级:达不到三级标准者

注:项次 14 绿化质量标准中的"空白"指漏栽(种)面积。

②引水(渠道)建筑物工程外观质量评定标准见表 3-4。

表 3-4 引水(渠道)建筑物工程外观质量评定标准

项次	项目	检查、量测内容	质量标准
1	外部尺寸	过流断面尺寸	允许偏差:±1/200 设计值
		梁、柱截面	允许偏差:±0.5 cm
		墩墙宽度、厚度	允许偏差:±4 cm
		坡度值	允许偏差:±0.05

项次	项目	检查、量测内容	质量标准
2	轮廓线	连续拉线量测	尺寸较大建筑物,最大凹凸不超过 2 cm/10 m;较小建筑物,最大凹凸不超过 1 cm/5 m
3	表面平整度	混凝土面、砂浆抹面、混凝土预制块	用 2 m 直尺检测,不大于 1 cm/2 m
		浆砌石(料石、块石、石板)	用 2 m 直尺检测,不大于 2 cm/2 m
		干砌石	用 2 m 直尺检测,不大于 3 cm/2 m
		饰面砖	用 2 m 直尺检测,不大于 0.5 cm/2 m
4	立面垂直度	墩墙	允许偏差:1/200 设计高,且不超过 2 cm
		柱	允许偏差:1/500 设计高,且不超过 2 cm
5	大角方正	量测	±0.6°(用角度尺检测)
6	曲面与平面联结	检查	一级:圆滑过渡,曲线流畅
			二级:平顺联结,曲线基本流畅
7	扭面与平面联结		三级:联结不够平顺,有明显折线
			四级:未达到三级标准者
8	梯步	量测	高度偏差 ±1 cm
			宽度偏差 ±1 cm
			长度偏差 ±2 cm
9	栏杆	检查、量测	(1)混凝土栏杆:顺直度 1.5 cm/15 m;垂直度 ±1.0 cm
			(2)金属栏杆:顺直度 1 cm/15 m;垂直度 ±0.5 cm;漆面色泽均匀,无起皱、脱皮、结疤及流淌现象
10	灯饰	检查	一级:排列顺直,外形规则
			二级:排列顺直,外形基本规则
			三级:排列基本顺直,外形基本规则
			四级:未达到三级标准者
11	变形缝、结构缝	检查	一级:缝面顺直,宽度均匀,填充材料饱满密实
			二级:缝面顺直,宽度基本均匀,填充材料饱满
			三级:缝面基本顺直,宽度基本均匀,填充材料基本饱满
			四级:未达到三级标准者
12	砌体	检查	一级:砌体排列整齐,露头均匀,大面平整,砌缝饱满密实,缝面顺直,宽度均匀
			二级:砌体排列基本整齐,露头基本均匀,大面平整,砌缝饱满密实,缝面顺直,宽度基本均匀
			三级:砌体排列多处不整齐,露头不够均匀,大面基本平整,砌缝基本饱满,缝面基本顺直,宽度基本均匀
			四级:未达到三级标准者

项次	项目	检查、量测内容	质量标准
13	排水工程	检查	一级:排水沟轮廓顺直流畅,宽度一致,排水孔外形规则,布置美观,排水畅通 二级:排水沟轮廓顺直,宽度基本一致,排水孔外形规则,排水畅通 三级:排水沟轮廓基本顺直,宽度基本一致,排水孔外形基本规则,排水畅通 四级:未达到三级标准者
14	建筑物表面	检查	一级:建筑物表面洁净,无附着物 二级:建筑物表面附着物已清除,但局部清除不彻底 三级:表面附着物已清除80%,无垃圾 四级:未达到三级标准者
15	混凝土表面	检查、量测	一级:混凝土表面无蜂窝、麻面、挂帘、裙边、错台、局部凹凸及表面裂缝等缺陷 二级:缺陷面积之和≤3%总面积 三级:缺陷面积之和为3%～5%总面积 四级:缺陷面积之和5%～10%,超过10%应视为质量缺陷
16	表面钢筋割除	检查、量测	一级:全部割除,无明显凸出部分 二级:全部割除,少部分明显凸出表面 三级:割除面积达到95%以上,且未割除部分不影响建筑功能及安全 四级:割除面积<95%者 注:设计有具体要求者,应符合设计要求
17	水工金属结构表面	检查	一级:焊缝均匀,两侧飞渣清除干净,临时支撑割除干净,且打磨平整,油漆均匀,色泽一致,无脱皮、起皱现象 二级:焊缝均匀,表面清除干净,油漆基本均匀 三级:表面清除基本干净,油漆防腐完整,颜色基本一致 四级:未达到三级标准者
18	管线(路)及电气设备	检查	一级:管线(路)顺直,设备排列整齐,表面清洁 二级:管线(路)基本顺直,设备排列基本整齐,表面基本清洁 三级:管线(路)不够顺直,设备排列不够整齐,表面不够清洁 四级:未达到三级标准者
19	绿化	检查	一级:草皮铺设、植树满足设计要求 二级:草皮铺设、植树基本满足设计要求 三级:草皮铺设、植树有空白,多处成活不好 四级:未达到三级标准者

注:项次19绿化质量标准中的"空白"指漏栽(种)面积。

（4）水利水电工程房屋建筑工程外观质量评定参考标准见表3-5。

表 3-5 水利水电工程房屋建筑工程外观质量评定参考标准

项次	项目		质量标准
1	建筑与结构	建筑外部尺寸	检测建筑物长（±30 mm）、宽（±20 mm）、高（层高±10 mm、全高±30 mm）	一级:测点合格率100% 二级:测点合格率85.0%~99.9% 三级:测点合格率70.0%~84.9% 四级:测点合格率70.0%以下
2		阴阳角	水刷石允许偏差3 mm、斩假石允许偏差3 mm、干粘石允许偏差4 mm、假面砖允许偏差4 mm	一级:测点合格率100% 二级:测点合格率85.0%~99.9% 三级:测点合格率70.0%~84.9% 四级:测点合格率70.0%以下
3		室外墙面	检测室外墙面平整度4 mm/2 m、垂直度4 mm/2 m	一级:测点合格率100%,线条顺直、墙面平整、色泽一致,竖直,粘贴牢固,无空鼓,无刷纹、流坠 二级:测点合格率85.0%~99.9%;线条顺直,墙面平整,色泽一致,竖直,粘贴牢固,基本无刷纹、流坠,局部空鼓面积不大于0.3 m² 三级:测点合格率70.0%~84.9%;墙面较平整、色泽较一致,粘贴较牢固,局部有掉粉起皮,有明显刷纹、流坠,局部空鼓面积不大于0.4 m² 四级:测点合格率70.0%以下,达不到三级标准者
4		变形缝		一级:上下缝一致,屋顶、散水全部断开,填塞材料填满油麻,盖缝条宽度一致,上下顺直,固定牢靠 二级:上下缝基本一致,屋顶、散水全部断开,填塞材料基本填满油麻,盖缝条宽度一致,上下基本顺直,固定牢靠 三级:上下缝较一致,屋顶、散水个别未全部断开,填塞材料基本填满油麻,盖缝条宽度基本一致,上下基本顺直,固定较牢靠 四级:达不到三级标准者
5		水落管、屋面		一级:屋面坡度满足设计,无积水,无渗漏,屋面干净、美观;水落管顺直,安装牢固,排水畅通,无渗漏 二级:屋面坡度基本满足设计,无渗漏,基本无积水;水落管基本顺直,安装牢固,排水畅通 三级:屋面坡度基本满足设计,有积水,存在渗漏;水落管基本顺直,安装牢固,排水基本畅通 四级:达不到三级标准者
6		室内墙面	检测室内墙面平整度4 mm/2 m、垂直度4 mm/2 m	一级:测点合格率100%;涂饰均匀,色泽一致,粘贴牢固,无漏涂、起皮、掉粉,无刷纹、流坠 二级:测点合格率85.0%~99.9%;涂饰基本均匀一致,粘贴基本牢固,基本无漏涂、起皮、掉粉,无刷纹、流坠,空鼓面积不大于0.3 m² 三级:测点合格率70.0%~84.9%;涂饰较均匀,色泽较一致,有轻微漏涂、起皮、掉粉、刷纹、流坠现象,空鼓面积大于0.4 m² 四级:测点合格率70.0%以下,达不到三级标准者

项次	项目		质量标准
7	建筑与结构	室内顶棚	一级:涂饰均匀,色泽一致,粘贴牢固,无漏涂、起皮、掉粉,无刷纹、流坠 二级:涂饰基本均匀一致,粘贴基本牢固,基本无漏涂、起皮、掉粉,无刷纹、流坠,空鼓面积不大于 0.3 m² 三级:涂饰较均匀,色泽较一致,有轻微漏涂、起皮、掉粉、刷纹、流坠等现象,空鼓面积大于 0.4 m² 四级:达不到三级标准者
8		室内地面	检测地面平整度:4 mm/2 m	一级:测点合格率 100%;表面密实光洁,无裂纹、脱皮、麻面和起砂等现象,无空鼓,色泽一致,踢脚线顺直,高度及出墙厚度一致 二级:测点合格率 85.0% ~99.9%;表面密实光洁,基本无裂纹、脱皮、麻面和起砂等现象,局部空鼓不大于 0.3 m²,色泽基本一致,踢脚线基本顺直,高度及出墙厚度基本一致 三级:测点合格率 70.0% ~84.9%;表面基本光洁,有轻微裂纹、脱皮、麻面和起砂等现象,局部空鼓不大于 0.4 m²,踢脚线基本顺直,高度及出墙厚度一致 四级:测点合格率 70.0% 以下,达不到三级标准者
9		楼梯、踏步、护栏	楼梯踏步宽及步高偏差 ±10 mm。上下级踏步的高度差 ±10 mm 护栏:高度、间距满足设计要求,检测栏杆垂直度及平面顺直两项,垂直度偏差 ±5 mm,平面顺直偏差 10 mm/15 m	一级:测点合格率 100% 二级:测点合格率 85.0% ~99.9% 三级:测点合格率 70.0% ~84.9% 四级:测点合格率 70.0% 以下
10		门窗	门窗竖向偏离中心 ±5 mm,门窗上、下横框标高 ±5.0 mm,框正、侧面垂直度 ±2 mm	一级:测点合格率 100%;门窗表面洁净、平整、光滑、色泽一致,无锈蚀,大面无划痕、碰伤,漆膜连续,安装牢固,开关灵活,关闭严密,无倒翘 二级:测点合格率 85.0% ~99.9%;门窗表面基本洁净、平整、光滑、色泽一致,无锈蚀,基本无划痕、碰伤,漆膜基本连续,安装牢固,开关灵活、关闭严密,无倒翘 三级:测点合格率 70.0% ~84.9%;门窗表面不洁净、平整,存在轻微锈蚀、划痕、碰伤,漆膜连续,安装牢固,开关较灵活,关闭严密 四级:测点合格率 70.0% 以下,达不到三级标准者

项次	项目	质量标准	
1	管道接口、坡度、支架	一级:管道横平竖直、坡度正确、距墙距离符合要求,接口正确,支架牢固端正,管道防腐良好,涂漆附着良好,保温措施到位 二级:管道基本横平竖直、坡度正确、距墙距离符合要求,接口正确,支架基本牢固端正,管道涂漆基本到位,附着较好 三级:管道基本横平竖直,接口基本正确,支架固定基本牢固,管道涂漆存在轻微起泡、流淌、漏涂等 四级:达不到三级标准者	
2	卫生器具、支架、阀门	安装高度 ±15 mm	一级:测点合格率 100%;卫生器具表面洁净,无外露油麻;安装端正牢固、接口严密无渗漏,水箱防腐涂漆均匀,支架平整牢固、防腐良好;阀门启闭灵活、接口严密 二级:测点合格率 85.0% ~99.9%;安装基本端正牢固、接口严密无渗漏,支架基本平整牢固、防腐良好;阀门接口严密 三级:测点合格率 70.0% ~84.9%;接口存在渗漏,支架不牢固,阀门启闭不灵活,接口有渗漏 四级:测点合格率 70.0% 以下,达不到三级标准者
3	检查口、扫除口、地漏	一级:检查口便于维修,地漏水封高度不小于 50 mm,无积水,地面坡度满足要求 二级:检查口便于维修,地面坡度基本满足要求,地漏基本无积水 三级:坡度不满足要求、存在积水 四级:达不到三级标准者	
4	散热器、支架	一级:铸铁型,每片顶部无掉翼,侧面无掉翼,涂漆厚度均匀,色泽一致,无漏涂,园翼型每根无掉翼,涂漆色泽一致,无漏涂,串片型无松动肋片,水压试验符合要求,安装牢固,位置正确,接口紧密,无渗漏 二级:铸铁型,每片顶部掉翼不超过一个,长度不大于 50 mm,侧面掉翼不超过 2 个,累计长度不大于 200 mm,涂漆厚度均匀,色泽一致,无漏涂,园翼型每根掉翼数不超过 2 个,累计长度不大于一个翼片周长的 1/2,涂漆色泽一致,无漏涂,串片型松动肋片不超过总肋片的 20%,水压试验符合要求,安装牢固,位置正确,接口紧密,无渗漏 三级:对于铸铁型园翼型,在合格基础上,表面洁净,无掉翼;串片型,在合格基础上,肋片整齐无翘曲,且中墙一致,表面洁净 四级:达不到三级标准者	

项目列中跨行合并:给排水与采暖

项次	项目		质量标准
1	建筑电气	配电箱、盘、板、接线盒	一级:箱体内外清洁,油漆完整、色泽一致,箱盖开闭灵活,箱内接线整齐 二级:箱体内外清洁,油漆完整、色泽基本一致,箱盖开闭灵活,箱内接线基本整齐 三级:箱体内外较洁净,油漆较完整、色泽较一致,箱盖开闭较灵活,箱内接线较整齐 四级:达不到三级标准者
2		设备器具、开关、插座	一级:安装牢固,表面清洁,灯具内外干净明亮,开关插座与墙面四周无缝隙 二级:安装牢固,表面基本清洁,灯具内外干净明亮,开关插座与墙面四周无缝隙 三级:安装牢固,表面清洁,灯具能明亮 四级:达不到三级标准者
3		防雷、接地	一级:安装平直、牢固,固定点间距均匀,油漆防腐完整 二级:安装平直、牢固,固定点间距均匀,油漆防腐基本完整 三级:安装平直、牢固,固定点间距基本均匀,油漆防腐基本完整 四级:达不到三级标准者
1	通风与空调	风管、支架	一级:风管平整光洁,无裂纹,严密无漏光,接口连接紧密牢固平直;支架平整牢固 二级:风管基本平整光洁,严密,接口连接基本牢固平直;支架基本平整牢固 三级:风管存在不平整、裂纹,接口不牢固;支架固定不牢固 四级:达不到三级标准者
2		风口、风阀	一级:风口表面平整、颜色一致、安装位置正确、无明显划伤和压痕,调节装置灵活、可靠,无明显松动;风阀操作灵活可靠、严密 二级:风口表面基本平整、颜色较一致、基本无明显划伤和压痕,无明显松动;风阀操作较灵活可靠 三级:风口表面不平整,存在较大划伤和压痕,松动;风阀操作不灵活 四级:达不到三级标准者
3		风机、空调设备	一级:风机安装牢固、无变形、无锈蚀漆膜脱落;空调安装牢固可靠,穿墙处密封,无雨水渗入,管道连接严密、无渗漏 二级:风机基本安装牢固、无变形;空调安装牢固可靠,穿墙处密封,无雨水渗入、管道连接基本严密 三级:风机安装松动;空调穿墙处密封不到位,存在雨水渗入,管道连接不严密 四级:达不到三级标准者
4		阀门、支架	一级:阀门安装正确、连接牢固紧密,启闭灵活,排列整齐美观;支架平整牢固、接触严密、油漆均匀 二级:阀门连接基本牢固紧密,启闭较灵活;支架基本平整牢固、油漆均匀 三级:阀门安装不正确、连接松动,启闭不灵活;支架松动、接触有空隙、油漆不均匀 四级:达不到三级标准者

项次	项目		质量标准
5	通风与空调	水泵、冷却塔	一级:水泵安装正确牢固、运行平稳、无渗漏,连接部位无松动;冷却塔运行良好,固定稳固,无振动,无渗漏 二级:水泵安装运行较平稳、无渗漏,连接部位无松动;冷却塔运行较好 三级:水泵无法平稳运行,存在渗漏,连接部位松动;冷却塔固定不牢固、振动、渗漏 四级:达不到三级标准者
6		绝热	一级:密实,无裂缝、空隙等,表面平整,捆绑固定牢固;涂料厚度均匀,无漏涂,表面光滑,牢固无缝隙 二级:基本密实,无裂缝、空隙等,捆绑固定基本牢固;涂料厚度基本均匀,表面较光滑; 三级:不密实,存在裂缝、空隙等,表面不平,起不到绝热效果 四级:达不到三级标准者
1	智能建筑	机房设备安装及布局	一级:投影仪、监控终端安装运转完好,各种配线型式规格与设计规定相符,布放自然平直,无扭绞、打圈接头现象,未受到任何外力的挤压和损伤 二级:投影仪、监控终端安装运转较好,各种配线型式规格与设计规定基本相符,布放自然平直,基本无扭绞、打圈接头现象,未受到外力的挤压和损伤 三级:投影仪、监控终端安装运转较差,各种配线型式规格与设计规定不相符,布放不自然平直,存在扭绞、打圈接头现象,受到过外力的挤压和损伤 四级:达不到三级标准者
2		现场设备安装	一级:摄像头、云台基座安装位置准确,螺栓固定牢靠,无任何松动现象 二级:摄像头、云台基座安装位置基本准确,螺栓固定基本牢靠,无松动现象 三级:摄像头、云台基座安装位置基本准确,螺栓固定基本牢靠,有轻微松动现象 四级:达不到三级标准者

(5)水利水电工程专用公路外观质量评定参考标准见表3-6。

表 3-6　水利水电工程专用公路外观质量评定参考标准

项次	项目	工程部位	质量标准
1	建筑物外部尺寸	砌体挡土墙:顶面、底部高程 50 mm,断面尺寸不小于设计尺寸 干砌挡土墙:顶面高程 30 mm、底部高程 50 mm,断面尺寸不小于设计尺寸	一级:测点合格率100%,砌体表面平整,砌缝完好、无开裂现象,勾缝平顺,无脱落现象 二级:测点合格率90.0%~99.9%,砌体表面基本平整,砌缝完好、无开裂现象,勾缝平顺,无脱落现象 三级:测点合格率70.0%~89.9%,砌体表面基本平整,砌缝完好,局部存在开裂,勾缝不平顺,脱落现象 四级:测点合格率70.0%以下,达不到三级标准者

项次	项目	工程部位	质量标准
1	建筑物外部尺寸	水泥混凝土面层:路面宽度 ±20 mm,纵断面高程 ±15 mm,横坡 ±0.25%,相邻板高差 3 mm	一级:测点合格率 100% 二级:测点合格率 90.0% ~99.9% 三级:测点合格率 70.0% ~89.9% 四级:测点合格率 70.0% 以下
		沥青混凝土面层和沥青碎(砾)石面层:纵断面高程 ±15 mm,宽度有侧石 ±20 mm,无侧石不小于设计,横坡 ±0.3%	
		沥青贯入式面层(或上拌下贯式面层):纵断面高程 ±15 mm,宽度有侧石 ±30 mm,无侧石不小于设计,横坡 ±0.5%	
		道路泥结碎石:纵断面高程 −5 mm,+15 mm,宽度 −10 mm,横坡 ±0.3%	
		路缘石:现浇宽度 ±5 mm	
		桥梁工程: 桥宽:±10 mm,桥长 +300 mm、−100 mm,引道中心线与桥梁中心线的衔接 20 mm,桥头高程衔接 ±3 mm 墩台长、宽料石 +20 mm、−10 mm,块石 +30 mm、−10 mm,片石 +40 mm、−10 mm,墩、台顶面高程 ±20 mm 扩大基础平面尺寸 ±50 mm,基础顶面高程 ±30 mm,轴线偏位 25 mm 大体积混凝土断面尺寸 ±30 mm,顶面高程 ±20 mm	
2	轮廓线	路缘石铺设:直顺度 15 mm	一级:测点合格率 100%,缘石与路面齐平,排水口整齐、通畅,无阻水现象 二级:测点合格率 90.0% ~99.9%,缘石与路面基本齐平,排水口基本整齐、通畅,无阻水现象 三级:测点合格率 70.0% ~89.9%,局部缘石与路面不齐平,个别排水口不整齐、通畅,存在阻水现象 四级:测点合格率 70.0% 以下,达不到三级标准者
		路面侧石直顺、曲线圆滑、面层与路缘石及其他构筑物应密贴接顺,不得有积水或漏水现象	一级:符合要求 二级:基本符合要求 三级:局部不符合要求 四级:达不到三级标准者
		桥梁工程: 台背填土表面平整,边线直顺,边坡坡面平顺稳定,不得亏坡 桥梁的内外轮廓线条应顺滑清晰,无突变、明显折变或反复现象;栏杆、防护栏、灯柱和缘石的线形顺滑流畅,无折弯现象;踏步顺直,与边坡一致,砌体直顾,表面平整	

表 3-6

项次	项目	工程部位	质量标准
3	表面平整度	砌体挡土墙:块石 20 mm/2 m, 片石 30 mm/2 m, 混凝土块、料石 10 mm/2 m 干砌挡土墙: 50 mm/2 m 水泥混凝土面层:σ 为 2.0 mm, IRI 为 3.2 m/km, 最大间隙 h 为 5 mm, 相邻板高差为 3 mm 沥青混凝土面层和沥青碎(砾)石面层:σ 为 2.5 mm, IRI 为 4.2 m/km, 最大间隙 h 为 5 mm 沥青贯入式面层(或上拌下贯式面层):σ 为 3.5 mm, IRI 为 5.8 m/km, 最大间隙 h 为 8 mm 道路泥结碎石:12 mm 路缘石预制铺设:相邻两块高差 3 mm 桥梁工程:大面积平整度料石 10 mm/2 m, 块石 20 mm/2 m, 片石 30 mm/2 m, 大面积混凝土平整度 8 mm/2 m;墩、台表面应平整,接缝应密实饱满,均匀整齐	一级:测点合格率 100% 二级:测点合格率 90.0% ~99.9% 三级:测点合格率 70.0% ~89.9% 四级:测点合格率 70.0% 以下
4	立面垂直度	砌体挡土墙:竖直度或坡度 0.5% 干砌挡土墙:竖直度或坡度 0.5%	一级:测点合格率 100% 二级:测点合格率 90.0% ~99.9% 三级:测点合格率 70.0% ~89.9% 四级:测点合格率 70.0% 以下
5	大角方正	±0.6°(±6 mm)	一级:测点合格率 100% 二级:测点合格率 90.0% ~99.9% 三级:测点合格率 70.0% ~89.9% 四级:测点合格率 70.0% 以下
6	曲面与平面联结	路面平顺,无跳车现象 桥梁工程台背填土:曲线圆滑	一级:符合要求 二级:基本符合要求 三级:局部不符合要求 四级:达不到三级标准者
7	排水工程	浆砌石排水沟:断面尺寸 ±30 mm;铺砌厚度不小于设计尺寸;墙面直顺度或坡度 30 mm 或不陡于设计尺寸 盲沟:断面尺寸不小于设计尺寸	一级:测点合格率 100%,砌体内侧及沟底平顺,无杂物 二级:测点合格率 90.0% ~99.9%,砌体内侧及沟底基本平顺,无杂物 三级:测点合格率 70.0% ~89.9%,砌体内侧及沟底局部不平顺,存在少量杂物 四级:测点合格率 70.0% 以下,砌体内侧及沟底不平顺,有杂物 一级:测点合格率 100% ,进出水口排水通畅 二级:测点合格率 90.0% ~99.9%,进出水口排水基本通畅 三级:测点合格率 70.0% ~89.9%,部分进出水口排水不通畅 四级:测点合格率 70.0% 以下,进出水口排水不通畅

项次	项目	工程部位	质量标准
8	梯步	踏步宽、步高及上下级踏步的高度差 ±20 mm	一级:测点合格率 100% 二级:测点合格率 90.0% ~99.9% 三级:测点合格率 70.0% ~89.9% 四级:测点合格率 70.0% 以下
9	栏杆	栏杆平面偏位 4 mm,扶手高度 ±10 mm,柱顶高差 4 mm,接缝两侧扶手高差 3 mm,竖杆或柱纵横向竖直度 4 mm	一级:测点合格率 100%,栏杆安装直顺美观,杆件接缝处无开裂现象 二级:测点合格率 90.0% ~99.9%,栏杆安装基本直顺美观,杆件接缝处无开裂现象 三级:测点合格率 70.0% ~89.9%,栏杆安装基本直顺,杆件接缝处无开裂现象 四级:测点合格率 70.0% 以下,达不到三级标准者
10	路桥灯饰		一级:架设位置正确、均匀、顺直,架立牢固 二级:架设位置正确、均匀,架立牢固 三级:架设位置正确,架立牢固 四级:达不到三级标准者
11	(沥青)混凝土表面缺陷情况	水泥混凝土面层:混凝土板的断裂块数,不得超过 0.4%,混凝土板表面的脱皮、印痕、裂纹和缺边掉角等病害现象,不得超过 0.3% 沥青混凝土面层和沥青碎(砾)石面层:表面应平整密实,不应有泛油、松散、裂缝和明显离析等现象,缺陷面积不得超过 0.05%,凡属单条的裂缝,则按其实际长度乘以 0.2 m 宽度折算成面积,搭接处应紧密、平顺,烫缝不应枯焦 沥青贯入式面层(或上拌下贯式面层):表面应平整密实,不应有松散、裂缝、油包、油丁、波浪、泛油等现象,有上述缺陷的面积之和不超过受检面积的 0.2%,表面无明显碾压轮迹 桥梁工程:扩大基础混凝土表面平整,无明显施工接缝;大面积混凝土表面平整,棱角平直,无明显施工接缝,蜂窝、麻面面积不得超过该面总面积的 0.5%,混凝土表面无非受力裂缝	一级:符合要求 二级:基本符合要求 三级:局部不符合要求 四级:达不到三级标准者

项次	项目	工程部位	质量标准
12	表面钢筋割除		一级:全部割除,无明显凸出部分 二级:全部割除,但有少量明显凸出表面 三级:割除面积达 95%,且未割除部分不影响建筑物功能与安全 四级:割除面积 < 95%
13	砌体勾缝	砌缝匀称,勾缝平顺,无开裂和脱落现象	一级:符合要求 二级:基本符合要求 三级:局部不符合要求 四级:达不到三级标准者
14	变形缝	挡土墙:混凝土施工缝平顺,沉降缝整齐垂直,上下贯通 水泥混凝土面层:接缝填筑饱满密实,不污染路面,无胀缝明显缺陷 路缘石铺设:勾缝密实均匀,无杂物污染	一级:符合要求 二级:基本符合要求 三级:局部不符合要求 四级:达不到三级标准者
15	桥梁、柱、排架	桥梁墩,台身砌体竖直度或坡度料石、块石 0.3%,片石 0.5% 柱或双壁墩身相邻间距 ±20 mm;断面尺寸 ±15 mm;节段间错台 3 mm;柱或双壁墩身竖直度 0.3%H 且不大于 20 mm	一级:测点合格率 100% 二级:测点合格率 90.0% ~99.9% 三级:测点合格率 70.0% ~89.9% 四级:测点合格率 70.0% 以下
16	建筑物表面	施工临时预埋件或其他临时设施已清除,建筑物表面清洁,无附着物和施工弃料	一级:符合要求 二级:基本符合要求 三级:局部不符合要求 四级:达不到三级标准者
17	道路绿化		一级:草皮铺设(种植)均匀,全部成活,无空白 二级:草皮铺设(种植)均匀,成活面积 90% 以上,无空白 三级:草皮铺设(种植)基本均匀,成活面积 70% 以上,有少量空白 四级:达不到三级标准者

项目划分专用公路为分部工程时,执行表 3-6,项目划分专用公路为单位工程时,执行《公路工程质量检验评定标准》(JTG F80/1—2004)。

第三节　水利水电工程外观质量检测方法及数量实例

一、工程质量检测基本规定

（1）工程质量检测包括实体质量检测和外观质量检测。

（2）外观质量检测是依据国家法律、法规、标准，对工程外部尺寸、表面平整度、轮廓线、立面垂直度、大角方正等进行的量测。

（3）大型水利工程、省重点工程、省管工程以及大中型水库除险加固工程，项目法人应委托具有水利工程检测甲级资质的检测单位进行检测；其他水利工程项目，项目法人应委托具有水利工程检测乙级以上资质的检测单位进行检测。

（4）检测单位的检测范围不得超越资质认定计量认证通过的参数。检测单位在检测完成后应严格按照《水利工程质量检测管理规定》（水利部令第36号）和合同及有关标准及时、准确地向委托方提交质量检测报告，并对质量检测报告负责。任何单位和个人不得明示或者暗示检测单位出具虚假质量检测报告，不得篡改或者伪造质量检测报告。

（5）单位工程完工后，项目法人应及时委托具有相应资质等级的检测单位到工程现场，根据有关规范规程、批准的工程设计文件、工程项目划分和工程外观质量评定标准，编制工程质量检测方案。质量检测方案应包括工程概况、检测依据、检测方法、检测内容、检测仪器设备、检测部位、检测数量等，检测数量和部位应有代表性与可追溯性。项目法人应将工程质量检测方案报质量监督机构批准后执行。

（6）单位工程未完成，涉及工程蓄水、过水验收时，个别工程部位将被淹没，项目法人应提前组织有关人员按规定进行淹没范围的工程外观质量检测工作，并拍摄有关影像资料，作为单位工程外观质量评定的依据。项目法人应在外观质量评定前5个工作日，将检测报告报质量监督机构备案。

（7）外观质量抽检，应成立由1名评定组成员负责、参建单位工程技术人员参加的现场检测小组，现场对检测报告中的检测项目进行复测。质量监督人员列席外观质量评定时，应重点监督现场检测工作。

（8）抽测数量应在全面检查的基础上不少于25%，且所抽测的各检测项目抽测总数不少于10个点；现场检测小组应做好现场检测记录工作，并标明抽检的部位、高程或桩号；现场检测小组参加人员均应在现场检测记录表上签字。

二、外观质量检测方法与数量实例

（1）某混凝土重力坝单位工程外观质量检测部位、检测方法及数量见表3-7。

（2）某土坝外观质量检测部位、检验方法及数量见表3-8。

（3）某混凝土面板堆石坝外观质量检测部位、检测方法及数量见表3-9。

表 3-7　某混凝土重力坝单位工程外观质量检测部位、检测方法及数量

序号	项目	检测部位	检测方法及数量
1	建筑物外部尺寸	坝顶、上游防浪墙、下游挡墙	在横缝处,尺量,每个坝段测 1 点,总检测数量不少于 20 点
2	轮廓线顺直	上游防浪墙、下游挡土墙、坝顶电缆沟、坝段下游导墙、溢流面	用 15 m 长小线与尺量,连接量测,每 15 m 读数 1 次;总测点不少于 10 点
3	表面平整度	坝顶	每坝段 1 次,用 2 m 直尺与楔形塞尺测量
		上游坝面	每坝段 2~3 次,用 2 m 直尺与楔形塞尺测量
		下游坝面	利用坝后平台混凝土补角及坝后扶梯,进行下游坝面平整度测量,在坝后平台和混凝土补角,每坝段不少于 1~4 次,用 2 m 直尺与楔形塞尺测量
		溢流面	表孔、中孔、底孔,每坝段测 10 次,横向及平面部位用 2 m 直尺与楔形塞尺测量,测点应均匀分布在被测面水流方向曲面,用 2 m 长弧形样板与楔形塞尺测量,每个坝段不少于 10 次
		泄水孔侧墙	表孔、中孔、底孔,每坝段测 10 次,用 2 m 直尺与楔形塞尺测量
4	立面垂直度		吊垂线用尺量,每项测 2 次,总检测数量不少于 10 处
5	大角方正	左岸混凝土补角,右岸混凝土补角,坝段电梯井及出线平台,坝顶工业水水口	用 200 mm 方尺检测,每项测 2 点,总检测数量不少于 10 处
6	曲面与平面联结平顺	表孔溢洪面,中孔溢流面,底孔溢流面,取水口、中孔、底孔坝段挑流坎	目测、全面检查
7	扭面与平面联结平顺	坝段挑坎	目测、全面检查
8	排水沟	厂坝间排水沟,左岸坝顶排水沟,右岸坝顶排水沟	宽度深度用钢尺等距离测量,厂坝间测 6 次,左、右岸坝顶各测 3 次,其他(直段平直、弯道联结平顺,排水沟无倒坡,水流顺畅)为目测、全面检查
9	梯步	坝段梯间梯步及楼梯间梯步	用钢卷尺等间距测量高度、宽度、长度,每项测点不少于 10 次
10	栏杆		平面顺直用 15 m 长小线沿栏杆顶部连续量测,每 15 m 读数 1 次;垂直度挂小线用尺量测,不少于 10 次,目测全面检查油漆色泽、起皱、脱皮、结疤及流淌现象

序号	项目	检测部位	检测方法及数量
11	扶梯	左岸后扶梯,右岸坝后扶梯,坝顶控制扶梯	用钢卷尺量测宽度、高度,各测不少于10次,扶手顺直度全长拉小线尺量,读最大凹凸值,目测全面检查油漆色泽、起皱、脱皮、结疤及流淌现象
12	灯饰	坝顶灯饰	灯柱位置用皮尺或钢卷尺量测,垂直度用2 m托线板和尺量,检查灯柱及灯具安装是否牢固,每项检测不少于10次
13	启闭机、平台梁、柱、排架	梁截面尺寸、柱截面尺寸、垂直度、表面缺陷	截面尺寸用钢卷尺量测,随机取位,各测7次,垂直度用垂线的尺量,测量50%柱,表面缺陷目测、全面检查
14	混凝土表面缺陷	表面蜂窝、麻面、挂帘、裙边、错台及表面裂缝	全面检查,对混凝土缺陷测量计算面积
15	表面钢筋割除		目测、全面检查
16	变形缝	坝顶、上游坝面、下游坝面	目测、全面检查
17	建筑物表面清洁	坝顶、上游坝面、下游坝面	目测、全面检查
18	水工金属结构外表面	坝顶门机、液压启闭机(底孔弧门液压启闭机室)	目测、全面检查
19	电梯运行	平层、开关门	目测、全面检查

表 3-8 某土坝外观质量检测部位、检测方法及数量

序号	项目	检测部位	检测方法及数量
1	建筑物外观尺寸	坝顶宽度、上游混凝土面坡比、下游坡面比或干砌石坡比、防浪墙高、坝顶高程、挡土墙高	钢卷尺与水准仪检测,每组检测20点
2	轮廓线顺直	防浪墙、上游坝肩、下游坝肩、坝下游挡土墙	挂1.5 m小线和钢卷尺检测,检测数量:每组10点,共40点
3	表面平整度		用2 m靠尺和楔形塞尺、坡度尺、水准仪检测,每组10点,共50点
4	立面垂直	防浪墙的上游面、下游面	挂垂线和水准仪靠尺检测,每组10点,共20点
5	大角方正	防浪墙角、挡土墙角	用2 m靠尺及挂垂线,每组检测20点,共40点
6	排水沟及电缆沟	坝下游排水沟及电缆沟	钢尺检测,每组检测10点,共20点
7	踏步	坝下游踏步	钢尺检测,每组检测10点
8	建筑物表面清洁	大坝上下游坝面、防浪墙、挡土墙	目测、全面检查
9	水工金属结构外表面	闸门的埋件、轨道、闸门连接处等	目测、全面检查

序号	项目	检测部位	检测方法及数量
10	曲面与平面联结	坝上、下游坡	目测、全面检查
11	混凝土表面缺陷	上游混凝土表面、坝顶路面、防浪墙等	目测、全面检查,对缺陷进行测量,用钢尺计算面积
12	表面钢筋割除	凡有混凝土工程的部位	目测、全面检查
13	砌体与沟缝	坝顶、上下游护坡	尺量与目测,全面检查
14	变形缝	上下游混凝土块、坝顶	目测、全面检查
15	灯饰	坝顶防浪墙顶	目测、全面检查
16	启闭机平台梁、柱、排架、桥面板	进出口、出水塔桥的梁、桥、排架、桥面板	截面尺寸用钢卷尺测量,随机取样,各测 10 次,垂直度用垂线和尺量,随机取样,各测 10 次,表面缺陷目测,全面检查

表 3-9　某混凝土面板堆石坝外观质量检测部位、检测方法及数量

序号	项目	检测部位	检测方法及数量
1	建筑物外部尺寸	坝顶宽度、上游面板坡比、防浪墙高度、电缆沟宽深、坝顶高程	用钢卷尺及水准仪检测,每项检测不少于 20 点
2	轮廓线顺直	防浪墙、上下游坝肩、坝下游路边缘	挂小线和钢尺检测,每项检测不少于 10 点
3	表面平整度	防浪墙、坝顶路面、防浪墙顶、上下游坝	挂小线和钢尺检测,或用 2 m 直尺和楔形塞尺检测,每项检测不少于 20 点
4	立面垂直度	防浪墙上、下游面	挂垂线和钢尺检测,每项检测不少于 10 点
5	大角方正	防浪墙	用 2 m 直尺检测,每项检测不少于 20 点
6	马道及排水沟	靠山坡排水沟,下游坝公路边排水沟或马道边排水沟	用钢尺检测,各项检测不少于 10 点
7	梯步	坝下游梯步	用钢尺检测,每项检测不少于 10 点
8	栏杆	栏杆垂直度、平面顺直	用钢卷尺和挂垂线检测,每项检测不少于 10 点
9	曲面与平面联结平顺		目测、全面检查
10	扭面与平面联结平顺		目测、全面检查
11	灯饰	坝顶灯饰	目测、全面检查
12	混凝土表面缺陷	所有混凝土表面	目测、全面检查,用钢尺对缺陷进行测量计算面积
13	表面钢筋割除	混凝土表面	目测、全面检查

序号	项目		检测部位	检测方法及数量
14	砌体与勾缝	砌体	左右坝肩砌石护坡	用钢尺测量和目测,全面检查
		勾缝		
15	变形缝		混凝土表面	目测、全面检查
16	建筑物表面清洁		混凝土面板、防浪墙	目测、全面检查
17	电缆线路敷设		电缆沟	目测、全面检查
18	厂区道路及排水沟		坝顶路面及联结路	目测、全面检查

(4)某导流洞工程外观质量检测部位、检测方法及数量见表 3-10。

表 3-10　某导流洞工程外观质量检测部位、检测方法及数量

序号	项目	检测部位	检测方法及数量
1	建筑物外部尺寸	导流洞洞身净宽,出口边墙,进口边墙,操作平台高程	用钢卷尺测量,每项检测不少于 10 点
2	轮廓线顺直	洞身左侧、洞身右侧、下游左侧墙、下游右侧墙	吊垂线和钢尺检测,每项检测不少于 10 点
3	表面平整度	洞身左右侧、出口边墙左右侧、工作桥面	2 m 靠尺和楔形塞尺检测,每项检测不少于 10 点
4	立面垂直度	出口边墙左右边侧、进水塔、启闭机房边墙	挂垂线和钢尺检测,每项检测不少于 10 点
5	扭面与平面联结	进出口翼墙	目测、全面检查
6	混凝土缺陷	混凝土表面	目测、全面检查,对缺陷进行测量用钢尺和平板尺并计算面积
7	钢筋割除	混凝土表面	目测混凝土面、全面检查
8	浆砌石	砌体的结构和宽度	目测结合钢尺实测,每项检测不少于 10 点
9	勾缝	浆砌石的各部位	目测结合钢尺实测,每项检测不少于 10 点
10	干砌石	干砌石的部位	目测、全面检查
11	变形缝	凡有干砌石的部位	目测、全面检查
12	建筑物表面清洁	进水塔全身,进出口边墙及出口消力池墙,洞身	目测、全面检查
13	水工金属结构外表面	凡是金属结构部位	目测、全面检查
14	盘柜	启闭室全部盘柜	钢尺测量、目测,全面检查
15	厂区道路及排水	坝顶、连接路及路边排水沟	钢尺测量、目测,全面检查
16	绿化	草皮护坡	目测、全面检查

（5）某发电厂房水工建筑物外观质量检测部位、检测方法及数量见表3-11。

表3-11　某发电厂房水工建筑物外观质量检测部位、检测方法及数量

序号	项目	检测部位	检测方法及数量
1	建筑物的外部尺寸	主厂房各机组段的高程层，机组缝间，上下游墙洞尺寸，尾水平台平面宽（墙根至尾水平台下游上沿边尺寸）	用钢卷尺等间距测量，每项不少于10点
2	轮廓线顺直	尾水平台下游上沿右岸挡墙下沿外侧	用15 m小线连续全长测量每段内的最大凹凸值，每项不少于10点
3	表面平整度	右岸挡墙、尾水平台、主厂房	用楔形塞尺测量，测点均匀分布在被测面上，每项不少于10点
4	立面垂直度	下游闸墩、尾水右挡墙	用吊垂线测全高之偏（斜值/全高），每项检测不少于10点
5	大角方正	主厂房	用2 m方尺测量，每角不少于10点
6	曲面与平面联结	闸墩头	目测、全面检查
7	马道及排水沟		目测、全面检查
8	梯步	所有现浇楼梯	用钢尺测量，每项不少于30点
9	栏杆（不锈钢栏杆）	尾水平台及右挡墙栏杆	平面顺直用15 m小线沿栏杆顶部连续量测，每15 m一次，记录每次最大凹凸值垂直度，测全高最大偏差，不少于10 m
10	扶梯	各层扶梯	高度、宽度用钢卷尺测量，每梯10个测点，扶手顺直用线绳测量全长，目测油漆表面质量，全面检查
11	混凝土表面缺陷		全面检查外露表面，评定组现场检查评定
12	独立柱	主安装场和主机间各层立柱	横截面尺寸用钢卷尺测量，垂直度用2 m托尺测量，随机抽取不少于20点
13	表面钢筋割除		目测、全面检查
14	变形缝		目测、全面检查
15	建筑物表面清洁		目测、全面检查
16	水工金属结构外表面	桥机、尾水门及门槽	目测、全面检查
17	电站盘柜	盘柜	目测、全面检查
18	电缆线路敷设	电缆沟	目测、全面检查
19	电站油、气、水管路		目测、全面检查
20	道路、排水沟		目测、全面检查

（6）某非常溢洪道工程外观质量检测部位、检测方法及数量见表3-12。

表3-12　某非常溢洪道工程外观质量检测部位、检测方法及数量

序号	项目	检测部位	检测方法及数量
1	建筑物外部尺寸	导墙、翼墙、闸墩、边墙、挡墙、防浪墙、桥面、护轮、电缆沟	用钢卷尺等间距测量，每一构筑物不小于10点
2	轮廓线顺直	导墙、翼墙、闸墩、边墙、挡墙、防浪墙、桥面、护轮、电缆间、闸墩与溢流面	沿建筑物边线用15 m长小线（圆弧段除外）与钢尺结合测量，连续测量，每15 m选取偏差最大处读数一次
3	表面平整度	导墙、翼墙、边墩和边墙的不过流面及顶面、挡墙顶面及外露面、溢流堰面	直线时用2 m的直尺与楔形塞尺结合测量，曲线时用2 m的弧形样尺与楔形塞尺结合测量，测点应均匀地布置在被测面上，每一构筑物的一个面至少有10个测点
4	立面垂直度	导墙、翼墙、边墩和边墙迎水面及中墩两面	从墩墙顶吊垂线后用直尺测量，每项测5个测点，测点要均匀布置
5	大角方正	翼墙、边墩、边墙、挡墙建筑物的直角部位	用20 mm方尺检测，每项测5个测点，测点要均匀布置
6	分缝处	建筑物的过流面分缝处	用尺测量，主要检查迎水面分缝，每缝测2点，测点要均匀布置
7	排水沟	排水沟	用尺测量和目测，测5个测点，要均匀布置
8	混凝土梯步	梯步	用钢卷尺测量，每个梯步测5个测点，测点要均匀布置
9	栏杆		平面顺直用15 m长小线沿栏杆顶部连续量测，每15 m读数1次；垂直度挂小线用尺量测，不少于10次，目测全面检查油漆色泽、起皱、脱皮、结疤及流淌现象
10	扶梯		用钢卷尺量测宽度、高度，各测不少于10次，扶手顺直度全长拉小线量尺，读最大凹凸值，目测全面检查油漆色泽、起皱、脱皮、结疤及流淌现象
11	灯饰		灯柱位置用皮尺或钢卷尺量测，垂直度用2 m托线板和尺量，检查灯柱及灯具安装是否牢固，每项检测不少于10次
12	砌体勾缝	防浪墙、浆砌石、混凝土及混凝土预制块护坡	用钢尺测量和目测，全面检查
13	混凝土缺陷		全面检查，对混凝土缺陷测量计算面积
14	表面钢筋割除		目测、全面检查
15	变形缝		目测、全面检查
16	建筑物表面清洁		目测、全面检查

序号	项目	检测部位	检测方法及数量
17	水工建筑物金属结构外表面		目测、全面检查
18	配电盘柜		目测、全面检查
19	电缆线路敷设		目测、全面检查
20	室外墙面		平整度、垂直度用 2 m 直尺和楔形塞尺结合测量,每个墙面不少于 5 点。饰面砖目测,全部检查
21	落水管		用垂球吊线、全面检查
22	室内墙面		用 2 m 直尺和楔形塞尺结合测量,每项不少于 10 点

第四节　水利水电工程外观质量评定

一、外观质量评定的组织

(1)外观质量评定由项目法人组织,外观质量评定组由项目法人、监理、设计、施工及工程运行管理等单位持有外观质量评定证书的人员和从省外观质量评定专家库中抽取的专家共同组成。从省外观质量评定专家库中抽取的专家不少于 3 人;若某参建单位中无符合条件的人员,则该单位不作为外观质量评定组成员;评定组总人数一般不应少于 5 人,大型工程不宜少于 7 人(如该单位工程由 2 个或以上施工单位完成,则施工单位各派 1 人参加;若该单位工程由分包单位施工,则总包单位、分包单位各派 1 人参加)。

(2)外观质量评定,项目法人应提前 5 个工作日通知质量监督机构,质量监督机构应派人员列席外观质量评定会议。

(3)质量监督机构派员列席外观质量评定会议时,应按省、流域机构规定及有关要求,对外观质量评定组参建各方人员资格、是否从省外观质量评定专家库中抽取专家以及评定的程序、内容等进行监督,同时抽查工程质量检测资料。

(4)外观质量评定程序如下:

①项目法人按要求组建外观质量评定组,宣读评定组成员名单;评定组推举 1 名成员为组长,负责安排(领导)评定工作。

②项目法人向外观质量评定组介绍单位工程建设有关情况。

③外观质量评定组成员熟悉外观质量评定标准及有关设计图纸、文件。

④外观质量评定组现场检查和检测,对检查项目进行现场打分,对抽检数据做好记录。

⑤统计外观质量评定得分。

⑥讨论并通过外观质量评定结论。

二、外观质量评定表

(1)枢纽工程水工建筑物外观质量评定表见表3-13。

表3-13 枢纽工程水工建筑物外观质量评定表

单位工程名称			施工单位			
主要工程量			评定日期		年 月 日	

项次	项目		标准分（分）	评定得分（分）				备注
				一级100%	二级90%	三级70%	四级0	
1	建筑物外部尺寸		12					
2	轮廓线		10					
3	表面平整度		10					
4	立面垂直度		10					
5	大角方正		5					
6	曲面与平面联结		9					
7	扭面与平面联结		9					
8	马道及排水沟		3(4)					
9	梯步		2(3)					
10	栏杆		2(3)					
11	扶梯		2					
12	闸坝灯饰		2					
13	混凝土表面缺陷情况		10					
14	表面钢筋割除		2(4)					
15	砌体沟缝	宽度均匀、平整	4					
16		坚、横缝平直	4					
17	浆砌卵石露头情况		8					
18	变形缝		3(4)					
19	启闭平台梁、柱、排架		5					
20	建筑物表面		10					
21	升压变电工程围墙（栏栅）、杆、架、塔、柱		5					
22	水工金属结构外表面		6(7)					
23	电站盘柜		7					
24	电缆线路敷设		4(5)					
25	电站油气、水、管路		3(4)					
26	厂区道路及排水沟		4					
27	厂区绿化		8					
合计			应得　　　分,实得　　　分,得分率　　　%					

单位工程名称			施工单位		
主要工程量			评定日期	年 月 日	
外观质量评定组成员	单位	单位名称	职称	签名	
	项目法人				
	监理				
	设计				
	施工				
	运行管理				
工程质量监督机构	核定意见： 核定人：(签名)加盖公章 年 月 日				

注：量大时，标准分采用括号内数值。

（2）堤防工程外观质量评定表见表 3-14。

表 3-14　堤防工程外观质量评定表

单位工程名称			施工单位			
主要工程量			评定日期	年 月 日		
项次	项目	标准分（分）	评定得分（分）			备注
			一级 100%	二级 90%	三级 70%	四级 0
1	外部尺寸	30				
2	轮廓线	10				
3	表面平整度	10				
4	曲面平面联结	5				
5	排水	5				
6	上堤马道	3				
7	堤顶附属设施	5				
8	防汛备料堆放	5				
9	草皮	8				
10	植树	8				
11	砌体排列	5				
12	砌缝	10				
合计		应得　　　分,实得　　　分,得分率　　　%				

外观质量评定组成员	单位	单位名称	职称	签名
	项目法人			
	监理			
	设计			
	施工			
	运行管理			
工程质量监督机构	核定意见： 核定人：(签名)加盖公章 年 月 日			

(3)明(暗)渠工程外观质量评定表见表3-15。

表3-15 明(暗)渠工程外观质量评定表

单位工程名称			施工单位			
主要工程量			评定日期			

项次	项目	标准分（分）	评定得分（分）				备注
			一级100%	二级90%	三级70%	四级0	
1	外部尺寸	10					
2	轮廓线	10					
3	表面平整度	10					
4	曲面与平面联结	3					
5	扭面与平面联结	3					
6	渠坡渠底衬砌	10					
7	变形缝、结构缝	6					
8	渠顶路面及排水沟	8					
9	渠顶以上边坡	6					
10	戗台及排水沟	5					
11	沿渠小建筑物	5					
12	梯步	3					
13	弃渣堆放	5					
14	绿化	10					
15	原状岩土面完整性	3					
合　计			应得　　　分,实得　　　分,得分率　　　%				

外观质量评定组成员	单位	单位名称	职称	签名
	项目法人			
	监理			
	设计			
	施工			
	运行管理			
工程质量监督机构	核定意见：　　　　　　　　　　　　　　　　核定人:(签名)加盖公章 　　　　　　　　　　　　　　　　　　　　　年　　月　　日			

（4）引水（渠道）建筑物工程外观质量评定表见表3-16。

表3-16 引水（渠道）建筑物工程外观质量评定表

单位工程名称			施工单位			
主要工程量			评定日期			
项次	项目	标准分（分）	评定得分（分）			备注
			一级100%	二级90%	三级70%	四级0	

项次	项目	标准分（分）	一级100%	二级90%	三级70%	四级0	备注
1	外部尺寸	12					
2	轮廓线	10					
3	表面平整度	10					
4	立面垂直度	10					
5	大角方正	5					
6	曲面与平面联结	8					
7	扭面与平面联结	8					
8	梯步	4					
9	栏杆	4(6)					
10	灯饰	2(4)					
11	变形缝、结构缝	3					
12	砌体	6(8)					
13	排水工程	3					
14	建筑物表面	5					
15	混凝土表面	5					
16	表面钢筋割除	4					
17	水工金属结构表面	6					
18	管线（路）及电气设备	4					
19	房屋建筑安装工程	6(8)					
20	绿化	8					
合计		应得　　　分,实得　　　分,得分率　　　%					

外观质量评定组成员	单位	单位名称	职称	签名
	项目法人			
	监理			
	设计			
	施工			
	运行管理			

工程质量监督机构	核定意见： 　　　　　　　　　　核定人:(签名)加盖公章 　　　　　　　　　　　　　　年　　月　　日

注：量大时，标准分采用括号内数值。

（5）水利水电工程房屋建筑工程外观质量评定表见表3-17。

表 3-17　水利水电工程房屋建筑工程外观质量评定表

单位工程名称			分部工程名称			施工单位			
结构类型			建筑面积			评定日期		年　月　日	

序号	项目		抽查质量状况								质量评价		
											好	一般	差
1	建筑与结构	室外墙面											
2		变形缝											
3		水落管、屋面											
4		室内墙面											
5		室内顶棚											
6		室内地面											
7		楼梯、踏步、护栏											
8		门窗											
1	给排水与采暖	管道接口、坡度、支架											
2		卫生器具、支架、阀门											
3		检查口、扫除口、地漏											
4		散热器、支架											
1	建筑电气	配电箱、盘、板、接线盒											
2		设备器具、开关、插座											
3		防雷、接地											
1	通风与空调	风管、支架											
2		风口、风阀											
3		风机、空调设备											
4		阀门、支架											
5		水泵、冷却塔											
6		绝热											
1	电梯	运行、平层、开关门											
2		层门、信号系统											
3		机房											
1	智能建筑	机房设备安装及布局											
2		现场设备安装											
外观质量综合评价													

外观质量评定组成员	单位	单位名称	职称	签名
	项目法人			
	监理			
	设计			
	施工			
	运行管理			

工程质量监督机构	核定意见： 核定人:(签名)加盖公章 年　月　日

注:质量综合评价为"差"的项目,应进行返修。

（6）水利工程专用公路外观质量评定表见表 3-18。

表 3-18　水利工程专用公路外观质量评定表

单位工程名称			施工单位			
主要工程量			评定日期		年　月　日	

项次	项目	标准分（分）	评定得分（分）				备注
			一级 100%	二级 90%	三级 70%	四级 0	
1	建筑物外部尺寸	12					
2	轮廓线	10					
3	表面平整度	10					
4	立面垂直度	10					
5	大角方正	5					
6	曲面与平面联结	9					
7	排水工程	3					
8	梯步	2					
9	栏杆	2					
10	路桥灯饰	2					
11	（沥青）混凝土表面缺陷情况	10					
12	表面钢筋割除	2					
13	砌体勾缝	4					
14	变形缝	3					
15	桥梁、柱、排架	5					
16	建筑物表面	10					
17	道路绿化	8					
合　计			应得　　分,实得　　分,得分率　　%				

外观质量评定组成员	单位	单位名称	签名
	项目法人		
	监理		
	设计		
	施工		
	运行管理		
	外观质量评定专家		

工程质量监督机构	核定意见： 核定人:(签名)加盖公章 年　月　日

注:参建单位中无符合外观评定条件的人员,由外观质量评定专家替代。

三、检查项目评定

（1）评定组成员按照外观质量评定标准对检查项目进行全面检查，枢纽工程、堤防工程、引水（渠道）工程按等级填写检查项目外观质量现场评定表，不得离开现场后凭印象评定，评定组成员在各自的检查项目外观质量现场评定表上签名后，交给组长进行汇总。

（2）各检查项目外观质量等级的评定得分计算如下：

①根据外观质量评定组成员评定的检查项目质量等级，计算评定组成员各检查项目评定得分（评定组成员各检查项目评定得分 = 各项标准分 × 评定组成员评定等级）；

②将评定组成员各检查项目评定得分进行统计汇总，并计算各检查项目平均分；

③计算各检查项目评定的得分率（各检查项目得分率 = 各项平均分 ÷ 各项标准分）；

④根据各检查项目评定的得分率确定各检查项目的评定级别；

⑤评定组成员在统计汇总表上签名；

⑥按照各检查项目的评定级别将对应的得分填写在外观质量评定表中。

四、检测项目评定

（1）各检测项目外观质量评定等级分为四级，各级标准得分见表3-19。

表3-19　检测项目外观质量评定等级与标准得分

评定等级	检测项目测点合格率（%）	各项评定得分
一级	100	该项标准分
二级	90.0 ~ 99.9	该项标准分 × 90%
三级	70.0 ~ 89.9	该项标准分 × 70%
四级	< 70.0	0

（2）检测项目合格率的确定，采取检测报告结论与现场抽检的检测结果相比较，且"就低不就高"的原则。

①当所抽检的检测项目的合格率大于或等于检测报告中该项目合格率时，采用检测单位出具的检测报告中的合格率。

②当所抽检的检测项目的合格率小于检测报告中该检测项目合格率时，采用现场抽检项目的合格率。

（3）按照"检测项目外观质量等级与标准得分"确定检测项目等级，将对应的得分填写在外观质量评定表中。

五、统计外观质量评定得分

（1）外观质量评定组对已填好的外观质量评定表进行统计，计算出"实得分"、"应得分"。

（2）计算外观质量得分率。外观质量得分率 =（实得分 ÷ 应得分）× 100%，外观质量得分率小数点后保留一位。

（3）当一个单位工程中包含枢纽、堤防、引水（渠道）、其他等多种类型的分部工程时，且各类型工程的外观质量得分率均不低于 70%，取各工程类型的外观质量得分率的权重值作为该单位工程的外观质量得分率。

$$外观质量得分率 = (a \times m/i + b \times n/i + c \times l/i + d \times k/i) \times 100\%$$

式中：a 为枢纽工程外观质量得分率；b 为堤防工程外观质量得分率；c 为引水（渠道）工程外观质量得分率；d 为房屋建筑外观质量得分率；m 为枢纽工程分部工程个数；n 为堤防工程分部工程个数；l 为引水（渠道）工程分部工程个数；k 为房屋建筑分部工程个数；i 为单位工程分部工程总数。

$$i = m + n + l + k$$

（4）当单位工程只作为评价项目时，其所属分部工程的外观质量得分率均应达到 70% 及其以上才能够进行评价验收。

（5）外观质量评定组成员签名。外观质量得分率计算完成后，外观质量评定组成员对评定情况进行审核，确认无误后在评定表内签名。

六、外观质量评定工作报告与结论

（1）外观质量评定工作组应根据评定情况形成外观质量评定工作报告，作为外观质量评定成果。

（2）外观质量评定工作报告应包括以下内容：单位工程建设内容，外观质量评定程序（评定组人员组成），检查项目外观质量现场评定表，检测项目现场检测记录表，外观质量现场评定汇总表，外观质量评定表，外观质量评定结果。

（3）单位工程外观质量评定结束后，项目法人应在单位工程评定验收前将外观质量评定工作报告报质量监督机构。质量监督机构应对外观质量评定工作报告进行审查，并核定外观质量评定结论。

（4）质量监督机构在核定外观质量评定结论时，应重点核查以下内容：项目法人是否按规定程序开展外观质量评定工作，外观质量评定组的组建是否满足要求，是否按批准的检测方案进行了检测，外观质量评定得分率的统计计算方法及结论是否正确。

（5）当质量监督机构核定意见与项目法人一致时，可在核定栏内填写："同意外观质量评定结论"；质量监督机构对外观质量评定有异议时，应责成项目法人组织外观质量评定组成员进一步研究，并将研究结果报质量监督机构核定；当双方对质量结论仍然有分歧意见时，应报上一级质量监督机构协调解决。

第四章　水利水电工程单元工程质量检验

第一节　水工建筑物单元工程质量检验

一、岩石边坡开挖单元工程质量检验

（1）岩石边坡开挖单元工程质量标准和检验方法见表4-1。

表4-1　岩石边坡开挖单元工程质量标准和检验方法

项次	检查项目		质量标准	检验方法
1	保护层开挖		浅孔、密孔、少药量、火炮爆破	现场检查,用水准仪测量
2	平均坡度		小于或等于设计坡度	现场检查,用水准仪测量
3	开挖坡面		稳定、无松动岩块	现场检查,目测
项次	检测项目		允许偏差(cm)	检验方法
1	坡脚标高		+20 ~ -10	用水准仪测量
2	坡面局	斜长小于等于15 m	+30 ~ -20	用水准仪测量
3	部超欠挖	斜长大于15 m	+50 ~ -30	用水准仪测量

（2）检验数量:总检测面积500 m^2 及其以内,不少于20个测点;500 m^2 以上不少于30个测点,局部突出或凹陷部位(面积在0.5 m^2 以上者)应增设检测点。

二、岩石地基开挖单元工程质量检验

岩石地基开挖单元工程质量标准和检验方法见表4-2。

表4-2　岩石地基开挖单元工程质量标准和检验方法

项次	检查项目	质量标准	检验方法
1	保护层开挖	浅孔、密孔、少药量、火炮爆破	现场检查,尺量
2	建基面	无松动岩块,无爆破影响裂隙	现场检查,目测
3	断层及裂隙密集带	按规定挖槽,槽深为宽度的1~1.5倍,规模较大时,按设计要求处理	现场用尺量
4	多组切割的不稳定岩体	按设计要求处理	现场检查,目测
5	岩溶洞穴	按设计要求处理	现场检查,目测
6	软弱夹层	厚度大于5 cm者,挖至新鲜岩层或设计规定的深度处理	现场检查,用尺测量
7	夹泥裂隙	挖1~1.5倍断层宽度,清除夹泥或按设计要求处理	现场检查,用尺测量

项次	检测项目		允许偏差（cm）	检验方法
1	无结构要求或无配筋	坑（槽）长或宽 <5 m	+20 ~ -10	用钢尺测量
2		5 ~ 10 m	+30 ~ -20	用钢尺测量
3		10 ~ 15 m	+40 ~ -30	用钢尺测量
4		>15 m	+50 ~ -30	用钢尺测量
5		坑（槽）底部标高	+20 ~ -10	用水准仪测量
6		垂直或斜面平整度	20	吊垂线或用2 m尺测量
7	有结构要求或有配筋	坑（槽）长或宽 <5 m	+10 ~0	用钢尺测量
8		5 ~ 10 m	+20 ~0	用钢尺测量
9		10 ~ 15 m	+30 ~0	用钢尺测量
10		>15 m	+40 ~0	用钢尺测量
11		坑（槽）底部标高	+20 ~0	用水准仪测量
12		垂直或斜面平整度	15	吊垂线或用2 m尺测量

三、岩石洞室开挖单元工程质量检验

（1）岩石洞室开挖单元工程质量标准和检验方法见表4-3。

表4-3　岩石洞室开挖单元工程质量标准和检验方法

项次	检查项目		质量标准	检验方法
1	开挖岩面		无松动岩块、小块悬挂体	现场检查，目测
2	地质弱面处理		符合设计要求	现场检查，目测
3	△洞室轴线		符合规范要求	用全站仪测量

项次	检测项目		允许偏差（cm）	检验方法
1	无结构要求或无配筋	底部标高	+20 ~ -10	用水准仪测量
2		径向	+20 ~ -10	用全站仪测量
3		侧墙	+20 ~ -10	吊垂线检查
4		开挖面平整度	15	用2 m直尺检查
5	有结构要求或有配筋	底部标高	+20 ~0	用水准仪测量
6		径向	+20 ~0	用全站仪测量
7		侧墙	+20 ~0	吊垂线检查
8		开挖面平整度	10	用2 m直尺检查

注：△表示主要检查项目，下同。

（2）检查数量：按横断面或纵断面进行检测，一般应不少于两个断面，总检测点数不少于20个，局部凸出或凹陷部位（面积在0.5 m² 以上者）应增设检测点（平整度使用2 m

直尺检查)。

四、软基和岸坡开挖单元工程质量检验

(1)软基和岸坡开挖单元工程质量标准和检验方法见表4-4。

表4-4　软基和岸坡开挖单元工程质量标准和检验方法

项次	检查项目		质量标准	检验方法
1	地基清理和处理		无树根、草皮、乱石、坟墓,水井泉眼已处理,地质符合设计	现场检查,目测
2	取样检验		符合设计要求	按设计要求取样试验
3	岸坡清理和处理		无树根、草皮、乱石,有害裂隙及洞穴已处理	现场检查,目测
4	岩石岸坡清理坡度		符合设计要求	现场检测用坡度尺或测量
5	黏土、湿陷性黄土清理坡度		符合设计要求	现场检测或水准仪测量
6	截水槽地基处理		泉眼、渗水已处理,岩石冲洗洁净,无积水	现场检查,目测
7	截水槽(墙)基岩面坡度		符合设计要求	现场检查,目测
项次	检测项目		允许偏差(cm)	检验方法
1	无结构要求无配筋	坑(槽)长或宽 5 m以内	+20 ~ -10	用尺测量
2		5 ~ 10 m	+30 ~ -20	用尺测量
3		10 ~ 15 m	+40 ~ -30	用尺测量
4		15 m以上	+50 ~ -30	用尺测量
5		坑(槽)底部标高	+20 ~ -10	水准仪测量
6		垂直或斜面平整度	20	用2 m直尺测量
7	有结构要求有配筋预埋件	基坑(槽)长或宽 5 m以内	+20 ~ 0	用尺测量
8		5 ~ 10 m	+30 ~ 0	用尺测量
9		10 ~ 15 m	+40 ~ 0	用尺测量
10		15 m以上	+40 ~ 0	用尺测量
11		坑(槽)底部标高	+20 ~ 0	水准仪测量
12		垂直或斜面平整度	15	用2 m直尺测量

(2)检测数量:检查项目项次2、4、5、7按50~100 m正方形检查网进行取样,局部可加密至15~25 m。总检测数量:总检测面积在200 m² 以内,不少于20个;200 m² 以上不少于30个。

五、混凝土单元工程质量检验

(一)基础面或混凝土施工缝处理工序质量检验

(1)基础面或混凝土施工缝处理工序质量标准和检验方法见表4-5。

表 4-5 基础面或混凝土施工缝处理工序质量标准和检验方法

项次	检查项目	质量标准	检验方法
1	基础岩面		
1.1	建基面	无松动岩块	现场检查,目测
1.2	地表水和地下水	妥善引排或封堵	现场检查
1.3	岩面清洗	清洗洁净,无积水,无积渣杂物	现场检查,目测
2	混凝土施工缝		
2.1	表面处理	无乳皮成毛面	现场检查,目测
2.2	混凝土表面清洗	清洗洁净,无积水,无积渣杂物	现场检查,目测
3	软基面		
3.1	建基面	预留保护层已挖除,地质符合设计要求	用测量仪器检查,编写地质编录
3.2	垫层铺填	符合设计要求	用尺检查
3.3	基础面清理	无乱石、杂物,坑洞分层回填夯实	现场取样检查和目测

(2)检验数量:各项全面检查。

(二)混凝土模板工序质量检验

(1)混凝土模板工序质量标准和检验方法见表 4-6。

表 4-6 混凝土模板工序质量标准和检验方法

项次	检查项目	质量标准	检验方法
1	稳定性、刚度和强度	支撑牢固,稳定,符合设计要求	现场检查
2	模板表面	光洁,无污物,接缝严密	现场检查,目测
项次	检测项目	允许偏差(mm)	检验方法
1	横板平整度:相邻两板面高差	钢模:2,木模:3,隐蔽内面:5	用 2 m 直尺检测
2	局部不平	钢模:2,木模:5,隐蔽内面:10	用 2 m 直尺检测
3	板面缝隙	钢模:1,木模:2,隐蔽内面:2	现场检查,目测
4	结构物边线与设计边线	外露表面:10,隐蔽内面:15	用钢尺检查
5	结构物水平断面内部尺寸	±20	用钢尺检查
6	承重模板标高	±5	用水准仪测量
7	预留孔、洞尺寸及位置	±10	用钢尺测量

(2)检验数量:按水平线(或垂直线)布置检测点,总检测点数量模板面积在 100 m² 以内,不少于 20 个;100 m² 以上不少于 30 个。

(三)混凝土钢筋工序质量检验

混凝土钢筋工序质量标准和检验方法见表 4-7。

表 4-7　混凝土钢筋工序质量标准和检验方法

项次	检查项目	质量标准	检验方法
1	钢筋的数量、规格尺寸、安装位置	符合设计图纸	现场检查,用钢尺测量
2	焊缝表面和焊缝中	不允许有裂缝	现场检查,目测
3	脱焊点和漏焊点	无	现场检查,目测

项次	检测项目			允许偏差(cm)	检验方法
1		帮条对焊接头中心的纵向偏移差		$0.5d$	现场用钢尺测量
2		接头处钢筋轴线的曲折		$4°$	现场检查
3	点焊及电弧焊	焊缝	长度	$-0.5d$	现场用钢尺测量
			高度	$-0.05d$	现场用钢尺测量
			宽度	$-0.1d$	现场用钢尺测量
			咬边深度	$0.05d$ 且不大于 1	现场用钢尺测量
		表面气孔夹渣	在 $2d$ 长度上	不多于 2 个	用目测
			气孔、夹渣直径	不大于 3	用目测
4	绑扎	缺扣、松扣		≤20% 且不集中	现场检查,目测
		弯钩朝向正确		符合设计图纸	现场检查,目测
		搭接长度		-0.05、设计值	现场用钢尺测量
5	对焊及熔槽焊	焊接接头根部未焊透深度	$\phi25 \sim 40$ mm 钢筋	$0.15d$	现场检查,目测
			$\phi40 \sim 70$ mm 钢筋	$0.10d$	现场检查,目测
		接焊头处钢筋中心线的位移		$0.10d$ 且不大于 2	现场用钢尺测量
		焊缝表面和截面上蜂窝麻面气孔非金属杂质		不大于 $1.5d$,3 个	现场目测
6	钢筋长度方向的偏差			$\pm1/2$ 净保护层厚	现场用钢尺测量
7	同一排受力钢筋间距的局部偏差	柱及梁		$\pm0.5d$	现场用钢尺测量
		板墙		±0.1 间距	现场用钢尺测量
8	同一排中分布钢筋间距的偏差			±0.1 间距	现场用钢尺测量
9	双排钢筋其排与排间距局部偏差			±0.1 间距	现场用钢尺测量
10	梁与柱中钢箍间距的偏差			0.1 箍筋间距	现场用钢尺测量
11	保护层厚度的局部偏差			$\pm1/4$ 净保护层厚	现场用钢尺测量

（四）混凝土止水、伸缩缝和排水管安装工序质量检验

（1）混凝土止水、伸缩缝和排水管安装工序质量标准和检验方法见表 4-8。

表 4-8　混凝土止水、伸缩缝和排水管安装工序质量标准和检验方法

项次		检查项目	质量标准	检验方法
1	伸缩缝制作与安装	涂敷沥青料	混凝土表面洁净干燥,涂刷均匀平整,与混凝土黏结紧密,无气泡及隆起现象	现场检查,目测
2		粘贴沥青油毛毡	伸缩缝表面清洁干净,蜂窝麻面已处理并填平,外露施工铁件割除,铺设厚度均匀平整,搭接紧密	现场检查,目测
3		铺设预制油毡板	混凝土表面清洁,蜂窝麻面处理并填平,外露施工铁件割除,铺设厚度均匀平整、牢固,相邻块安装紧密平整无缝	现场检查,目测
4		沥青井、柱安装	电热原件及绝缘材料置放准确牢固,不短路,沥青填塞密实,安装位置准确、稳固,上下层衔接好	现场检查,目测

项次		检测项目		允许偏差	检验方法
1	金属、塑料、橡胶止水	金属止水片的几何尺寸	宽	±5 cm	用钢尺测量
2			高(牛鼻子)	±2 cm	用钢尺测量
			长	±20 cm	用钢尺测量
3		金属止水片搭接长度		不小于 20 cm,双面氧焊	用钢尺测量
4		安装偏差	大体积混凝土	±30 cm	用钢尺测量
			细部结构	20 cm	用钢尺测量
5		插入基岩部分		符合设计要求	现场测量
6	坝体排水管安装	拔管排水管	平面位置	≤100 cm	现场测量
7			倾斜度	≤4%	现场测量
8		多孔性排水管	平面位置	≤100 cm	现场测量
9			倾斜度	≤4%	现场测量
10		排水管通畅性		通畅	目测

（2）检查数量:一个单元工程中若同时有止水、伸缩缝和坝体排水管 3 项,则每一单项检测点不少于 8 个,总检测点不少于 30 个;若只有其中 1 项或 2 项,总检查点数不少于 20 个。

（五）混凝土浇筑工序质量检验

混凝土浇筑工序质量标准和检验方法见表 4-9。

表 4-9　混凝土浇筑工序质量标准和检验方法

项次	检查项目	质量标准	检验方法
1	砂浆铺筑	厚度不大于 3 cm,局部稍差	
2	入仓混凝土料	少量不合格料入仓,经处理尚能基本满足设计要求	
3	平仓分层	局部稍差	
4	混凝土振捣	无架空和漏振	
5	铺料间隙时间	上游迎水面 15 m 以内无初凝现象,其他部位初凝累计面积不超过 1% 并经处理合格	
6	积水和泌水	无外部水流入,有少量泌水,排除不够及时	
7	插筋、管路等埋设件保护	有少量位移,但不影响使用	
8	混凝土养护	混凝土表面保持湿润,但局部短时间有时干时湿现象	所有项目:现场检查,目测,全面检查
9	有表面平整要求的部位	局部稍超出规定,但累计面积不超过 0.5%	
10	麻面	少量麻面,但累计面积不超过 0.5%	
11	蜂窝狗洞	轻微、少量、不连续,单个面积不超过 0.1 m² 深度不超过骨料最大粒径,已按要求处理	
12	露筋	无主筋外露,箍、副筋个别微露,已按要求处理	
13	碰损掉角	重要部位不允许,其他部位轻微少量,已按要求处理	
14	表面裂缝	有短小、不跨层的表面裂缝,已按要求处理	
15	深层及贯穿裂缝	无	

六、混凝土预制构件安装单元工程质量检验

(1)混凝土预制构件安装单元工程质量标准和检验方法见表 4-10。

表 4-10　混凝土预制构件安装单元工程质量标准和检验方法

项次	检查项目		质量标准	检验方法
1	构件型号和安装位置		符合设计图纸要求	型号现场检查,位置用尺测量
2	构件吊装时的混凝土强度		符合设计要求	检查试验资料
3	构件预制质量		符合设计要求	检查试验资料
项次	检测项目		允许偏差(mm)	检验方法
1	杯形基础	中心线和轴线的位移	±10	用尺测量
2		杯形基础底标高	+0 ~ -10	水准仪测量

项次	检测项目			允许偏差(mm)	检验方法
3	柱		中心线和轴线的位移	±5	吊垂线
4		垂直度	柱高 10 m 以下	10	吊垂线
5			柱高 10 m 及其以上	20	吊垂线
6			牛腿上表面和柱顶标高	±8	现场检查,水准仪测量
7	吊装梁		中心线和轴线的位移	±5	用尺测量
8			梁顶面标高	+10 ~ −5	水准仪测量
9	屋架		下弦中心线和轴线位移	±5	吊垂线和尺量
10		垂直度	桁架、拱形屋架	1/250 倍屋架高	吊垂线
11			薄腹梁	5	吊垂线
12	预制廊道、井筒板		中心线和轴线位移	±20	用尺测量
13			相邻两构件的表面平整	10	现场检查,2 m 直尺量
14	建筑物外表面模板		相邻两板面高差	3(局部 5)	水准仪测量
15			外边线与结构物边线	±10	用尺测量

(2)检测数量:要求逐项检查,总检测点数不少于 20 个。

七、混凝土坝坝体接缝灌浆单元工程质量检验

(1)混凝土坝坝体接缝灌浆单元工程质量标准和检验方法见表 4-11。

表 4-11　混凝土坝坝体接缝灌浆单元工程质量标准和检验方法

项次	检查项目		质量标准	检验方法
1	灌浆前应具备的条件	灌缝两侧及压重层混凝土温度	达到设计要求(测温 14 ℃),压重层温度为 14 ℃	用温度计测量
2		灌浆管路通畅,缝面通畅,以及灌区密封情况	应符合规范或设计要求	现场检查,压水检查
3		灌浆前、后接缝张开度	灌前张开度值大于 0.5 mm,灌浆过程中接缝张开度值不得大于设计规定	实测张开度
4		灌浆材料	应符合规范或设计要求	检查原材料试验单和配合比
5	灌浆	排气管出浆密度	两个排气管均应出浆,且其密度均宜大于 1.5 g/cm³	现场检查
6		排气管管口压力	一排气管压力应达到设计值,另一排气管压力最低应达到设计压力的 50% 以上	现场检查
7		浆液变换和结束标准	符合规范或设计要求	现场检查

项次	检查项目	质量标准	检验方法
8		施灌中有无串漏,及其影响质量程度	应基本无串漏,或虽稍有串漏,但处理后不影响质量	现场检查
9	灌浆	有无中断,及其影响质量程度	应无中断,或虽中断,但经检查分析尚不影响灌浆质量	现场检查
10		缝面注水泥量	应符合设计要求(不大于 0.4 L/min)	现场检测
11		灌浆记录	齐全、清晰、准确	现场观察
12	灌区测试情况	钻孔取芯、缝面槽检、压水检查及孔内电视等	钻孔取芯,压水检查	现场取样做试验,压水试验、孔内电视

(2)检测数量:要求逐项检查,总检测点数不少于 30 个。

八、岩石地基帷幕灌浆单元工程质量检验

(1)岩石地基帷幕灌浆单元工程质量标准和检验方法见表 4-12。

表 4-12　岩石地基帷幕灌浆单元工程质量标准和检验方法

项次	检查项目	质量标准	检验方法
1	钻孔	孔序	应符合设计要求	现场检查
2		孔位	允许偏差 ±10 cm	用钢尺测量
3		孔深	不得小于设计孔深	现场检查钻孔记录测量深度
4		偏斜率	应符合规范或设计要求	现场检查
5	灌浆	灌浆段长	应符合设计要求	现场检查
6		钻孔冲洗	应符合设计要求	现场目测
7		先导孔灌前压水试验,或灌浆孔灌前简易压水	应符合规范或设计要求	现场检查压水试验记录和旁站检查
8		灌浆压力	应符合设计要求	现场旁站检查
9		浆液变换和结束标准	应符合规范或设计要求	现场旁站检查
10		灌浆管或射浆管管口距灌浆段底距离	≤50 cm	现场抽查和检查记录
11		有无中断及其影响质量程度	应无中断或虽有中断,但经检查分析尚不影响灌浆质量	现场检查
12		封孔	应符合规范或设计要求	现场检查
13		灌浆记录	齐全、清晰、准确	现场抽查

（2）检测数量：要求逐项检查，帷幕灌浆检查孔的数量，宜为灌浆孔的总数的 10%，一个单元工程内最少应布置 1 个检查孔，压水试验在该部位灌浆结束 14 d 后进行。检查孔位采取岩芯，计算获得率并加以描述。

（3）压水试验标准：坝体混凝土与岩基接触段及其下一孔段的合格率为 100%，在以下各孔合格率大于等于 90%，不合格段的透水率小于等于 $2.0q_{设}$，且不集中（若个别孔段透水率超过 $2.0q_{设}$，则应处理达到合格）方可。

九、岩石地基固结灌浆单元工程质量检验

（1）岩石地基固结灌浆单元工程质量标准和检验方法见表 4-13。

表 4-13　岩石地基固结灌浆单元工程质量标准和检验方法

项次	检查项目		质量标准	检验方法
1	钻孔	孔序	应符合设计要求	现场检查
2		孔位	应符合设计要求	用尺测量
3		孔深	不得小于设计孔深	现场旁站抽检
4	灌浆	灌浆分段和段长	应符合设计要求	现场检查
5		钻孔冲洗	应符合设计要求	现场目测
6		灌前进行压水试验的孔数和压水试验	孔数不少于总孔数的 5%，压水试验应符合设计要求	现场检查
7		灌浆压力	应符合设计要求	现场检查记录和旁站
8		浆液变换和结束标准	应符合设计要求	现场检查记录和旁站
9		有无中断及其影响质量程度	应无中断或虽有中断，但经检查分析尚不影响灌浆质量	现场检查记录
10		抬动变形	抬动值不应超过设计规定	现场检查
11		封孔	应符合设计要求	现场检查
12		灌浆记录	齐全、清晰、准确	现场检查

（2）检测方法与数量要求：

①压水试验。检查孔数不少于灌浆总孔数的 5%，压水试验在灌浆结束 3~7 d 后进行。

②测量岩体波速或静弹性模量，分别在灌浆结束 14 d、28 d 后进行，岩体波速或静弹性模量应符合设计规定。

十、水工隧洞回填灌浆单元工程质量检验

（1）水工隧洞回填灌浆单元工程质量标准和检验方法见表 4-14。

表 4-14　水工隧洞回填灌浆单元工程质量标准和检验方法

项次	检查项目		质量标准	检验方法
1	钻孔	孔序	应符合设计要求	现场检查
2		孔位	应符合设计要求	用钢尺测量
3		孔径	≥38 mm	用钢尺量,现场检查
4		孔深	进入岩石 10 cm	现场测量
5	灌浆	浆液变换和结束标准	应符合规范或设计要求	现场检查记录
6		灌浆压力	应符合设计要求	现场检查
7		抬动变形	应不超过设计规定值	用仪器现场检查
8		封孔	应符合设计要求	现场检查
9		灌浆记录	齐全、清晰、准确	现场检查

(2)检测方法与数量要求:各项逐项检查,在主要检查项目全部符合质量标准前提下,一般检查项目符合质量标准。水工隧洞回填灌浆质量检查在该部位灌浆结束 7 d 后进行,检查孔应布置在脱空较大串浆孔集中以及灌浆情况异常的部位,其数量为灌浆孔数的 5%。检查方法可采用钻孔注浆法,向孔内注入水灰比 2∶1 的浆液,在规定压力下,初始 10 min 内注入量不超过 10 L 为合格。

十一、高压喷射灌浆单元工程质量检验

(1)高压喷射灌浆单元工程质量标准和检验方法见表 4-15。

表 4-15　高压喷射灌浆单元工程质量标准和检验方法

项次	检查项目	质量标准	检验方法
1	孔序	符合设计要求	现场检查
2	孔位	符合设计要求	用钢尺测量
3	孔深	符合设计要求	用钢尺测量
4	偏斜率	符合设计要求	现场检查
5	高压喷杆下入深度	符合设计要求	现场检查
6	水压(MPa)、水量(L/min)	符合设计要求	现场检查
7	气压(MPa)、气量(m^3/h)	符合设计要求	现场检查
8	进浆密度浆量和浆压	符合设计要求	现场检查
9	喷嘴摆动角度(定喷、摆喷、旋喷)	符合设计要求	现场检查
10	回转速度	符合设计要求	现场检查
11	提升速度(cm/min)	符合设计要求	现场检查
12	灌浆记录	齐全、清晰	全面检查

(2)检测数量:全面检查,每项不少于 10 点。

十二、基础排水单元工程质量检验

（1）基础排水单元工程质量标准和检验方法见表4-16。

表4-16　基础排水单元工程质量标准和检验方法

项次	检查项目			质量标准	检验方法
1	垂直排水孔	孔口平面位置偏差		不大于10 cm	用钢尺测量
2		倾斜度	深孔	不大于1%	用钢尺测量,吊垂线
			浅孔	不大于2%	用钢尺测量,吊垂线
3		孔深偏差		±2%	用钢尺测量
4	水平孔（槽）	平面位置偏差		不大于10 cm	用钢尺测量
5		倾斜度		不大于2%	用2 m直尺测量,吊垂线
6	管（槽板）接头、管（槽板）与岩石接触			密合不漏浆,管（槽）内干净	现场检查

（2）检测数量:各项目检测均不少于10次。

十三、锚喷支护锚杆、钢筋网工序质量检验

（1）锚喷支护锚杆、钢筋网工序质量标准和检验方法见表4-17。

表4-17　锚喷支护锚杆、钢筋网工序质量标准和检验方法

项次	检查项目	质量标准	检验方法
1	锚杆材料和砂浆强度等级	符合设计要求	查看材质证明和试验资料
2	锚孔清理	无岩粉、积水	现场目测
3	砂浆锚杆抗拔力	符合设计和规范要求	用抗拔仪检测
4	预应力锚杆张拉力	符合设计和规范要求	用抗拔仪检测
5	钢筋材质、规格、尺寸	符合设计和规范要求	钢筋材质查看材质证明,规格尺寸用尺测量

项次	检查项目	质量标准允许偏差(cm)	检验方法
1	孔位偏差	小于10	用钢尺测量
2	孔轴方向	垂直岩壁或符合设计要求	用仪器测量
3	孔深偏差	±5	现场检查
4	钢筋间距	±2	用仪器和钢尺测量
5	钢筋网与基岩面距离	±1	用钢尺测量
6	钢筋绑扎	牢固	现场检查

（2）锚杆的锚孔采用抽样检查,总检验数量为10%～15%,且不少于20根,锚杆总量少于20根时,进行全数检查项次2～5,每批喷锚支护锚杆施工时,必须进行砂浆质量检查。锚杆的抗拔力、张拉力检查,每300～400根（或按设计要求）抽样不少于一组（3根）。

十四、锚喷支护喷射混凝土质量工序质量检验

（1）锚喷支护喷射混凝土质量工序质量标准和检验方法见表4-18。

表4-18 锚喷支护喷射混凝土质量工序质量标准和检验方法

项次	检查项目		质量标准	检验方法
1	抗压强度保证率		85%及其以上	取试样检测
2	喷混凝土性能		符合设计要求	现场试件检查
3	喷混凝土厚度不得小于设计厚度	水工隧洞	70%及其以上	射钉法和预埋钉法
		非过水隧洞	60%及其以上	射钉法和预埋钉法
4	喷层均匀性		个别处有夹层、包砂	现场检查
5	喷层表面整体性		个别处有微细裂缝	现场目测
6	喷层密实情况		个别点渗水	现场目测
7	喷层养护		养护、保温一般	现场目测

（2）检测数量：喷混凝土沿洞轴线每20～50 m（水工隧洞为20 m）设置检查断面一个，做喷高混凝土性能试验。检查方法：不过水隧洞可用针探、钻孔等方法，有压水工隧洞宜采用无损探伤检测法。喷护厚度：大型洞室，水工隧洞和竖井不小于80%，一般隧洞不小于60%，实际厚度的平均值不小于设计值。

$$喷层厚度合格率 = \frac{所有断面上实测喷层厚度达到设计厚度的测点数}{总测点数} \times 100\%$$

十五、振冲地基加固单元工程质量检验

（1）振冲地基加固单元工程质量标准和检验方法见表4-19。

表4-19 振冲地基加固单元工程质量标准和检验方法

项次	检查项目		质量标准	检验方法
1	钻孔	孔位允许偏差	成孔中心与设计定位中心偏差小于10 cm，桩顶中心与定位中心偏差小于20 cm	用钢尺和经纬仪测量
2		孔深	不得小于设计孔深	现场检查
3		孔径	符合设计要求	现场检查
4	填料	振密电流	符合设计要求	现场检查
5		填料质量（包括数量）	粒径小于5 cm，含泥量小于10%，填料数量符合设计要求	现场检查和查看试验资料
6		填料水压	符合设计要求	现场检查
7		提升高度	提升孔高小于等于0.5 m	现场检查
8		振冲记录	齐全、准确、清晰	现场检查

(2)检测数量:各项目检测均不少于10点。

十六、混凝土防渗墙单元工程质量检验

混凝土防渗墙单元工程质量标准和检验方法见表4-20。

表4-20　混凝土防渗墙单元工程质量标准和检验方法

项次	检查项目		质量标准	检验方法
1	槽孔	槽孔中心偏差	≤3 cm	现场用尺量
2		槽孔孔深偏差	不得小于设计孔深	现场用尺量
3		孔斜率	≤0.4%	现场检测
4		槽孔宽	满足设计要求(包括接头搭接厚度)	现场用尺量
5	清孔	接头刷洗	刷子、钻头不带泥屑,孔底淤泥不再增加	现场目测检查
6		孔底淤泥	≤10 cm	现场用钻杆量
7		孔内浆液密度	≤1.3 g/cm³	现场用比重计测
8		浆液黏度	≤30 s	现场测试
9		浆液含砂量	≤10%	现场测试
10	混凝土浇筑	钢筋笼安放	符合设计要求	现场检查
11		导管间距与埋深	两导管距离<3.5 m;导管距孔端,一期槽孔宜为1.0~1.5 m;二期槽孔宜为0.5~1.0 m;埋深小于6 m但大于1.0 m	现场用尺量
12		混凝土上升速度	≥2 m/h,或符合设计要求	现场检查
13		混凝土坍落度	18~22 cm	用坍落筒现场检测
14		混凝土扩散度	34~40 cm	现场检查
15		浇筑最终高度	符合设计要求	现场测量
16		施工记录、图表	齐全、准确、清晰	现场检查
17		(1)混凝土设计指标:包括抗压强度、抗渗强度、弹性模量 (2)混凝土原材料、配合比等是否符合设计要求 (3)若在此单元(槽内)钻孔取芯,混凝土质量应符合设计要求		

十七、造孔灌注桩基础单元工程质量检验

(1)造孔灌注桩基础单元工程质量标准和检验方法见表4-21。

表 4-21　造孔灌注桩基础单元工程质量标准和检验方法

项次	检查项目		质量标准	检验方法
1	钻孔	孔位偏差	单桩、条形桩基沿垂直轴线方向和群桩基础边桩的偏差不小于1/6桩设计直径,其他部位桩的偏差小于1/4桩径	用钢尺测量
2		孔径偏差	+10 ~ -5 cm	用钢尺测量
3		孔斜率	<1%	现场测量
4		孔深	不得小于设计孔深	现场丈量
5	清孔	孔底淤积厚度	端承桩小于等于 10 cm,摩擦桩小于等于 30 cm	现场丈量
6		孔内浆液密度	循环1.15 ~ 1.25 g/cm³,原孔造浆1.1 g/cm³ 左右	现场用密度仪检测
7	混凝土浇筑	导管埋深	埋深大于 1 m 且小于等于 6 m	现场测量
8		钢筋笼安放	符合设计要求	现场检查
9		混凝土上升速度	≥2 m/h 或符合设计要求	现场检查
10		混凝土坍落度	18 ~ 22 cm	用坍落筒检测
11		混凝土扩散度	34 ~ 38 cm	现场检查
12		浇筑最终高度	符合设计要求	现场检查
13		施工记录、图表	齐全、准确、清晰	现场检查

（2）灌注桩质量应注意以下几个问题:

①灌注桩造孔应分序,一序浇筑后再进行二序孔的施工,避免串孔、塌孔等事故;

②成孔后,应保证在一定时间内浇筑混凝土,一般在 4 h 之内,尤其是更换泥浆后不能停滞过长时间;

③孔内保持一定高度水头,尤其是有外水压力时更应注意孔内水头压力,一般孔内水头高于地下水位;

④混凝土浇筑时间,每次导管提升高度;

⑤黏土与亚黏土层泥浆密度可控制在 1.1 ~ 1.2 g/cm³,砂土和较厚夹砂层泥浆密度应控制在 1.1 ~ 1.3 g/cm³,夹砂卵石层泥浆密度应控制在 1.3 ~ 1.5 g/cm³。

（3）检查数量:各项均检验不少于 10 次。

十八、河道疏浚单元工程质量检验

（1）河道疏浚单元工程质量标准（允许偏差）及检验方法见表4-22。

表 4-22　河道疏浚单元工程质量标准(允许偏差)及检验方法

项次	检查项目			允许偏差	检验方法
1	河底			宽度 ±50 cm	用钢尺实地丈量
				高程 ±40 ~ ±20 cm	用水准仪测量
2	内堤距			±80 cm	用钢尺测量
3	左岸部分	河坡			
		河滩		宽度 ±30 cm	用水准仪测量
				高程 ±20 cm	用钢尺测量
		标准堤	内坡		
			外坡		
			顶高程	±5 cm	用钢尺测量
			顶宽度	±10 cm	用钢尺测量
			干密度		
		弃土	顶高程		
			外坡		
			宽度		
	右岸部分	河坡			
		河滩		高程 ±20 cm	用水准仪测量
				宽度 ±30 cm	用钢尺测量
		标准堤	内坡		
			外坡		
			顶高程	±5 cm	用水准仪测量
			顶宽度	±10 cm	用钢尺测量
			干密度		
		弃土	顶高程		
			外坡		
			宽度		

(2)检测数量:以检查疏浚的横断面与主横断面的间距为 50 m,检测点间距宜为 2 ~ 5 m,必要时可检测河道纵断面,以便复核。检测点不欠挖,超宽超深值在允许范围内。

第二节　金属结构及启闭机安装工程单元工程质量检验

本节以能源部、水利部颁发的《水利水电基本建设工程单元工程质量等级评定标准(试行)》(SDJ 249.2—88),《水电水利工程钢闸门制造安装及验收规范》(DL/T 5018—2004),《水利水电工程启闭机制造、安装及验收规范》(DL/T 5019—94)等规范为依据,并且要求安装前应具备的技术资料、材料证明、焊接和探伤人员的资格,焊接工艺试验安装时采用的工艺措施、量具、仪器及竣工后交接验收检测提供的资料均应符合规范和设计规定,施工单位应按规范进行全面检验并做好记录。

一、压力钢管伸缩节制造单元工程质量检验

压力钢管伸缩节制造单元工程检验质量标准(允许偏差)及检验方法如表4-23所示。

表4-23　压力钢管伸缩节制造单元工程检验质量标准(允许偏差)及检验方法

项次	项目	允许偏差(mm)		检查方法
1	内、外套管,止水压环瓦片和样板间隙	1		用弦长为0.5D或1.0 m的样板检测
2	△内、外套管,止水压环实际周长和设计周长差	±3D/1 000		用钢尺检测
3	△相邻管节周长差	$\delta < 6 \sim 10$		用钢尺检测
		$\delta \geqslant 10$		用钢尺检测
4	△内、外套管,止水压环纵缝对口错位	小于或等于板厚10%,且不大于2;当板厚小于或等于10时小于等于1		用卡尺检测
5	△内、外套管,止水压环管口平面度	$D \leqslant 5$ m	$D > 5$ m	用线绳和塞尺或钢板尺检测
		2.0	3.0	
6	焊缝外观检查	质量标准见表4-25		用焊规检测
7	△一、二类焊缝内部焊接质量检查	质量标准见表4-28检查		用焊规检测
8	△内、外套管,止水压环纵缝焊后变形	2		用钢尺检测
9	△内、外套管,止水压环的实测直径与设计直径	±D/1 000且小于±2.5		用钢尺检测
10	内、外套管间的最大间隙和最小间隙与平均间隙的差	不大于平均间隙的10%		
11	实测伸缩行程与设计行程的偏差	±4		
12	内、外套管,止水压环管壁表面清除和局部凹坑焊补	内、外壁上凡安装无用的临时支撑、夹具和焊疤均清除干净;内、外壁上深度大于板厚10%或大于2 mm的凹坑应焊补		
13	内、外套管,止水压环内、外管壁防腐蚀表面处理	内管壁用压缩空气喷砂或喷丸,彻底清除铁锈、氧化皮等;表面干净,露出白色金属光泽		
14	内、外套管,止水压环内、外管壁防腐蚀涂料涂装	涂料涂装层数厚度、时间符合设计要求及厂家规定,外观良好		

二、压力钢管岔管制造单元工程质量检验

(1)压力钢管岔管制造单元工程检验质量标准(允许偏差)及检验方法见表4-24。

表 4-24　压力钢管岔管制造单元工程检验质量标准(允许偏差)及检验方法

项次	项目	质量标准			检查方法
1	岔管瓦片与样板间隙	$D \leqslant 2$ m	2 m$< D \leqslant 5$ m	$D > 5$ m	钢管内径小于或等于 2 m,用弦长为 0.5 m(且不小于 500 mm)样板;钢管内径大于 2 m 且小于 6 m,用弦长为 1.0 m 样板;钢管内径大于 6 m,用弦长为 1.5 m 样板
		1.5 mm	2.0 mm	2.5 mm	
2	相邻管节周长差	$\delta < 10$ mm、$\leqslant 6$ mm $\delta \geqslant 10$ mm、$\leqslant 10$ mm			用钢尺测量
3	△纵、环缝对口错位	质量标准见表 4-29,项次 6、7			用钢板尺检查
4	焊缝外观检查	质量标准见表 4-25			用肉眼检查
5	△一、二类焊缝内部焊接质量检查	质量标准见表 4-28			用焊规检查
6	△纵缝焊后变形	4.0 mm			用钢尺检查
7	△与主、支管相邻的岔管管口圆度	$5D/1 000$ 且不大于 30 mm			用钢尺检查
8	与主、支管相邻的岔管管口中心偏差	5 mm			用钢尺、垂球、钢板尺、水准仪、经纬仪检查
9	岔管内、外管壁表面清除和局部凹坑焊补	质量标准见表 4-23 项次 12			用肉眼和焊缝尺检查
10	岔管管壁防腐蚀表面处理	除锈彻底,表面干净,露出灰白色金属光泽			用肉眼检查
11	岔管管壁防腐蚀涂料涂装	涂装符合厂家或设计规定,外观良好			用测原仪检测
12	△压水试验	无渗水及其他异常现象			按 SL 31—2003 检查

(2)检测部位、工具及数量。

①岔管瓦片与样板间隙检验位置:卷板后,瓦片以自由状态立于平台上,在瓦片上、中、下 3 个断面上测量。

②纵环缝对口错位检验位置:沿焊缝全长用钢板尺或焊接检验规测量。

③焊缝外观检查:检测部位及工具,见表 4-25。

表 4-25　焊缝外观检测部位及工具

项次	项目	检验工具	检验位置	备注
1、2	裂纹、夹渣	肉眼检查,必要时用 5 倍放大镜检查	沿焊缝长度	δ 为板厚
3	咬边			
6	焊缝余高 Δh	钢板尺或者焊接检验规		

项次	项目	检验工具	检验位置	备注
7	焊缝宽度			
10、11	角焊缝尺寸	钢板尺或者焊接检验规		K 为焊脚点
5	表面气孔	肉眼检查,必要时用 5 倍放大镜检查		优良焊缝不允许表面有气孔

检查数量:焊缝余高、焊缝宽度、角焊缝尺寸均检查 10 点以上。

检测数量:项次 6、7、11 各测 10 次以上,其余各项全面检测。

焊缝外观质量标准见表 4-26。

表 4-26　焊缝外观质量标准

项次	项目		质量标准	
1	裂纹		一、二、三类焊缝均不允许	
2	表面夹渣		一、二类焊缝不允许,三类焊缝深不大于 0.1δ,长不大于 0.3δ,且不大于 10 mm	
3	咬边		一、二类焊缝:深不超过 0.5 mm,连续长度不超过 100 mm,两侧咬边累计长度不大于 10% 全长焊缝 三类焊缝:深不大于 1 mm,长度不限	
4	未焊满		一、二类焊缝:不允许 三类焊缝:不超过 $0.2+0.02\delta$ 且不超过 1 mm,每 100 焊缝内缺陷总长不大于 25 mm	
5	表面气孔	钢管	一、二类焊缝不允许,三类焊缝:每 50 长的焊缝内允许有直径为 0.3δ,且不大于 2 mm 的气孔 2 个,孔间距不小于 6 倍孔径	
		钢闸门	一类焊缝不允许,二类焊缝:1.0 mm 直径气孔每米范围内允许 3 个,间距大于等于 20 mm,三类焊缝:1.5 mm 直径气孔每米范围内允许 5 个,间距大于等于 20 mm	
6	焊缝余高 Δh	手工焊	一、二类焊缝(mm)	三类焊缝(mm)
			$12<\delta<25$,$\Delta h=0\sim2.5$ $25<\delta<50$,$\Delta h=0\sim3$	$\Delta h=0\sim3$ $\Delta h=0\sim4$
		埋弧焊	一、二类焊 $0\sim4$ mm,三类焊缝 $0\sim5$ mm	

项次	项目		质量标准
7	对接接头焊缝宽度	手工焊	盖过每边坡口宽度 2~4 mm,且平缓过渡
		埋弧焊	盖过每边坡口宽度 2~7 mm,且平缓过渡
8	飞溅		清除干净
9	焊瘤		不允许
10	角焊缝厚度不足(按设计焊缝厚度计)		一类焊缝:不允许 二类焊缝:不超过 $0.3+0.05\delta$ 且不超过 1 mm,每 100 焊缝内长度缺陷总长不大于 25 mm 三类焊缝:不超过 $0.3+0.05\delta$ 且不超过 2 mm,每 100 焊缝内长度缺陷总长不大于 25 mm
11	角焊缝焊脚 K	手工焊	12^{+3} mm $< K < 12^{+4}$ mm
		埋弧焊	12^{+4} mm $< K < 12^{+5}$ mm

一、二类焊缝的内部焊接质量检查:检验项目、方法数量根据《水电水利工程压力钢管制造安装及验收规范》(DL/T 5017—2007)规定,采用无损探伤的方法检查,数量以探伤长度为标准,一般规定占焊缝全长的百分比应不大于表 4-27 中的规定。

表 4-27 探伤占焊缝全长的百分比允许值

钢种	板厚(mm)	射线探伤(%)		超声波探伤(%)	
		一类	二类	一类	二类
碳素钢	≥38	20	10	100	50
	<38	15	8	50	30
低合金钢	≥32	25	10	100	50
	<32	20	10	50	30
高强钢	任意厚度	40	20	100	50

如图样和设计文件另有规定,则按图样和设计文件规定进行。

一、二类焊缝内部质量、表面清除及局部凹坑焊补质量标准见表 4-28。

表 4-28 一、二类焊缝内部质量、表面清除及局部凹坑焊补质量标准

项次	项目	质量标准
1	一、二类焊缝 X 射线透照	按规范或设计规定的数量和质量标准透照、评定,将发现的缺陷修补完,修补不宜超过 2 次
2	一、二类焊缝超声波探伤	按规范或设计规定的数量和质量标准探伤,评定,将发现的缺陷修补完,修补不宜超过 2 次
3	埋管外壁的表面清除	外壁上临时支撑割除和焊疤清除干净
4	埋管外壁局部凹坑焊补	凡凹坑深度大于板厚 10% 或大于 2 mm 应焊补
5	埋管内壁的表面清除	内壁上临时支撑割除和焊疤清除干净
6	埋管内壁局部凹坑焊补	凡凹坑深度大于板厚 10% 或大于 2 mm 应焊补

三、压力钢管埋管管口中心、里程、圆度、纵缝、环缝对口错位质量检验

压力钢管埋管管口中心、里程、圆度、纵缝、环缝对口错位检验质量标准(允许偏差)及检验方法如表4-29所示。

检测的项目、方法和位置如下:

(1)始装节管口里程:用水准仪、激光指向仪或钢板尺、垂球测量,始装节在上、下游管口测量,其余管节管口中心只测一端管口。

(2)始装节管口中心位置同上。

(3)与蜗壳、伸缩节、蝴蝶阀、球阀、岔管连接的管节及弯管起点的管口中心及其他部位管节中心:用水准仪、钢板尺、激光指向仪、垂球来检测,位置同上。

(4)其他部位管节的管口中心:用钢尺、钢板尺、垂球或激光指向仪测量,在始装节上、下游管口测量,其余管节管口中心只测一端管口。

(5)钢管圆度:用钢尺测量,位置是在两端管口至少测两对直径、圆度为相互垂直的两直径差。

表4-29　压力钢管埋管管口中心、里程、圆度、纵缝、环缝对口错位
检验质量标准(允许偏差)及检验方法

项次	项目	允许偏差(mm)			检查方法
		钢管内径 D(m)			
		$D \leq 3$	$3 < D \leq 5$	$D > 5$	
1	△始装节管口里程	±5	±5	±5	用钢尺、钢板尺、垂球测量
2	△始装节管口中心	5	5	5	激光指向仪测量
3	与蜗壳、伸缩节、蝴蝶阀、球阀、岔管连接的管节及弯管起点的管口中心	6	10	12	激光指向仪测量
4	其他部位管节的管口中心	15	20	25	激光指向仪测量
5	△钢管圆度	5D/1 000			用钢尺检测
6	△纵缝对口错位	小于或等于板厚10%,且不大于2;当板厚小于或等于10时为1			用钢板尺检测
7	△环缝对口错位	小于或等于板厚15%,且不大于3;当板厚小于或等于10时,为1.5			用钢尺检测

(6)纵缝对口错位:焊缝全长用钢板尺或焊接检验规检验测量。

(7)环缝对口错位:用焊接检验规、钢板尺检验。

四、压力钢管埋管内壁防腐蚀表面处理、涂料涂装、灌浆孔堵焊质量检验

压力钢管埋管内壁防腐蚀表面处理、涂料涂装、灌浆孔堵焊检验质量标准及检验方法

见表 4-30。

表 4-30　压力钢管埋管内壁防腐蚀表面处理、涂料涂装、灌浆孔堵焊检验质量标准及检验方法

项次	项目	质量标准	检查方法
1	埋管内壁防腐蚀表面处理	内管壁用压缩空气喷砂或喷丸除锈,彻底清除铁锈、氧化皮、焊渣、油污、灰尘、水分等,使其露出灰白色金属光泽	用肉眼检测
2	埋管内壁涂料涂装	漆膜厚度应满足两个 85%,即 85% 的测点厚度应达到设计要求,达不到厚度的测点,其最小厚度值应不低于设计厚度的 85%	用测原仪检测
3	灌浆孔堵焊	堵焊后表面平整,无裂纹,无渗水现象	用灌水检查

检验方法:防腐蚀表面处理、涂料涂装检验同钢管制作检验方法。

全部灌浆孔按《水电水利工程压力钢管制造安装及验收规范》(DL/T 5017—2007)检验,具体检测方法如下:

(1)埋管内壁防腐蚀表面处理,内管壁用压缩空气喷砂或喷丸除锈,彻底清除铁锈、氧化皮、焊渣、油污、灰尘、水分等。

(2)漆膜厚度采用测原仪检测。

质量标准:埋管内壁防腐蚀表面处理,使其露出灰白色金属光泽,并符合《水电水利工程压力钢管制造安装及验收规范》(DL/T 5017—2007)要求,喷砂除锈达到 $Sa^2\frac{1}{2}$ 标准,表面粗糙度 $50\sim70~\mu m$。

五、压力钢管明管安装单元工程质量检验

压力钢管明管安装工程管口中心、里程、支座中心和防腐蚀表面处理、涂料涂装质量标准(允许偏差)及检验方法见表 4-31 和表 4-32。

表 4-31　压力钢管明管安装工程管口中心、里程、支座中心等检验允许偏差及检验方法

项次	项目	允许偏差(mm)			检查方法
		钢管内径 D(m)			
		$D\leq2$	$2<D\leq5$	$D>5$	
1	△始装节管口里程	±5	±5	±5	用水准仪检测
2	△始装节管口中心	5	5	5	用经纬仪或钢尺检测
3	与蜗壳、伸缩节、蝴蝶阀、蝶阀、球阀、岔管连接的管节及弯管起点的管口中心	6	10	12	用经纬仪及钢尺检测
4	其他部位管节的管口中心	15	20	25	用钢尺检测

项次	项目	允许偏差（mm）			检查方法
		钢管内径 D（m）			
		$D \leqslant 2$	$2 < D \leqslant 5$	$D > 5$	
5	鞍式支座顶面弧度和样板间隙	2			用样板检查
	滚动支座或摇摆支座的支墩垫板高程和纵、横中心	±5			用水准仪和经纬仪检测
6	与钢管设计轴线的平行度	每米 2			用水准仪和经纬仪检测
7	各接触面的局部间隙（滚动支座和摇摆支座）	0.5			用卷尺检查

表 4-32　压力钢管明管防腐蚀表面处理、涂料涂装检验质量标准及检验方法

项次	项目	质量标准	检查方法
1	明管内、外壁防腐蚀表面处理	内、外管壁用压缩空气喷砂或喷丸除锈，彻底清除铁锈、氧化皮、焊渣、油污、灰尘、水分等，使其露出灰白色金属光泽	用肉眼检查
2	明管内、外壁涂料涂装	内、外管壁涂料涂装的层数、每层厚度、间隔时间均按设计要求和厂家说明书规定进行。经外观检查，涂层均匀，表面光滑，颜色一致，无皱皮、脱皮、气泡、挂流、漏刷等缺陷	用肉眼检查及用刀划检查黏附力

（1）管口中心、里程、支座中心等采用钢板尺、钢尺、垂球、水准仪、激光指向仪测量，在始装节上、下游管口测量。

（2）圆度、纵缝、环缝对口错位：圆度采用钢尺测量，在两端管口至少测两对直径、圆度为相互垂直的两直径差，焊缝错位沿焊缝全长用钢板尺或焊接检验规测量。

（3）焊缝外观质量检验。

①裂纹夹渣、咬边，用肉眼检查，必要时用 5 倍放大镜检查，位置沿焊缝长度。

②焊缝余高 Δh，用钢板尺或焊接检验规检测。

③角焊缝尺寸和焊缝宽度：用钢板尺或焊接检验规检测。

④表面气孔：用肉眼检查，必要时用 5 倍放大镜检查。

（4）一、二类焊缝按内、外壁表面清除及焊补，有 X 射线和超声波探伤。

（5）防腐蚀表面处理：用肉眼检查，必要时用 5 倍放大镜检查。

六、平面闸门底槛门楣安装质量检验

平面闸门底槛门楣安装质量检验部位如图 4-1 所示。

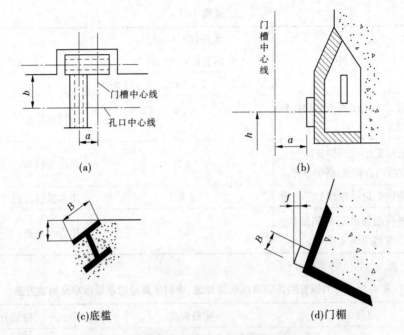

(a)

(b)

(c)底槛

(d)门楣

图 4-1　平面闸门底槛门楣安装质量检验部位

检验方法:用垂球、钢尺、水平仪测量。

质量标准(允许偏差)如下:

(1)底槛。

①对门槽的中心线,±5 mm。

②对孔口中心线,±5 mm。

③高程,±5 mm。

④工作表面平面度,2 mm。

⑤工作表面一端对另一端的高差,当 $L \geq 10\ 000$ mm 时,为 3 mm;当 $L < 10\ 000$ mm 时,为 2 mm。

⑥工作表面组合处的错位,1 mm。

⑦工作表面扭曲 f,工作范围内表面宽度 $B < 100$ mm 时,为 1 mm;$B = 100 \sim 200$ mm 时,为 1.5 mm;$B > 200$ mm 时,为 2 mm。

(2)门槛。

①对门槽中心线,$+2 \sim 1$ mm。

②门槽中心对底槛面的距离,±3 mm。

③工作表面平整度,2 mm。

④工作表面扭曲 f,工作范围内表面宽度 $B < 100$ mm 时,为 1 mm;$B = 100 \sim 200$ mm 时,为 1.5 mm。

七、平面闸门主轨、侧轨安装质量检验

平面闸门主轨、侧轨安装质量检验部位如图 4-2 所示。

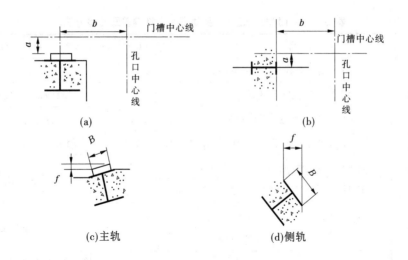

图 4-2 平面闸门主轨、侧轨安装质量检验部位

检验方法:用水平仪、垂线、钢尺测量。

质量标准(允许偏差)如下:

(1)主轨。

①对门槽中心线,工作范围内,加工 +2 ～ -1 mm,不加工 +3 ～ -1 mm;工作范围外,加工 +3 ～ -1 mm,不加工 +5 ～ -2 mm。

②对孔口中心线,工作范围内,加工 +3 mm,不加工 +3 mm;工作范围外,加工 +4 mm,不加工 +4 mm。

③工作表面组合处的错位,工作范围内,加工 0.5 mm,不加工 1 mm;工作范围外,加工 1 mm,不加工 2 mm。

④工作表面扭曲 f,工作范围内表面宽度 $B < 100$ mm 时,加工 0.5 mm,不加工 1 mm; $B = 100 ～ 200$ mm 时,加工 1 mm,不加工 2 mm。工作范围外允许增加值,加工 2 mm,不加工 2 mm。

(2)侧轨。

①对门槽中心线,工作范围内 +5 mm,工作范围外 +5 mm。

②工作表面组合处的错位,工作范围内 1 mm,工作范围外 2 mm。

③工作表面扭曲,工作范围内表面宽度 $B < 100$ mm 时,为 2 mm; $B = 100 ～ 200$ mm 时,为 2.5 mm; $B > 200$ mm 时为 3 mm。

工作范围外允许增加值为 2 mm。

八、闸门侧止水座板、反轨安装质量检验

闸门侧止水座板、反轨安装允许偏差及检验方法见表4-33。

表 4-33　闸门侧止水座板、反轨安装允许偏差及检验方法

项次	项目			允许偏差(mm)	检测方法
1	侧止水座板	对门槽中心线(工作范围内)		+2 ~ -1	用钢尺和经纬仪测量
2		对孔口中心线(工作范围内)		±3	吊垂线和用钢尺检查测量
3		工作表面平面度(工作范围内)		2	用水平尺测量
4		工作表面组合处的错位(工作范围内)		0.5	用水平尺及游标尺测量
5		工作表面扭曲	工作范围内表面宽度 B	$B < 100$ mm	1	用钢尺测量
				$B = 100 \sim 200$ mm	1.5	
1	反轨	对门槽中心线	工作范围内	+3 ~ -1	用钢尺测量
			工作范围外	+5 ~ -2	
2		对孔口中心线	工作范围内	±3	用钢丝线吊垂线、钢尺测量
			工作范围外	±5	用钢尺测量
3		工作表面组合处的错位	工作范围内	1	用水平尺、钢尺测量
			工作范围外	2	
4		工作表面扭曲 f	工作范围内表面宽度	$B < 100$	用钢尺测量
				$B = 100 \sim 200$	
				$B > 200$	
		工作范围外允许增加值		2	

检验项目为9项,侧止水座板5项,反轨4项。

九、平面闸门胸墙、护角安装质量检验

平面闸门胸墙、护角安装质量检验部位如图4-3所示。

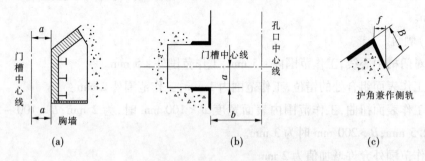

图4-3　平面闸门胸墙、护角安装质量检验部位

质量标准(允许偏差):

(1)胸墙。

①对门槽的中心线(工作范围内)兼作止水上部为 +5 ~ 0 mm,下部为 +2 ~ -1 mm;

不兼作止水上部为 +8~0 mm,下部为 +2~-1 mm。

②工作表面平面度(工作范围内)兼作止水上部为2 mm,下部为2 mm;不兼作止水上部为4 mm,下部为4 mm。

③工作表面组合处的错位(工作范围内),兼作止水与不兼作止水均为1 mm。

(2)护角兼作侧轨。

①对门槽中心线,工作范围内为 ±5 mm,工作范围外为 ±5 mm。

②对孔中心线,工作范围内为 ±5 mm,工作范围外为 ±5 mm。

③工作表面组合处的错位,工作范围内为1 mm,工作范围外为2 mm。

④工作表面扭面,工作范围内表面宽度 $B<100$ mm 时为2 mm,$B=100~200$ mm 时为2.5 mm,$B>200$ mm 时为3 mm。工作范围外允许增加值为2 mm。

十、平面闸门工作范围内各埋件距离质量检验

平面闸门工作范围内各埋件距离质量检验允许偏差及检验方法见表4-34。

表4-34 平面闸门工作范围内各埋件距离质量检验允许偏差及检验方法

项次	项目	允许偏差(mm)	检查方法
1	主轨(加工)与反轨工作面间的距离	+4~-1	用自制定尺直接测量或通过计算求得,每米至少测1点
2	主轨中心距	±4	用钢尺直接测量,每米至少测1点
3	反轨中心距	±5	用钢尺直接测量,每米至少测1点
4	侧止水座板中心距	±4	用钢尺直接测量,每米至少测1点
5	主轨(加工)与侧止水座板面间的距离(指上游封水的闸门)	+3~-1	用钢尺直接测量,每米至少测1点或通过计算求得
6	门楣中心和底槛面垂直距离	±2	用钢尺直接测量,两端各测1点,中间测3点

十一、平面闸门门体止水橡皮、反向滑块安装质量检验

平面闸门门体止水橡皮、反向滑块安装质量检验允许偏差及检验方法见表4-35。

表4-35 平面闸门门体止水橡皮、反向滑块安装质量检验允许偏差及检验方法

项次	项目	允许偏差(mm)	检查方法
1	△止水橡皮顶面平度	2	用钢丝线、钢板尺检测
2	△止水橡皮与滚轮或滑道面距离	+2~-1	用钢丝线、钢板尺检测
3	△反向滑块至滑道或滚轮的距离(反向滑块自由状态)	±2	用钢丝线、钢板尺检测
4	两侧止水中心距离和顶止水至底止水边缘距离	±3	用钢尺测量
5	闸门处于工作状态时,止水橡皮预压缩量应符合图纸要求	+2~-1	现场作预压
6	单吊点闸门应做静平衡试验,倾斜度不超过门高的1/1 000且≤8 mm		按静平衡试验要求检测

检验方法和数量：

（1）止水橡皮顶面平度：用钢尺检验，通过止水橡皮顶面拉线测量，每 0.5 m 测一点。

（2）止水橡皮与滚轮或滑道面距离：用钢丝线、钢板尺检验，通过滚轮顶面或滑道面拉线测量，每段滑道至少在两端各测 1 点。

（3）反向滑块至滑道或滚轮的距离：用钢丝线、钢板尺检验，通过反向滑块面、滚轮面或滑道面钢丝线测量。

（4）两侧止水中心距离和顶止水至底止水边缘距离：用钢尺测量，每米测 1 点。

十二、弧形闸门侧止水座板、侧轮导板安装质量检验

弧形闸门侧止水座板、侧轮导板安装质量检验允许偏差及检验方法如表 4-36 所示。

表 4-36　弧形闸门侧止水座板、侧轮导板安装质量检验允许偏差及检验方法

项次	项目			允许偏差（mm）		检查方法
				潜孔式	露顶式	
1	侧止水座板	对孔口中心线 b	△工作范围内	±2	+3 ~ -2	用钢尺检测
			工作范围外	+4 ~ -2	+6 ~ -2	
2		△工作表面平面度		2	2	用 2 m 直尺或水平尺检测
3		△工作表面组合处的错位		1	1	用钢板尺检测
4		△侧止水座板和侧轮导板中心线的曲率半径		±5	±5	用钢尺检测
5		工作表面扭曲 f	△工作范围内表面宽度 B	$B < 100$ mm	1	1	用钢尺检测
			$B = 100 ~ 200$ mm	1.5	1.5	
			$B > 200$ mm	2	2	
			工作范围外允许增加数值	2	2	
1	侧轮导板	对孔口中心线 b	△工作范围内	+3 ~ -2		用钢尺或经纬仪检测
			工作范围外	+6 ~ -2		
2		△工作表面平面度		2		用 3 m 直尺或水平尺检测
3		△工作表面组合处的错位		1		用钢板尺检测
4		△侧止水座板和侧轮导板中心线的曲率半径		±5		用钢尺检测
5		工作表面扭曲 f	△工作范围内表面宽度 B	$B < 100$ mm	2		用钢尺检测
			$B = 100 ~ 200$ mm	2.5		
			$B > 200$ mm	3		
			工作范围外允许增加数值	2		

十三、弧形闸门工作范围内各埋件距离质量检验

弧形闸门工作范围内各埋件距离质量检验允许偏差及检验方法如表 4-37 所示。

表4-37　弧形闸门工作范围内各埋件距离质量检验允许偏差及检验方法

项次	项目	允许偏差（mm）		检查方法
		潜孔式	露顶式	
1	底槛中心与铰座中心水平距离	±4	±5	用钢尺、垂球、水准仪、经纬仪检测
2	侧止水座板中心与铰座中心水平距离	±4	±6	用钢尺、垂球、水准仪、经纬仪检测
3	铰座中心和底槛垂直距离	±4	±5	用钢尺、垂球、水准仪、经纬仪检测
4	两侧止水座板间距离	+4～−3	+5～−3	用钢尺、垂球、水准仪、经纬仪检测
5	两侧轮导板间距离	+5～−3	+5～−3	用钢尺、垂球、水准仪、经纬仪检测

检验数量与部位：

（1）底槛中心与铰座中心水平距离，两端各测1点。

（2）侧止水座板中心与铰座中心水平距离，两端各测1点，中间每米测1点。

（3）铰座中心和底槛垂直距离，两端各测1点。

（4）两侧止水座板间距离，每米测1点。

十四、弧形闸门铰座钢梁、铰座基础螺栓中心及锥形铰座基础环安装质量检验

弧形闸门铰座钢梁、铰座基础螺栓中心及锥形铰座基础环安装质量检验位置见表4-38。

表4-38　弧形闸门铰座钢梁、铰座基础螺栓中心及锥形铰座基础环安装质量检验位置

项次	项目	检验工具	检验位置
1	铰座钢梁里程	钢丝线、钢尺、钢板尺或水准仪、经纬仪	
2	铰座钢梁高程		
3	铰座钢梁中心和孔口中心		
4	铰座钢梁倾斜度		
5	铰座基础螺栓中心	钢尺、垂球或水准仪、经纬仪	如各螺栓的相对位置已用样板或框架准确固定在一起，则可测样板或框架的中心
6	锥形铰座基础环中心	钢丝线、垂球、钢板尺或水准仪、经纬仪	
7	锥形铰座基础环（加工）表面铅垂度		

注：填写本表时，应根据闸门设计要求及安装方法填写，本表例子只是安装方法中的一种。

检验质量标准（允许偏差）如下：

（1）铰座钢梁里程，允许偏差±1.5 mm。

（2）铰座钢梁高程，允许偏差 ±1.5 mm。

（3）铰座钢梁中心和孔口中心，允许偏差 ±1.5 mm。

（4）铰座钢梁倾斜度，允许偏差 $L/1000$

（5）铰座基础螺栓中心，允许偏差 1 mm。

（6）锥形铰座基础环中心，允许偏差 1 mm。

（7）锥形铰座基础环（加工）表面铅垂度，允许偏差 1 mm。

弧形闸门门体铰座安装质量允许偏差及检验方法见表4-39。

表4-39　弧形闸门门体铰座安装质量允许偏差及检验方法

项次	项目	允许偏差（mm）	检验方法
1	△铰座轴孔倾斜度	每米1	用钢尺、钢丝线、垂球检测
2	△两铰座轴线相对位置的偏移	2	用钢尺和经纬仪检测
3	铰座中心对孔口中心距离	±1.5	用钢尺检测
4	铰座里程	±2	用水准仪检测
5	铰座高程	±2	用水准仪检测

十五、弧形闸门门体铰轴、支臂安装质量检验

弧形闸门门体铰轴、支臂安装质量检验允许偏差及检验方法见表4-40。

表4-40　弧形闸门门体铰轴、支臂安装质量检验允许偏差及检验方法

项次	项目	允许偏差（mm）		检验方法
		潜孔式	露顶式	
1	铰轴中心至面板外缘曲率半径 R	±4	±8	用钢尺、钢板尺检验
2	两侧曲率半径相对差	3	5	用钢尺、钢板尺检验
3	支臂中心线与铰链中心线吻合值	2	2	用钢尺、钢板尺检验
4	支臂中心线与门叶中心线的偏差	±1.5	±1.5	用钢尺、钢板尺检验

检验位置如图4-4所示。

检验数量：曲率半径 R 在门扇两端各测1点，中间至少测2点。

十六、弧形闸门门体支臂两端连接板和抗剪板及止水安装质量检验

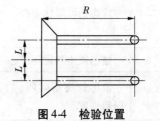

图4-4　检验位置

弧形闸门门体支臂两端连接板和抗剪板及止水安装质量标准及检验方法如表4-41所示。

表 4-41　弧形闸门门体支臂两端连接板和抗剪板及止水安装质量标准及检验方法

项次	项目	质量标准	检验方法
1	支臂两端的连接板和铰链、主梁接触	良好	用塞尺检验接触情况
2	抗剪板和连接板接触	顶紧	用塞尺检验接触情况
项次	检验项目	允许偏差（mm）	检验方法
1	止水橡皮实际压缩量和设计压缩量之差	+2 ~ -1	用钢板尺沿止水橡皮长度检查橡皮压缩量

十七、人字闸门埋件底枢装置安装质量检验

检验方法：用经纬仪、水平仪、钢板尺检验。

检验部位如图 4-5 所示。

检验质量标准（允许偏差）：

（1）蘑菇头中心，允许偏差 2 mm。

（2）两蘑菇头相对高程，允许偏差 2 mm。

（3）底枢轴座水平，允许偏差每米 1 mm。

（4）蘑菇头高程，允许偏差 ±3 mm。

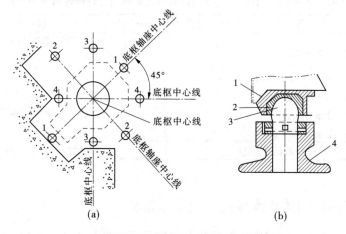

（a）　　　　　　　　　　　　（b）

1—底板顶盖；2—轴套；3—蘑菇头；4—底枢轴座

图 4-5　检验剖位

十八、人字闸门埋件顶枢装置及枕座安装质量检验

检验方法：

（1）两拉杆中心线交点与顶枢中心，用钢丝线、钢板尺、垂球、水准仪、经纬仪检验。

（2）拉杆两端高差，用水准仪、经纬仪检验。

（3）顶枢轴两座板铅垂度，用钢丝线、钢板尺、垂球检验。

（4）枕座中心线（倾斜值），用钢丝线、钢板尺、垂球、经纬仪检验，检验位置如图4-6所示。

（5）支枕垫块间隙，用塞尺、钢板尺检验。检验数量，每对支枕块的两端检测1次。

（6）每对相接触的支枕垫块中心线偏移，用塞尺、钢板尺检验每块支枕垫块的全长。

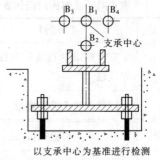

以支承中心为基准进行检测

图4-6　以支承中心为基准进行检测

质量检验标准：

（1）两拉杆中心线交点与顶枢中心，允许偏差为2 mm。

（2）拉杆两端高差，允许偏差为1 mm。

（3）顶枢轴两座板铅垂度，允许偏差为每米1 mm。

（4）枕座中心线（倾斜值），允许偏差为2 mm。

（5）每对相接触的支枕垫块中心线偏移，允许偏差为5 mm。

（6）支枕垫块间隙，局部的允许偏差为0.4 mm，连续长度不超过10%，连续的偏差为0.2 mm。

十九、人字闸门门体顶、底枢轴线安装质量检验

人字闸门门体顶、底枢轴线安装质量检验允许偏差及检查方法如表4-42所示。

表4-42　人字闸门门体顶、底枢轴线安装质量检验允许偏差及检查方法

项次	项目	允许偏差(mm)	检查方法
1	△顶、底枢轴线偏离值	2	用钢丝线、垂球、钢板尺、钢尺及经纬仪检查
2	△旋转门叶，从全开到全关过程中，斜接柱上任一点的跳动量 门宽小于12 m 门宽大于12 m	 1 2	用胶布将钢板尺贴于门体斜接柱端上，然后用水准仪观测
3	△底横梁在斜接柱一端的下垂度	5	用钢丝线、垂球、经纬仪检测

二十、人字闸门门体止水橡皮安装质量检验

人字闸门门体止水橡皮安装质量检验允许偏差及检验方法如表4-43所示。

表4-43　人字闸门门体止水橡皮安装质量检验允许偏差及检验方法

项次	项目	允许偏差(mm)	检验方法
1	△止水橡皮顶面平度	2	用钢丝线、钢板尺通过止水橡皮顶面拉线测量
2	止水橡皮实际压缩量和设计压缩量之差	+2～-1	用钢板尺沿止水橡皮长度检查

二十一、活动式拦污栅埋件安装质量检验

活动式拦污栅埋件安装质量检验允许偏差及检验方法如表 4-44 所示。

表 4-44　活动式拦污栅埋件安装质量检验允许偏差及检验方法

项次	项目	允许偏差	检验方法
1	△主轨对栅槽中心线	+3 ~ -2 mm	用钢丝线、垂球、钢板尺、水平仪、经纬仪检测
2	△反轨对栅槽中心线	+5 ~ -2 mm	用钢丝线、垂球、钢板尺、水平仪、经纬仪检测
3	底槛里程	±5 mm	用水准仪检测
4	底槛高程	±5 mm	用水准仪检测
5	底槛对孔口中心线	±5 mm	用钢丝线、垂球、钢板尺、经纬仪检测
6	主、反轨对孔口中心线	±5 mm	用钢丝线、垂球、钢板尺、经纬仪检测
7	倾斜设置的拦污栅的倾斜角度	10′	用钢丝线、垂球、钢板尺、经纬仪检测
8	底槛工作面一端对另一端的高差	3 mm	用水准仪或水平仪、钢尺检测

说明：

（1）主轨对栅槽中心线检验数量，两端各测 1 点，中间测 1 ~ 3 点。

（2）反轨对栅槽中心线检验数量，两端各测 1 点，中间测 1 ~ 3 点。

（3）底槛高程检验数量，每米至少测 1 点。

（4）底槛对孔口中心线检验数量，至少检测 1 点。

（5）主、反轨对孔口中心线检验数量，每米至少检测 1 点。

二十二、活动式拦污栅孔口部位各埋件间距离质量检验

活动式拦污栅孔口部位各埋件间距离质量检验允许偏差及检验方法如表 4-45 所示。

表 4-45　活动式拦污栅孔口部位各埋件间距离质量检验允许偏差及检验方法

项次	项目	允许偏差（mm）	检验方法
1	主、反轨工作面间距离	+7 ~ -3	用钢尺测量
2	主轨对孔口中心线	±5	用钢丝线及垂球、经纬仪检测
3	反轨对孔口中心线	±5	用钢丝线及垂球、经纬仪检测

检验数量：每米测 1 点。

二十三、启闭机械轨道安装单元工程质量检验

启闭机械轨道安装单元工程质量检验允许偏差及检验方法见表4-46。

表4-46 启闭机械轨道安装单元工程质量检验允许偏差及检验方法

项次	项目	允许偏差(mm)	检查方法
1	轨道实际中心线对轨道设计中心线位置的偏移 $L \leq 10$ m $L > 10$ m	 2 3	用钢尺、钢丝线、钢板尺检验
2	轨距 $L \leq 10$ m $L > 10$ m	±3 ±5	用钢尺、钢丝线、钢板尺检验
3	轨道纵向直线度	1/1 500且全行程不超过2	用水准仪检验
4	同一断面上,两轨道高程相对差	8	用水准仪检验
5	轨道接头左、右、上三面错位	1	用钢板尺检验
6	轨道接头间隙	1 ~ 3	用钢板尺检验
7	伸缩节接头间隙	+2 ~ −1	用钢板尺检验

二十四、桥式启闭机制动器安装质量检验

桥式启闭机制动器安装质量检验允许偏差及检查方法如表4-47所示。

表4-47 桥式启闭机制动器安装质量检验允许偏差及检查方法

项次	项目	允许偏差(mm)			检查方法
		制动轮直径 D(mm)			
		$D \leq 200$	$200 < D \leq 300$	$D > 300$	
1	制动轮径向跳动	0.10	0.12	0.18	用百分表检验,在端面跳动,在联轴器的结合面上测量
2	制动轮端面圆跳动	0.15	0.20	0.25	用百分表检验,在端面跳动,在联轴器的结合面上测量
3	制动轮与制动带的接触面积不小于总面积的百分比	75%			用卷尺、钢板尺检验

二十五、桥式启闭机联轴器安装质量检验

桥式启闭机联轴器安装质量检验允许偏差及检验方法如表4-48所示。

表 4-48　桥式启闭机联轴器安装质量检验允许偏差及检验方法

项次	项目	允许偏差(mm)				检验方法
		联轴器外型最大半径 D(mm)				
		170、185、220、250	290、320、350、380、430、490、545、590、680、730、780	900、1 000、1 100	1 250	
1	CL 型:径向位移不应大于	0.4、0.65、0.8、1.0	1.25、1.35、1.6、1.8、1.9、2.1、2.4、3.0、3.2、3.5、4.5	4.6、5.4、6.1	6.3	用钢板尺及经纬仪、百分表检测
2	CL 型:倾斜度不应大于	30′				用钢丝线、钢板尺、垂球检测
3	CL 型:端面间隙不应小于	2.5	290～590　680～780 5　　　　7.5	10	15	用钢板尺、塞尺、钢板尺检测
1	CLZ 型:径向位移不应大于	0.008 73A				用钢尺及经纬仪、百分表检测
2	CLZ 型:倾斜度不应大于	30′				用钢丝线
3	CLZ 型:端面间隙不应小于	2.5	290～590　680～780 5　　　　7.5	10	15	用百分表检测

二十六、弹性圆柱销联轴器的同轴度、联轴器间的端面间隙质量检验

弹性圆柱销联轴器的同轴度、联轴器间的端面间隙质量检验允许偏差及检查方法如表 4-49 所示。

表 4-49　弹性圆柱销联轴器的同轴度、联轴器间的端面间隙质量检验允许偏差及检查方法

项次	项目	允许偏差(mm)				检查方法
		联轴器外型最大直径 D(mm)				
		105～170	190～260	290～350	410～500	
1	径向位移不应大于	0.14	0.16	0.18	0.20	
2	倾斜度不应大于	40′				

项次	检测项目	轴孔直径 d	标准型			轻型			检查方法
			型号	外型最大直径 D	允许值	型号	外型最大直径 D	允许值	
3	端面间隙	25～28	B_1	120	1～5	Q_1	105	1～4	用钢尺与塞尺检查
		30～38	B_2	140	1～5	Q_2	120	1～4	
		35～45	B_3	170	2～6	Q_3	145	1～4	

项次	检测项目	轴孔直径 d	标准型			轻型			检查方法
			型号	外型最大直径 D	允许值	型号	外型最大直径 D	允许值	
3	端面间隙	40~55	B_4	190	2~6	Q_4	170	1~5	用钢尺与塞尺检查
		45~65	B_5	220	2~6	Q_5	200	1~5	
		50~75	B_6	260	2~8	Q_6	240	2~6	
		70~95	B_7	330	2~10	Q_7	290	2~6	
		80~120	B_8	410	2~12	Q_8	350	2~8	
		100~150	B_9	500	2~15	Q_9	440	2~10	

二十七、桥架和大车行走机构安装质量检验

检验方法:用钢卷尺测量跨度的修正值,见表4-50。

桥架和大车行走机构安装质量检验位置见表4-51。

表4-50 用钢卷尺测量跨度的修正值

跨度（m）	拉力值（N）	钢卷尺截面尺寸（mm）			
		10×0.25	13×0.2	15×0.2	15×0.25
		修正值（mm）			
10~12	100	1	1	0.5	0.5
13~14		1	1	0.5	0
15~16		1	1	0.5	-0.5
17~18		1	0.5	0	-0.5

注:表中修正值已经扣除了根据《钢卷尺检定规程》(JJG 4—89)规定检查时须加50 N力所产生的弹性伸长。

表4-51 桥架和大车行走机构安装质量检验位置

项次	项目	检验工具	检验位置
1	大车跨度 L	钢丝线、钢板尺、钢尺、垂球、水准仪、经纬仪 测量跨度时,尚需按修正值予以修正	
2	大车跨度 L_1、L_2 的相对差		
3	桥架对角线 L_3、L_4 的相对差,箱形梁单腹板和桁架梁		

项次	项目	检验工具	检验位置
4	大车车轮垂直倾斜 Δh(只许下轮缘向内偏斜)	钢丝线、钢板尺、钢尺、垂球、水准仪、经纬仪 测量跨度时,尚需按修正值予以修正	
5	对两根平行基准线每个车轮水平偏斜(同一轴线一对车轮的偏斜方向应相反) $x_1 - x_2$;$x_3 - x_4$ $y_1 - y_2$;$y_3 - y_4$		
6	同一端梁上车轮同位差 $m_1 = x_5 - x_6$ $m_2 = y_5 - y_6$		
7	箱形梁小车轨距 T 跨端 跨中 L < 19.5 m 　　　L ≥ 19.5 m 单腹板梁、偏轨箱形梁和桁架梁的小车轨距 T		
8	同一断面上小车轨道高低差 C		

质量标准:

(1)大车跨度,允许偏差 ±5 mm。

(2)大车跨度 L_1、L_2 的相对差,允许偏差 5 mm。

(3)桥架对角线 L_3、L_4 的相对差,箱形梁允许偏差 5 mm,单腹板和桁架梁允许偏差 10 mm。

(4)大车车轮垂直倾斜 Δh,允许偏差 h/400。

(5)对两根平行基准线每个车轮水平偏斜 $x_1 - x_2$、$x_3 - x_4$、$y_1 - y_2$、$y_3 - y_4$,允许偏差 L/1 000。

(6)同一端梁上车轮同位差,$m_1 = x_5 - x_6$,$m_2 = y_5 - y_6$,允许偏差 3 mm。

(7)箱形梁小车轨距 T,跨端允许偏差 ±1 mm;跨中 L < 19.5 m 允许偏差 +1 ~ +5 mm,L > 19.5 m 允许偏差 +1 ~ +7 mm;单腹板梁、偏轨箱形梁和桁架梁的小车轨距的允许偏差 ±3 mm。

(8)同一断面上小车轨道高低差,T ≤ 2.5 m 时允许偏差 ≤3 mm;2.5 m < T ≤ 4 m 时,允许偏差 ≤5 mm。

(9)箱形梁小车轨道直线度,L < 19.5 m 时允许偏差为 3 mm。

二十八、小车行走机构安装质量检验

小车行走机构安装质量检验允许偏差及检验方法见表4-52。

表4-52　小车行走机构安装质量检验允许偏差及检验方法

项次	项目	允许偏差(mm)	检验方法
1	小车跨度 T 　$T \leqslant 2.5$ m 　$T > 2.5$ m	±2 ±3	钢丝线、钢板尺检验
2	小车跨度 T_1、T_2 的相对差 　$T \leqslant 2.5$ m 　$T > 2.5$ m	2 3	钢丝线、钢板尺、经纬仪检验
3	小车轮对角线 L_3、L_4 的相对差	3	钢丝线、钢板尺检验,检验的部位如图所示
4	小车轮垂直偏斜 Δh(允许下轮缘向内偏斜)	$h/400$	计算出 $h/400$
5	对两根平行基准线每个小车轮水平偏斜	$L/1\,000$	计算出 $L/1\,000$
6	小车主动轮和被动轮同位差	2	

二十九、桥(门)式启闭机(起重机)试运转质量要求

(1)无负荷试运转时,电气和机械部分应符合下列要求:

①电动机运行平稳、三相电流平衡;

②限位、保护、联锁装置应动作正确、可靠;

③电气设备无异常发热现象;

④控制器接头无烧损现象;

⑤当大、小车行走时,滑块滑动平稳,无卡阻、跳动及严重冒火花现象;

⑥所有机械部件运转时,无冲击声及异常声音,所有构件连接处无松动、裂纹和损坏现象;

⑦所有轴承和齿轮应有良好的润滑,机箱无渗油现象,轴承温度不得大于65 ℃;

⑧运行时,制动瓦应全部离开制动轮,无任何摩擦;

⑨钢丝绳在任何条件下不与其他部件碰刮,定、动滑轮转动灵活,无卡阻现象。

(2)静负荷试运转应符合下列要求:

①升降机构制动器能制止住1.25倍额定负荷的升降且动作平稳可靠;

②小车停在桥架中间,起吊1.25倍额定负荷,停留10 min,卸去负荷,小车开到跨端,检查桥架的变形,反复三次后,测量主梁实际上拱度应大于0.8 $L/1\,000$(L 为跨度);

③小车停在桥架中间,起吊额定负荷,测量主梁下挠度不应大于 $L/700$。

(3)动负荷试运转应符合下列要求:

①升降机构制动器能制止住 1.1 倍额定负荷的升降且动作平稳、可靠;

②行走机构制动器能刹住大车及小车,同时不使车轮打滑或引起振动和冲击。

三十、固定卷扬式启闭机试运转质量检验

(1)无负荷运行时,电气和机械部分应符合下列要求:

①电动机运转平稳、三相电流平衡;

②电气设备无异常发热现象;

③控制器接头无烧损现象;

④检查和调试限位开关,使其动作准确可靠;

⑤高度指示器指示正确,主令装置动作准确可靠;

⑥所有机械部件运转时,无冲击声和异常声音;

⑦各构件连接处无裂纹、松动或损坏现象,机箱无渗油现象;

⑧运行时,制动闸瓦应全部离开制动轮,无任何摩擦;

⑨钢丝绳在任何情况下,不与其他部件碰刮,定、动滑轮转动灵活,无卡阻现象。

(2)静负荷试运转应符合下列要求:

①如果有条件按 1.25 倍(或设计要求值)的额定负荷进行静负荷试验,则电气和机械部分应符合静负荷试运转规定,制动器能制止 1.25 倍(或设计要求值)额定负荷的升降,其动作平稳、可靠,负荷控制器动作应准确可靠;

②如无条件进行 1.25 倍(或设计要求值)的额定负荷试验,则连接闸门做无水压和有水压全行启闭试验,其电气和机械部分应符合无负荷试运转规定,制动器能制止住闸门的升降,动作平稳、可靠,负荷控制器动作应准确、可靠。

如果为快速闸门,则快速关闭时间应符合设计要求。

三十一、螺杆式启闭机中心、高程、水平和螺杆铅垂度质量检验

螺杆式启闭机中心、高程、水平和螺杆铅垂度质量检验允许偏差及检查方法如表4-53所示。

表 4-53　螺杆式启闭机中心、高程、水平和螺杆铅垂度质量检验允许偏差及检查方法

项次	项目	允许偏差(mm)	检查方法
1	△纵、横中心线	2	用钢尺、垂球、经纬仪检查
2	高程	±5	用水平仪检查
3	△水平	每米 0.5	用水平仪及水平尺检查
4	螺杆与闸门连接前铅垂度	每米 0.2 $L = 4\,000$	用钢丝线、垂球、经纬仪检查
5	机座与基础板接触情况	紧密接触间隙<0.5	用钢尺及塞尺检查

检验方法:用经纬仪、水准仪、垂球、钢板尺检验。

螺杆启闭机机座的纵、横向中心线应根据闸门吊耳实际位置的起吊中心线测定,双吊点启闭机应进行两螺杆同点进行测试,应确保两螺杆升降行程一致,符合《水利水电工程启闭机制造安装及验收规范》(DL/T 5019—94)的6.3试运转要求。

三十二、螺杆式启闭机试运转质量检验

（1）无负荷试运转时，电气和机械部分应符合下列要求：

①手摇部分应转动灵活、平稳，无卡阻现象，手、电两用机构的电气闭锁装置应可靠。

②行程开关动作灵敏、准确，高度指示器指示准确。

③转动机构运转平稳，无冲击声和其他异常声音。

④电气设备无异常发热现象。

⑤机箱无渗油现象。

⑥对双电机驱动的启闭机，应分别通电，使其旋转方向与螺杆升降方向一致。

（2）静负荷试运转，启闭机连接闸门，做无水压和水压全部启闭试验后符合下列要求：

①电气和机械部分符合无负荷试运转的各项要求。

②对于装有超载保护装置的螺杆式启闭机，该位置的动作应灵敏、准确、可靠。

三十三、油压启闭机机架安装及活塞杆铅垂度质量检验

油压启闭机机架安装及活塞杆铅垂度质量检验允许偏差及检查方法如表 4-54 所示。

表 4-54　油压启闭机机架安装及活塞杆铅垂度质量检验允许偏差及检查方法

项次	项目	允许偏差（mm）	检查方法
1	△机架纵、横向中心线	2	用钢尺、经纬仪、垂球、钢丝线检测
2	机架高程	±5	用水准仪检测
3	△活塞杆每米铅垂度	0.5	用钢丝线、垂球及经纬仪检测
4	△活塞杆全长铅垂度	$L/4\,000$	用钢丝线、垂球及经纬仪检测
5	双吊点液压启闭机支承面的高差	不应超过 ±0.5	用水准仪检测

三十四、油压启闭机机架钢梁与推力支座安装质量检验

油压启闭机机架钢梁与推力支座安装质量检验允许偏差及检查方法如表 4-55 所示。

表 4-55　油压启闭机机架钢梁与推力支座安装质量检验允许偏差及检查方法

项次	项目	允许偏差（mm）	检查方法
1	△机架钢梁与推力支座组合面通隙	0.05	用塞尺检测
	机架钢梁与推力支座组合面局部间隙	0.1	用塞尺检测
2	局部间隙深度	1/3 组合面宽度	用塞尺、钢尺检测
	局部间隙累计长度	20% 周长	用塞尺、钢尺检测
3	△推力支座顶面水平	每米 0.2	用水准仪或 2 m 直尺及水平仪检测

三十五、门式启闭机安装单元工程质量检验

（1）门式启闭机门腿安装质量检验方法、数量、标准如下：

①门腿高度 H 用钢尺测量，数量不少于 4 点，标准 ±（4~5）mm。

②上下端向平面和侧向立面对角线相对差，$H \leqslant 10$ m，标准 5~10 mm；$H > 10$ m，标准 12~15 mm。方法：用钢尺量，数量不多于 4 点。

③门腿倾斜度：方法为吊垂线，标准每米 0.4~0.5 mm，数量不少于 4 点。

（2）制动器安装方法、标准、数量如下：

①制动轮径向跳动，$D \leqslant 200$ mm 时为 0.10 mm，$D > 200 \sim 300$ mm 时为 0.12 mm，$D > 300$ mm 时为 0.18 mm。

②制动轮端面圆跳动，$D \leqslant 200$ mm 时为 0.15 mm，$D > 200 \sim 300$ mm 时为 0.20 mm，$D > 300$ mm时为 0.25 mm。

③制动轮制动带的接触面积不小于总面积的 75%。

以上三项均至少检验 9 点，用百分表检验。

第三节　水轮发电机组安装工程单元工程质量检验

一、立式反击式水轮机吸出管里衬安装单元工程质量检验

立式反击式水轮机吸出管里衬安装单元工程质量标准（允许偏差）及检验方法如表 4-56 所示。

表 4-56　立式反击式水轮机吸出管里衬安装单元工程质量标准（允许偏差）及检验方法

项次	检验项目	允许偏差（mm）				检验方法
		转轮直径（mm）				
		≤3 000	3 000~6 000	6 000~8 000	>8 000	
1	管口直径	±0.005D				挂钢琴线，用钢卷尺检查
2	相邻管口内壁周长差	0.001L	10			用钢卷尺检查
3	△上管口中心及方位	4	6	8	10	挂钢琴线，用钢卷尺检查
4	上管口高程	+8~0	+12~0	+15~0	+18~0	用水准仪、钢卷尺检查

注：1. D 为管口直径设计值，至少等测 8 点。

　　2. L 为管口周长，mm。

二、立式反击式水轮机基础环、座环安装单元工程质量检验

立式反击式水轮机基础环、座环安装单元工程质量标准（允许偏差）及检验方法如表 4-57 所示。

表 4-57　立式反击式水轮机基础环、座环安装单元工程质量标准(允许偏差)及检验方法

项次	检验项目	允许偏差(mm)				检验方法
		转轮直径(mm)				
		≤3 000	3 000 ~ 6 000	6 000 ~ 8 000	>8 000	
1	△中心及方位	2.0	3.0	4.0	5.0	挂钢琴线,用钢板尺检查
2	高程	±3.0				用水准仪、钢板尺检查
3	△转轮室圆度	+10% ~ -10% 设计平均间隙				挂钢琴线,用测杆检查
4	△基础环、座环圆度	1.0	1.5	2.0	2.5	挂钢琴线,用测杆检查
5	水平	每米不超过0.07	每米不超过0.05,径向最大不超过0.60			用平衡梁、方型水平仪或水准仪、钢板尺检查
6	各组合缝间隙	符合《水轮机发电机组安装技术规范》(GB 8564—2003)技术规范要求				用塞尺检查

三、立式反击式水轮机蜗壳安装单元工程质量检验

立式反击式水轮机蜗壳安装单元工程质量标准(允许偏差)及检验方法如表 4-58 所示。

表 4-58　立式反击式水轮机蜗壳安装单元工程质量标准(允许偏差)及检验方法

项次	检验项目		允许偏差(mm)	检验方法
1	△直管段中心与 y 轴距离		±0.003D	挂钢琴线,用钢卷尺检查
2	△直管段中心高程		±5	用水准仪、钢板尺检查
3	最远点高程		±15	用水准仪、钢板尺检查
4	定位节管口与基准线		±5	拉线,用钢板尺检查
5	定位节管口倾斜值		5	吊线锤,用钢板尺检查
6	最远点半径		±0.004R	用经纬仪放点检查
7	△焊缝射线探伤	环缝	满足Ⅲ级要求	用射线探伤仪检查
		纵缝与蝶形边	满足Ⅱ级要求	
8	△焊缝超声波探伤	环缝	满足Ⅱ级要求	用超声波探伤仪检查
		纵缝与蝶形边	满足Ⅰ级要求	

注:1. D 为蜗壳进口直径,若钢管先安装好,则应平顺过渡。

2. 蜗壳每节需填一高程值。

3. R 为最远点半径设计值,蜗壳每节填一半径值。

4. 检查长度:焊缝射线探伤,环缝为10%,纵缝和蝶形边为20%。焊缝超声波探伤:环缝、纵缝和蝶形边均为100%;对有怀疑的地方,应酌情用射线探伤复核。

四、立式反击式水轮机机坑里衬及接力器基础安装单元工程质量检验

立式反击式水轮机机坑里衬及接力器基础安装单元工程质量标准(允许偏差)及检验方法如表 4-59 所示。

表4-59　立式反击式水轮机机坑里衬及接力器基础安装单元工程质量标准(允许偏差)及检验方法

项次	检验项目	允许偏差（mm）				检验方法
		转轮直径（mm）				
		≤3 000	3 000～6 000	6 000～8 000	>8 000	
1	机坑里衬中心	5	10	15	20	用钢板尺检查
2	机坑里衬上口直径	±5	±8	±10	±12	用钢卷尺检查
3	△接力器里衬法兰垂直度	每米不超过0.3				用方型水平仪检查
4	△接力器里衬中心及高程	±1.0	±1.5	±2.0	±2.5	挂钢琴线,用钢板尺检查
5	接力器里衬与机组基准线平行度	1.0	1.5	2.0	2.5	挂钢琴线,用钢板尺检查
6	接力器里衬中心至机组基准线距离	±3				用钢卷尺检查

注:1.测量里衬法兰与座环上部法兰镗口间距离。

　　2.根据座环上法兰面测量。

　　3.接力器里衬中心至机组基线距离与设计值的偏差。

五、立式反击式水轮机转轮装配单元工程质量检验

立式反击式水轮机转轮装配单元工程质量标准(允许偏差)及检验方法如表4-60所示。

表4-60　立式反击式水轮机转轮装配单元工程质量标准(允许偏差)及检验方法

项次	检验项目		允许偏差(mm)	检验方法
1	分瓣转轮焊缝错牙		0.50	用焊缝检验规检查
2	分瓣转轮组合缝间隙		符合 GB 8564—88 第2.0.6条要求	用塞尺检查
3	△分瓣转轮焊缝探伤		符合Ⅰ级要求	用超声波探伤仪检查
4	转轮上冠法兰	下凹值	每米≤0.07	用直尺、塞尺检查
		上凸值	每米≤0.04	
5	△转轮静平衡		符合 GB 8564—88 第3.2.5条	用静平衡专用工具检查
6	△转桨式转轮漏油量		符合 GB 8564—88 第3.2.5条	测定加压及未加压时的漏油量
7	与主轴法兰组合缝间隙		每米≤0.05	用塞尺检查
8	转轮叶片最低操作油压		≤15%工作油压	动作试验检查
9	联结螺栓伸长值		符合设计要求	用拉伸器或百分表检查

项次	检验项目			允许偏差（mm）	检验方法
10	△转轮各部圆度及同轴度	工作水头小于 200 m	止漏环	+10% ~ -10% 设计间隙值	用测圆架检查
			止漏环安装面		
			叶片外缘	+20% ~ -20% 设计间隙值	
			引水板止漏环		
			法兰护罩		
		工作水头大于等于 200 m	上冠外缘	+5% ~ -5% 设计间隙值	
			下环外缘		
			上梳齿止漏环	±0.10	
			下止漏环		

（1）转轮静平衡，分瓣转轮应在磨圆后做静平衡试验，试验时应带引水板，配重块应焊在引水板下面的上冠顶面上，焊接应牢固。

（2）转轮各部圆度及同轴度检验：以主轴为中心进行检查，测各半径与平均半径之差。

（3）分瓣转轮止漏环测圆时，测点不应少于 32 点。

（4）《水轮发电机组安装技术规范》（GB 8564—88）第 2.0.6 条：设备组合面应光洁无毛刺，合缝间隙用 0.05 mm 塞尺检查，不能通过，允许有局部间隙，用 0.10 mm 塞尺检查，深度不应超过组合面宽度的 1/3，总长不应超过周长的 20%，组合螺栓及销钉周围不应有间隙，组合缝处的安装面错牙一般不超过 0.10 mm。表 4-64、表 4-71、表 4-73、表 4-80、表 4-81 同。

（5）转轮静平衡试验应符合下列要求：

①静平衡工具应与转轮同心，支持座水平偏差每米不应大于 0.02 mm。

②调静平衡工具的灵敏度应符合表 4-61 的要求。

表 4-61　球面中心到转轮重心距离

转轮质量（kg）	最大距离（mm）	最小距离（mm）
≤5 000	40	20
5 000 ~ 10 000	50	30
10 000 ~ 50 000	60	40
50 000 ~ 100 000	80	50
100 000 ~ 200 000	100	70

③残留不平衡力矩，应符合设计要求。

（6）转桨式水轮机转轮耐压和动作试验应尽量在转轮正放时进行，并应符合下列要

求:

①试验用油的油质合格,油温不低于 + 5 ℃。

②一般为 0.5 MPa。

③在最大试验压力下,保持 16 h。

④在试验过程中,每小时操作桨叶全行程开关 2 ~ 3 次。

⑤各组合缝不应有渗漏现象,每个桨叶密封装置在加与未加试验压力情况下的漏油量,不应超过表 4-62 的规定,且不大于出厂试验时的漏油量。

表 4-62　每个桨叶密封装置漏油量

转轮直径 D(mm)	≤3 000	3 000 ~ 6 000	6 000 ~ 8 000	>8 000
每小时每个桨叶密封装置允许漏油量(mL/h)	5	7	10	12

⑥转轮接力器动作应平稳,开启和关闭的最低油压一般不超过工作压力的 15%。

⑦绘制转轮接力器行程与桨叶转角的关系曲线。

六、立式反击式水轮机导水机构安装单元工程质量检验

立式反击式水轮机导水机构安装单元工程质量标准(允许偏差)及检验方法如表 4-63 所示。

表 4-63　立式反击式水轮机导水机构安装单元工程质量标准(允许偏差)及检验方法

项次	检验项目	允许偏差(mm)				检验方法
1	各组合缝间隙	符合 GB 8564—88 第 2.0.6 条要求				用塞尺检查
2	△各止漏环圆度及同轴度	符合立式反击式水轮机转轮装配单元工程检验第 10 项要求				挂钢琴线,用测杆检查
3	△下锥体法兰止口与转轮室同轴度	转轮直径(mm)				挂钢琴线,用测杆检查
		≤3 000	3 000 ~ 6 000	6 000 ~ 8 000	>8 000	
		0.25	0.50	0.75	1.00	
4	导叶端部总间隙	不超过设计间隙上 δ_{max} = 2.5 下 δ_{min} = 1.8				用塞尺检查
5	环形接力器支座: 中心 水平	≤0.10 每米≤0.05				用千分表及方型水平仪检查
6	导叶局部立面间隙	导叶高度	≤600	600 ~ 1 200	1 200 ~ 2 000	>2 000	用塞尺检查
		无密封条导叶	0.05	0.10	0.13	0.15	
		带密封条导叶	0.15		0.20		

表 4-63 中说明:

(1)各组合缝间隙、分瓣底环、顶盖支持环等组合面应涂铅油或密封胶。

（2）各止漏环圆度及同轴度,按机组中心线检查各半径与平均半径之差,止漏环工作面高度超过 200 mm 时,应检查上下两圈,至少测中点。

（3）带密封条的导叶在密封条装入后检查应无间隙。

七、立式反击式水轮机接力器安装单元工程质量检验

立式反击式水轮机接力器安装单元工程质量标准（允许偏差）及检验方法如表 4-64 所示。

表 4-64　立式反击式水轮机接力器安装单元工程质量标准（允许偏差）及检验方法

项次	检验项目			允许偏差（mm）		检验方法
1	接力器连杆两端高差			≤1.0		用钢板尺、方型水平仪检查
2	各组合缝间隙			符合 GB 8564—88 第 2.0.6 条要求		用塞尺检查
3	严密性耐压试验			符合 GB 8564—88 第 2.0.10 条要求		耐压试验检查
4	接力器水平度			≤0.10 mm/m		用方型水平仪检查
5	两接力器活塞全行程偏差			≤1.0		用钢板尺检查
6	接力器压紧行程值	直缸接力器		转轮直径（mm）		撤除油压测量活塞返回行程值
				≤3 000	3 000～6 000	
		带密封条导叶		3～5	4～7	
		无密封条导叶		2～4	3～6	
		摇摆接力器环形接力器		符合设计规定		导叶在全关位置升压至 50% 工作油压,测量活塞移动值
7	刮板接力器转角			符合设计规定		在工作油压下全程动作检查
8	刮板接力器漏油量			从进油腔串至排油腔油量小于单台油泵供油量的 1/6		刮板在全开位置升压至工作油压检查

表 4-64 中说明:

《水轮发电机组安装技术规范》（GB 8564—88）第 2.0.10 条:现场制造的承压设备及连接件进行强度耐压试验时,试验压力为 1.5 倍额定工作压力,但最低压力不得小于 0.4 MPa（4 kgf/cm²）,保持 10 min,无渗漏及裂纹等异常现象;设备及其连接件进行严密性耐压试验时,试验压力为 1.25 倍额定工作压力,保持 30 min,无渗漏现象;单个冷却器应按设计要求的试验压力进行耐压试验,设计无规定时,试验压力一般为工作压力的 2 倍,但不低于 0.4 MPa（4 kgf/cm²）,保持 60 min,无渗漏现象。表 4-67、表 4-74、表 4-77 同。

八、立式反击式水轮机转动部件安装单元工程质量检验

立式反击式水轮机转动部件安装单元工程质量标准（允许偏差）及检验方法如

表 4-65 所示。

表 4-65　立式反击式水轮机转动部件安装单元工程质量标准（允许偏差）及检验方法

项次	检查项目		允许偏差（mm）				检验方法
			转轮直径（mm）				
			≤3 000	3 000 ~ 6 000	6 000 ~ 8 000	>8 000	
1	转轮安装高程	混流式	±1.5	±2	±2.5	±3	用钢板尺或塞尺检验
		轴流式	+2.0 ~ 0	+3 ~ 0	+4 ~ 0	+5 ~ 0	
		斜流式	+0.8 ~ 0	+1.0 ~ 0			
2	转轮径向间隙	工作水头小于 200 m	+20% ~ -20% 实际平均间隙				用塞尺检验
		工作水头大于 200 m　外圆	+10% ~ -10% 设计间隙				
		迷宫环	±0.20				
3	△ 主轴法兰间隙		≤0.05				用塞尺检验
4	联结螺栓伸长值		符合设计要求				用拉伸器或百分表检查
5	操作油管摆度	固定铜瓦	0.20				盘车检查
		浮动铜瓦	0.30				
6	受油器水平度		每米不超过 0.05				用方型水平仪检查
7	旋转油盘径向间隙		不得小于 70% 设计值				用塞尺检查
8	受油器对地绝缘		不小于 0.5 MΩ				用兆欧表检查

表中 4-65 说明：

（1）转轮安装高程，混流式测固定与转动止漏环高低错牙。

（2）轴转轮安装高程，测底环至转轮体顶面距离。

（3）斜流式测叶片与轮室间隙。

（4）转轮径向间隙工作水头小于 20 cm 时，测桨叶与转轮室间隙在全关位置测进水、出水和中间 3 处。

九、立式反击式水轮机水导轴承及主轴密封安装单元工程质量检验

立式反击式水轮机水导轴承及主轴密封安装单元工程质量标准（允许偏差）及检验方法见表 4-66。

表 4-66　立式反击式水轮机水导轴承及主轴密封安装单元工程质量标准（允许偏差）及检验方法

项次	检查项目		允许偏差（mm）	检验方法
1	轴瓦检查及研制		符合 GB 8564—88 第 3.6.1 条要求，接触点 1～2 点/cm²	外观检查及着色法检查
2	△轴瓦间隙	分块瓦	±0.02	用塞尺检查
		筒式瓦	分配间隙的 +20%～-20%	
		橡胶瓦	实测平均总间隙的 10% 以下	
3	△轴承油槽渗漏试验		符合 GB 8564—88 第 2.0.11 条要求	外观检查
4	△轴承冷却器耐压试验		符合 GB 8564—88 第 2.0.10 条要求	水压试验检查
5	轴承油位		±10	用钢卷尺测量
6	检修密封充气试验		充气 0.05 MPa 无漏气	充气在水中检查
7	检修密封径向间隙		+20%～-20% 设计间隙值	用塞尺检查
8	△平板密封间隙		+20%～-20% 实际平均间隙值	用塞尺检查

表 4-66 中说明：《水轮发电机组安装技术规范》（GB 8564—88）第 3.6.1 条轴瓦应符合下列要求：

（1）橡胶轴瓦表面应平整，无裂纹及脱壳等缺陷，巴氏合金瓦应无密集气孔、裂纹、硬点及脱壳等缺陷，瓦面粗糙应优于 80% 的要求。

（2）橡胶瓦和筒式瓦应与轴试装，总间隙应符合设计要求。每端最大总间隙与最小总间隙之差及同一方位的上下端总间隙之差，均不应大于实测平均总间隙的 10%。

（3）筒式瓦符合（1）、（2）两点要求时，不再进行研刮，分块轴瓦除设计要求不研刮外，一般应研刮。

（4）轴瓦研刮后，瓦面接触应均匀。每平方厘米面积上至少有一个接触点，每块瓦的局部不接触面积每处不应大于 5%，其总和不应超过轴瓦总面积的 15%。

（5）轴瓦的抗重垫块与轴瓦背面垫块、抗重螺母与螺母支座之间应接触严密。设备容器进行煤油渗漏试验时，至少保持 4 h，且应无渗漏现象；阀门进行煤油渗漏试验时，至少保持 5 min，且应无渗漏现象，试验压力为 1.5 倍额定工作压力，但最低压力不得小于 0.4 MPa（4 kgf/cm²），保持 10 min，无渗漏及裂纹等异常现象。

设备及其连接件进行严密性耐压试验时，试验压力为 1.25 倍实用额定工作压力，保持 30 min，无渗漏现象。

单个冷却器应按设计要求的试验压力进行耐压试验，设计无规定时，试验压力一般为工作压力的 2 倍，但不低于 0.4 MPa（4 kgf/cm²），保持 60 min，无渗漏现象。

检修密封间隙，检测时应等分 8 点测量。

平板密封间隙，检测时应等分 8 点测量。

十、立式反击式水轮机附件安装单元工程质量检验

立式反击式水轮机附件安装单元工程质量标准（允许偏差）及检验方法如表 4-67

所示。

表 4-67　立式反击式水轮机附件安装单元工程质量标准（允许偏差）及检验方法

项次	检查项目	允许偏差（mm）	检查方法
1	真空破坏阀、补气阀动作试验	符合设计要求	动作试验检查
2	蜗壳及尾水管排水阀、盘形阀接力器严密性耐压试验	符合 GB 8564—88 第2.0.10条要求	水压或油压试验检查
4	盘形阀阀座水平度	每米不超过 0.2	用方型水平仪检查
5	△盘形阀密封面间隙	不超过 0.05	用塞尺检查

表 4-67 中说明：

（1）真空破坏阀、补气阀，应做动作试验和渗漏试验。

（2）盘形阀密封间隙应做阀组动作试验，应灵活。

十一、灯泡贯流式水轮机尾水管安装单元工程质量检验

灯泡贯流式水轮机尾水管安装单元工程质量标准（允许偏差）及检验方法如表 4-68 所示。

表 4-68　灯泡贯流式水轮机尾水管安装单元工程质量标准（允许偏差）及检验方法

项次	检验项目	允许偏差（mm）			检验方法
		转轮直径（mm）			
		<3 000	3 000 ～ 6000	6 000 ～ 8 000	
1	△管口法兰最大与最小直径差	3	4	5	挂钢琴线，用钢卷尺检查
2	△中心及高程	±1.5	±2.0	±2.5	挂钢琴线，用钢卷尺检查
3	管口法兰至轮中心距离	±2.0	±2.5	±3.0	用钢卷尺检查
4	法兰面垂直度及平面度	0.4	0.5	0.6	用经纬仪和钢板尺检查
5	相邻两节管口内壁周长差	不超过 10			用钢卷尺检查
6	各大节同心度	0.002D			挂钢琴线，用钢尺检查

十二、灯泡贯流式水轮机座环安装单元工程质量检验

灯泡贯流式水轮机座环安装单元工程质量标准（允许偏差）及检验方法如表 4-69 所示。

表 4-69　灯泡贯流式水轮机座环安装单元工程质量标准（允许偏差）及检验方法

项次	检验项目	允许偏差（mm）			检验方法
		转轮直径（mm）			
		<3 000	3 000 ~ 6000	6 000 ~ 8 000	
1	△中心及方位	2.0	3.0	4.0	挂钢琴线，用钢卷尺检查
2	法兰至转轮中心距离	±2.0	±2.5	±3.0	用钢卷尺检查
3	△前锥体法兰垂直度及平面度	0.4	0.5	0.6	用经纬仪和钢板尺检查
4	法兰圆度	1.0	1.5	2.0	挂钢琴线，用钢卷尺检查
5	△内管形壳组合面高程	±0.8	±1.0	±1.5	用水准仪、钢板尺检查
6	流道盖板基础框架中心至主机组中心距	±5			挂线，用钢卷尺检查
7	接力器基础至基准线距离	±3			用钢卷尺检查

表 4-69 中说明：

（1）中心及方位，测部件上 x、y 标记与相应基准线之距离。

（2）法兰至转轮中心距离，若先装尾水管或基础环，应以尾水管法兰或基础环法兰为准，测上、下、左、右 4 点。

十三、灯泡贯流式水轮机导水机构安装单元工程质量检验

灯泡贯流式水轮机导水机构安装单元工程质量标准（允许偏差）及检验方法如表 4-70 所示。

表 4-70　灯泡贯流式水轮机导水机构安装单元工程质量标准（允许偏差）及检验方法

项次	检验项目	允许偏差（mm）			检验方法
		转轮直径（mm）			
		<3 000	3 000 ~ 6000	6 000 ~ 8 000	
1	△内外配水环法兰中心及方位	2.0	3.0	4.0	挂钢琴线，用钢板尺检查
2	△法兰垂直度及平面度	0.4	0.5	0.6	用经纬仪和钢板尺检查
3	导叶端部间隙	符合设计要求			用塞尺检查
4	导叶立面间隙	局部不超过 0.25			用塞尺检查
5	调速环与顶盖间隙	符合设计要求，且上部大于下部 0.6 ~ 0.8			用塞尺检查

表 4-70 中说明：

内外配水环法兰中心及方位，测部件上 x、y 标记与相应基准线之距离。

十四、灯泡贯流式水轮机轴承安装单元工程质量检验

灯泡贯流式水轮机轴承安装单元工程质量标准(允许偏差)及检验方法如表4-71所示。

表4-71 灯泡贯流式水轮机轴承安装单元工程质量标准(允许偏差)及检验方法

项次	检查项目	允许偏差	检验方法
1	△镜板与主轴垂直度	每米0.05 mm	用方型水平仪检查
2	分瓣推力盘组合缝	间隙不超过0.05 mm,错牙不超过0.02 mm	用塞尺检查
3	轴瓦与轴承座配合承力面	大于60%接触面积	用着色法检查
4	轴瓦与轴颈端面间隙	符合设计要求	用塞尺检查
5	△轴瓦间隙	符合设计要求	用压铅法或塞尺检查
6	下轴瓦与轴颈接触角	大于60°	用着色法检查
7	△下轴瓦与轴颈接触点	1~3点/cm²	用着色法检查
8	轴承体各组合缝间隙	符合GB 8564—88第2.0.6条要求	用塞尺检查
9	轴承体对地绝缘	不低于1 MΩ	用1 000 V摇表检查

十五、灯泡贯流式水轮机主轴及转轮安装单元工程质量检验

灯泡贯流式水轮机主轴及转轮安装单元工程质量标准(允许偏差)及检验方法如表4-72所示。

表4-72 灯泡贯流式水轮机主轴及转轮安装单元工程质量标准(允许偏差)及检验方法

项次	检查项目		允许偏差	检验方法
1	△转轮耐压及动作试验		符合GB 8564—88第3.2.6条要求	测定加压及未加压时的漏油量
2	转轮与主轴法兰组合缝间隙		0.05 mm	用塞尺检查
3	受油器同轴度	固定瓦	不超过0.10 mm	作盘车的方法检查
		浮定瓦	不超过0.15 mm	
4	△转轮与转轮室间隙		+20% ~ -20%	用塞尺检查
5	主轴平板密封间隙		+20% ~ -20%设计间隙	用塞尺检查

表4-72中说明:

(1)《水轮发电机组安装技术规范》(GB 8564—88)第3.2.6条:转桨式水轮机转轮耐压和动作试验应尽量在转轮正放时进行,并应符合下列要求:试验用油的油质合格,油温不应低于+5 ℃;最大试验压力,一般为0.5 MPa(5 kgf/cm²)。

（2）主轴平板密封间隙检验时等分 8 点测量。

十六、冲击式水轮机机壳安装单元工程质量检验

冲击式水轮机机壳安装单元工程质量标准（允许偏差）及检验方法如表 4-73 所示。

表 4-73　冲击式水轮机机壳安装单元工程质量标准（允许偏差）及检验方法

项次	检查项目	允许偏差（mm）	检验方法
1	机壳各组合缝	符合 GB 8564—88 第 2.0.6 条要求	用塞尺检查
2	机壳中心	不超过 1.0	拉钢琴线，用钢板尺检查
3	机壳中心高程	±2.0	用水准仪、钢板尺检查
4	△机壳上法兰水平	每米不超过 0.05	用方型水平仪检查
5	双轮机组机壳相对高程差	不超过 1.0	用水准仪、钢板尺检查
6	△双轮机组中心距	0 ~ −1.0	用钢卷尺、弹簧秤检查

表 4-73 中说明：

（1）机壳各组合缝、组合面应涂钻油或密封胶。

（2）机壳中心，测部件上 x、y 标记与机组 x、y 基准线之距离。

（3）机壳上法兰水平，测 $+x ~ -x$，$+y ~ -y$ 两个方向。

（4）双轮机组中心距，测中心距应以推力盘位置，发电机转子和轴的实测长度并加上发电机转子热膨胀伸长值为准。

十七、冲击式水轮机喷嘴及接力器安装单元工程质量检验

冲击式水轮机喷嘴及接力器安装单元工程质量标准（允许偏差）及检验方法如表 4-74 所示。

表 4-74　冲击式水轮机喷嘴及接力器安装单元工程质量标准（允许偏差）及检验方法

项次	检查项目	允许偏差	检验方法
1	喷嘴及接力器严密性试验	符合 GB 8564—88 第 2.0.10 条要求	用水压或油压试验检查
2	喷嘴动作试验	符合 GB 8564—88 第 5.2.2 条要求	在接力器处于关闭阀用塞尺检查
3	△喷嘴中心与转轮节圆径向偏差	2.0 mm	用专用工具检查

项次	检查项目	允许偏差	检验方法
4	△喷嘴中心与水斗分刃轴向偏差	±1.0 mm	用专用工具检查
5	偏流器中心与喷嘴中心距	不超过 4.0 mm	用专用工具检查
6	缓冲器弹簧压缩长度与设计值偏差	不超过 ±1.0 mm	在压力机上检查
7	各喷嘴行程的不同步偏差	不超过 2% 设计值	录制关系曲线检查
8	喷嘴角度偏差	不超过 ±0.5°	用专用工具检查

表 4-74 中说明：

《水轮发电机组安装技术规范》(GB 8564—88)第 5.2.2 条:喷嘴和接力器组装后,在 16% 额定工作压力的作用下喷针及接力器的动作应灵活,在接力器关闭腔通入额定工作压力,喷针头与喷嘴口间应无间隙,用 0.02 mm 塞尺检查,不能通过。

十八、冲击式水轮机转轮安装单元工程质量检验

冲击式水轮机转轮安装单元工程质量标准(允许偏差)及检验方法如表 4-75 所示。

表 4-75　冲击式水轮机转轮安装单元工程质量标准(允许偏差)及检验方法

项次	检查项目	允许偏差	检验方法
1	主轴水平或垂直度	每米不超过 0.02 mm	用方型水平仪检查
2	转轮端面跳动量	每米不超过 0.05 mm	盘车用百分表检查
3	△转轮静平衡试验	符合设计要求	用配重法检查
4	转轮与挡水板间隙	4 ~ 10 mm	用塞尺检查
5	止漏装置与主轴间隙	+40% ~ −40% 实际平均间隙	用塞尺检查

十九、冲击式水轮机控制机构安装单元工程质量检验

冲击式水轮机控制机构安装单元工程质量标准(允许偏差)及检验方法如表 4-76 所示。

表 4-76　冲击式水轮机控制机构安装单元工程质量标准(允许偏差)及检验方法

项次	检查项目	允许偏差	检验方法
1	各元件中心	2.0 mm	拉线,用钢板尺检查
2	各元件高程	不超过 ±1.5 mm	用水准仪、钢板尺检查
3	△各元件水平或垂直度	每米不超过 0.10 mm	用方型水平仪检查
4	△偏流器与喷针协联关系	不超过 2% 设计值	录制关系曲线检查
5	△紧急停机模拟试验	符合设计要求	记录喷针与偏流器自动全开至全关动作时间

检验标准:各元件安装后动作应灵活。

二十、油压装置安装单元工程质量检验

油压装置安装单元工程质量标准(允许偏差)及检验方法如表 4-77 所示。

表 4-77　油压装置安装单元工程质量标准(允许偏差)及检验方法

项次	检查项目	允许偏差	检验方法
1	集油槽、漏油槽渗漏试验	保持 12 h 无渗漏	充水试验检查
2	△压油罐严密性试验	符合 GB 8564—88 第 2.0.10 条要求	油压试验检查
3	集油槽、压油罐中心	不超过 5.0 mm	用钢卷尺检查
4	集油槽、压油罐高程	±5 mm	用水准仪、钢板尺检查
5	集油槽水平度	每米不超过 0.20 mm	用水准仪、钢板尺检查
6	压油罐垂直度	每米不超过 2.0 mm	挂线锤,用钢板尺检查
7	事故配压阀法兰水平度	每米不超过 0.15 mm	用方型水平仪检查
8	△油泵及电动机中心	0.08 mm	用专用工具或塞尺检查
9	△油泵及电动机中心倾斜	每米不超过 0.20 mm	用专用工具或塞尺检查
10	△油压装置压力整定值	+2% ~ −2% 设计值	用标准压力表检查
11	事故配压阀中心及高程	±10 mm	用钢卷尺检查
12	△油泵试运转	符合 GB 8564—88 第 6.1.5 条要求	动作试验检查
13	油压装置工作严密性	在工作压力下保持 8 h, 油压下降值不超过 0.15 MPa	记录油位下降值,换算检查
14	调速系统油质	符合 GB 11120—89 要求	作油化验检查

表 4-77 中说明:

(1)《水轮发电机组安装技术规范》(GB 8564—88)第 6.1.5 条:油泵电动机试运转应符合下列要求:

①电动机的检查试验,应符合《电气装置安装工程施工及验收规范》(GBJ 323—82)的有关要求。

②油泵一般空载运行 1 h,并分别在 25%、50%、75%、100% 的额定压力下各运行 15 min,应无异常现象。

③运行时,油泵外壳振动不应大于 0.05 mm,轴承处外壳温度不应大于 60 ℃。

④在额定压力下,测量并记录油泵轴油量(取 3 次平均值)不应小于设计值。

(2)集中槽、压油罐中心,测量设备上标记与机组 x、y 基准线的距离。

(3)集中槽水平度测量集油槽四角高程差。

(4)事故配压阀中心及高程,测量设备上标记与机组 x、y 基准线的距离。

二十一、调速器安装及调度单元工程质量检验

调速器安装及调度单元工程质量标准(允许偏差)及检验方法如表4-78 所示。

表 4-78 调速器安装及调度单元工程质量标准(允许偏差)及检验方法

项次	检查项目	允许偏差	检验方法
1	调速器柜中心	5.0 mm	用钢卷尺检查
2	调速器柜高程	±5.0 mm	用水准仪、钢板尺检查
3	调速器柜水平度	每米不超过 0.15 mm	用方型水平仪检查
4	△离心飞摆摆度	不大于 0.04 mm	用百分表检查
5	△缓冲器活塞回复位置	±0.02 mm	用百分表检查
6	△缓冲时间	上下两回复时间之差不大于整定值的10%	测量回复中间位置最后 1 mm 的时间
7	△缓冲特性曲线	符合设计要求	录制缓冲特性曲线检查
8	各指示器及杠杆位置	1.0 mm	用游标卡尺检查
9	回复机构支座水平度	每米不超过 1.0 mm	用方型水平仪检查
10	永态转差系数	符合 GB 8564—88 第6.2.2条的要求	用百分表检查
11	导叶及轮叶在中间位置时回复机构水平度	每米不超过 1.0 mm	用方型水平仪检查
12	△电液转换器差动活塞位置	不大于 ±0.02 mm	用百分表检查
13	油压变化时电液转换器差动活塞位置	不大于 ±0.05 mm	用百分表检查
14	△电液转换器灵敏度	符合设计要求	录制缓冲特性曲线检查
15	电气回路绝缘检查	符合 GB 50150—91 有关规定	用兆欧表检查
16	稳压电源输出电压	+1% ~ -1%设计值	用电压表检查
17	△电气调节器死区、放大系数及线性度	符合设计要求	录制关系曲线检查

表 4-78 中说明：

(1)调速器中心，测量设备上标记与机组 x、y 基准线的距离。

(2)调速器柜水平度，机调测飞摆电动机底座(上搁板)，电调测电液转换器底座(上搁板)。

(3)各项指示器有杠杆位置，按图纸尺寸进行调整。

(4)《水轮发电机组安装技术规范》(GB 8564—88)第 6.2.2 条：当永态系数(残留不均衡度)指示为零时，回复机构动作全行程，转差机构有行程为零，其最大偏差不应大于 0.05 mm，校核该行程应与指示器的指示值一致。

二十二、调速系统整体调试及模拟试验

调速系统整体调试及模拟试验质量标准(允许偏差)及检验方法如表 4-79 所示。

表 4-79　调速系统整体调试及模拟试验质量标准(允许偏差)及检验方法

项次	检查项目	允许偏差	检验方法
1	开度指示器红黑针位置	不重合,不大于2%全行程值	全行程动作检查
2	导叶接力器指示值	不大于1%全行程值	全行程动作检查
3	轮叶接力器指示值	不大于0.5°	全行程动作检查
4	导叶及轮叶紧急关闭时间	+5%～-5%设计值	动作试验检查
5	轮叶开启时间	+5%～-5%设计值	动作试验检查
6	事故关闭导叶时间	+5%～-5%设计值	动作试验检查
7	接力器行程与导叶开度曲线	符合 GB 8564—88 第 6.3.5 条要求	录制关系曲线检查
8	导叶与轮叶协联关系曲线	随动不准确度小于1.5%全行程值	录制协联曲线检查
9	回复机构死行程	不大于0.2%全行程值	全行程动作检查
10	导叶及轮叶最低操作油压	不大于16%额定油压	无水情况下动作试验
11	△永态转差系统及暂态转差系统	方向正确并与相应电位器刻度值相符合	动作试验检查
12	缓冲特性曲线	符合设计要求	录制缓冲特性曲线检查
13	△手自动切换	接力器摆动小于0.2%全行程值	动作试验检查
14	测频回路关系曲线 $u = f(H)$	死区及线性度符合设计要求	检查静态特性曲线
15	电液转换器静态特性曲线 $s = f(\triangle i)$	死区及放大系数符合设计要求	检查关系曲线
16	△反馈送讯器关系曲线 $u = f(a)$	线性度符合设计要求	检查关系曲线
17	△调速系统静态特性曲线	转速死区小于0.05%	检查静态特性曲线
18	模拟手动、自动开停机及紧急停机	动作正常	动作试验检查

表 4-79 中说明：

《水轮发电机组安装技术规范》（GB 8564—88）第 6.3.5 条：从开关两个方向测绘导叶接力器与导叶开度的关系曲线，每点应测 4～8 个导叶开度，取其平均值；有导叶全开时，应测量全部导叶的开度值，其偏差一般不超过设计值的 ±2%。

二十三、立式水轮发电机上、下机架组装及安装单元工程质量检验

立式水轮发电机上、下机架组装及安装单元工程质量标准（允许偏差）及检验方法如表 4-80 所示。

表 4-80 立式水轮发电机上、下机架组装及安装单元工程质量标准（允许偏差）及检验方法

项次	检查项目	允许偏差	检验方法
1	各组合缝间隙	符合 GB 8564—88 第 2.0.6 条及 7.1.1 条要求	用塞尺检查
2	挡风板、消火水管与定子线圈及转子风扇距离	0～+20% 设计值	用钢卷尺检查
3	分瓣式推力轴承支架平面度	不超过 0.20 mm	用钢板尺及塞尺检查
4	机架中心	1.0 mm	挂钢琴线，用测杆检查
5	机架水平度	每米不超过 0.10 mm	用方型水平仪检查
6	机架高程	±1.5 mm	用水准仪、钢板尺检查
7	机架与基础板组合缝	符合 GB 8564—88 第 2.0.6 条要求	用塞尺检查

表 4-80 中说明：

(1)《水轮发电机组安装技术规范》（GB 8564—88）第 7.1.1 条：机组组合后，检查组合缝间隙，应符合 2.0.6 条规定，承受轴向荷重的机架支壁组合缝顶端用 0.705 mm 塞尺检查，局部不接触长度不应超过顶端总长的 10%。

(2)消火水管喷射孔方向应正确，一般可采用通压缩空气的方式检查——挡风板、消火水管与定子线圈等的检查。

(3)机架中心测部件 x、y 标记与机组 x、y 基准线之距离。

二十四、立式水轮发电机定子组装及安装单元工程质量检验

立式水轮发电机定子组装及安装单元工程质量标准（允许偏差）及检验方法如表 4-81 所示。

表 4-81　立式水轮发电机定子组装及安装单元工程质量标准(允许偏差)及检验方法

项次		检查项目	允许偏差	检验方法
1		定子机座组合缝间隙	局部不超过 0.10 mm，螺栓周围不超过 0.05 mm	用塞尺检查
2		△定子铁芯合缝间隙	加垫后无间隙，线槽底部径向错牙不超过 0.50 mm	用钢板尺及塞尺检查
3		机座与基础板组合缝	符合 GB 8564—88 第 2.0.6 条要求	用塞尺检查
4		△定子圆度(各半径与平均半径之差)	+5% ~ -5%设计空气间隙	用测圆架或测杆检查
5		△定子铁芯中心高程	0 ~ +0.4%铁芯有效长度值，且不超过 6.0 mm	用水准仪、钢板尺检查
6 现场装配定子	6.1	各环板内圆半径	+2.0 ~ -1.0	用测圆架检查
	6.2	定位筋内圆半径	±0.5	用测圆架检查
	6.3	定位筋弦距	±0.30	用专用工具检查
	6.4	△铁芯内圆半径	+3% ~ -3%空气间隙	用测圆架检查
	6.5	铁芯高度	±5.0	用钢卷尺检查
	6.6	铁芯波浪度	10	用水平仪检查

二十五、立式水轮发电机转子组装单元工程质量检验

立式水轮发电机转子组装单元工程质量标准(允许偏差)及检验方法如表 4-82 所示。

表 4-82　立式水轮发电机转子组装单元工程质量标准及检验方法

项次	检查项目		允许偏差			检验方法
1	各组合缝间隙		符合 GB 8564—88 第 2.0.6 条要求			用塞尺检查
2	轮臂下端各挂钩高程差		1.0 mm			用水准仪、钢板尺检查
3	轮臂各键槽弦长		符合设计要求			用钢卷尺检查
4	轮臂键槽径向和切向倾斜度		每米不超过 0.30 mm			用方型水平仪检查
5	闸板径向水平度		0.50 mm			用方型水平仪检查
6	闸板周向波浪度		2.0 mm			用水准仪、钢板尺检查
7	磁轭叠压系数		不小于 0.99 mm			用钢卷尺检查
8	磁轭平均高度		0 ~ +10 mm			用钢卷尺检查
9	△磁轭周向高度偏差	磁轭尺寸(mm)	<1 500	1 500~2 500	>2 500	用水准仪、钢板尺检查
		偏差	6 mm	8 mm	10 mm	

项次	检查项目		允许偏差			检验方法
10	磁轭在同一截面内外高度差		不大于 5.0 mm			用水准仪、钢板尺检查
11	磁轭与磁极接触面		平直			用不短于 1 m 的水平尺检查
12	△磁轭圆度		+4% ~ -4%设计空气间隙			用测量架检查
13	磁极挂装	机组转速(r/min)	<300	300~500	>500	用磅称称量
		不平衡质量(kg)	10	5	3	
14	磁极中心高程		铁芯长度小于等于 1.5 m 时,不大于 ±1.0 mm;铁芯长度大于 1.5 m 时,不大于 ±2.0 mm			用水准仪、钢板尺检查
15	对称方向磁极高程差		机组转速在 300 r/min 及以上时不大于 1.5 mm			用水准仪、钢板尺检查
16	△转子圆度		+5% ~ -5%设计空气间隙			用测量架检查

二十六、立式水轮发电机制动器安装单元工程质量检验

立式水轮发电机制动器安装单元工程质量标准(允许偏差)及检验方法如表 4-83 所示。

表 4-83　立式水轮发电机制动器安装单元工程质量标准(允许偏差)及检验方法

项次	检查项目	允许偏差	检验方法
1	制动器严密性试验	持续 30 min 降压不超过 3%,解除压力后活塞能自动复位	油压试验检查
2	△制动器顶面高程	±1.0 mm	用水准仪、钢板尺检查
3	制动器与转子闸板间隙	+20% ~ -20%设计间隙	用塞尺、钢板尺检查
4	制动器径向位置	±3.0 mm	用钢卷尺检查
5	制动系统管路试验	无渗漏	用油泵加压检查

二十七、立式水轮发电机转子安装单元工程质量检验

立式水轮发电机转子安装单元工程质量标准(允许偏差)及检验方法如表 4-84 所示。

表 4-84   立式水轮发电机转子安装单元工程质量标准（允许偏差）及检验方法

项次	检查项目	允许偏差	检验方法
1	转子轮环下沉与恢复值	符合设计规定	用测量架及百分表检查
2	镜板水平度	每米不超过 0.02 mm	用方型水平仪检查
3	推力头卡环轴间间隙	小于 0.03 mm	用塞尺检查
4	空气间隙	+10% ~ -10% 平均间隙	用塞尺检查

二十八、立式水轮发电机推力轴承及导轴承安装单元工程质量检验

立式水轮发电机推力轴承及导轴承安装单元工程质量标准（允许偏差）及检验方法如表 4-85 所示。

表 4-85   立式水轮发电机推力轴承及导轴承安装单元工程质量标准（允许偏差）及检验方法

项次	检查项目	允许偏差	检验方法
1	推力轴瓦研刮	每 1 cm^2 内有 1~3 个接触点	用着色法检查
2	推力轴瓦瓦面局部不接触面积	每处不大于 2% 总面积，总和不大于 5% 总面积	用着色法检查
3	导轴瓦研刮	每 1 cm^2 内有一个接触点	用着色法检查
4	导轴瓦瓦面局部不接触面积	每处不大于 5% 总面积，总和不大于 15% 总面积	用着色法检查
5	盘车研刮推力轴瓦	无连点情况	用着色法检查
6	轴承油槽渗漏试验	符合 GB 8564—88 第 2.0.11 条要求	煤油渗漏检查
7	油槽冷却器试验	符合 GB 8564—88 第 2.0.10 条要求	水压试验检查
8	水冷推力瓦试验	无渗漏	水压试验检查
9	高压油顶起装置试验	符合设计要求	油压试验检查
10	高压油顶起状态各推力瓦与镜板间隙	不大于 0.02 mm	用塞尺检查
11	高压油顶起装置单向阀试验	反向加压在 0.5、0.75、1.0 倍工作压力下 10 min 无渗漏	油压试验检查
12	转动部分与固定部分轴向、径向间隙	符合设计要求	用塞尺、钢板尺检查
13	分块导轴瓦间隙	±0.02 mm	用塞尺检查
14	推力瓦受力调整各托盘变形值	+10% ~ -10% 平均变形值	用百分表检查
15	推力瓦受力调整相同锤击力下大轴倾斜值	+10% ~ -10% 平均变化值	用百分表检查
16	弹性油箱压缩量	不大于 0.02 mm	用百分表检查
17	轴承油质	符合 GB 11120—89 的规定	油化验检查
18	轴承油位	±5.0 mm	用钢板尺检查

表 4-85 中说明：

（1）推力轴瓦研刮，根据订货合同，按厂家技术要求检查。

（2）推力轴瓦瓦面不接触面积，应根据订货合同，按厂家技术要求检查。

（3）导轴瓦研刮，应根据订货合同，按厂家技术要求检查。

（4）导轴瓦瓦面局部不接触面积，根据订货合同，按厂家要求检查。

（5）盘车研刮推力轴瓦，根据订货合同，按厂家要求检查。

（6）高压油顶起装置试验，用强度耐压试验和严密性耐压试验。

（7）推力瓦受力调整各托盘变形值及推力瓦受力调整相同锤击力下大轴倾斜值的检查，推力瓦受力应在大轴处于垂直、镜板水平、转子和转轮处于中心位置的情况下进行调整。

（8）《水轮发电机组安装技术规范》（GB 8564—88）第2.0.11条：设备容器进行煤油渗漏试验时，至少保持4 h 应无渗漏现象；阀门进行煤油渗漏试验时，至少保持5 min 应无渗漏现象。

二十九、立式水轮发电机组轴线调整单元工程质量检验

立式水轮发电机组轴线调整单元工程质量标准（允许偏差）及检验方法如表4-86所示。

表 4-86　立式水轮发电机组轴线调整单元工程质量标准（允许偏差）及检验方法

项次	检查项目（部位）	允许偏差（mm）					检验方法
		转速（r/mm）					
1	发电机上下导轴及法兰相对摆度	100	250	375	600	1 000	用百分表检查
		0.03	0.03	0.02	0.02	0.02	
2	水导轴承（相对摆度）	0.05	0.05	0.04	0.03	0.02	用百分表检查
3	励磁机整流子（绝对摆度）	0.40	0.30	0.20	0.15	0.10	用百分表检查
4	集电环（绝对摆度）	0.50	0.40	0.30	0.20	0.10	用百分表检查
5	镜板边缘	镜板直径（mm）	< 2 000	2 000 ~ 3 500		> 3 500	用百分表检查
		允许偏差（mm）	0.1	0.15		0.20	
6	多段轴轴线折弯	每米不超过0.04					用百分表检查

三十、水轮发电机励磁机及永磁机安装单元工程质量检验

水轮发电机励磁机及永磁机安装单元工程质量标准（允许偏差）及检验方法如表4-87所示。

表 4-87　水轮发电机励磁机及永磁机安装单元工程质量标准(允许偏差)及检验方法

项次	检查项目	允许偏差	检验方法
1	分瓣励磁机定子组合缝间隙	符合 GB 8564—88 第 2.0.6 条要求	用塞尺检查
2	主磁极及换向极铁芯内圆圆度	+2.5% ~ -2.5% 设计空气间隙	挂钢琴线,用测杆检查
3	各磁极中心距(弦距)	2.0 mm	用钢卷尺检查
4	励磁机空气间隙	+5% ~ -5% 平均空气间隙	用塞尺检查
5	集电环水平度	2.0	用方型水平仪检查
6	永磁机空气间隙	+5% ~ -5% 平均空气间隙	用塞尺检查
7	永磁机中心	0.20	用百分表检查

主磁极及换向极铁芯内圆圆度:检查各半径与平均半径之差,等分 8 点。

三十一、卧式水轮发电机轴瓦及轴承安装单元工程质量检验

卧式水轮发电机轴瓦及轴承安装单元工程质量标准(允许偏差)及检验方法如表 4-88 所示。

表 4-88　卧式水轮发电机轴瓦及轴承安装单元工程质量标准(允许偏差)及检验方法

项次	检验项目		允许偏差	检验方法
1	轴瓦与轴承外壳配合	圆柱面配合	60% 以上	用着色法检查
		球面配合	75% 以上	
2	轴瓦与轴颈间隙	顶部	0.3 mm ~ 1/1 000D	用压铅法或用塞尺检查
		两侧	顶部间隙的 1/2	
		端面	实际间隙的 +10% ~ -10%	
3	下轴瓦与轴颈接触角		60° ~ 90°	用着色法检查
4	推力轴瓦接触面积		不小于 75% 总面积	用着色法检查
5	轴瓦与推力轴瓦接触点		1 ~ 3 点/cm²	用着色法检查
6	无调节螺栓的推力瓦厚度		±0.02 mm	用千分尺检查
7	轴承座油室渗漏试验		符合 GB 8564—88 第 2.0.11 条要求	煤油试验检查
8	轴承座中心		0.10 mm	挂钢琴线,用内径千分尺检查
9	轴承座槽向水平度		每米不超过 0.20 mm	用方型水平仪检查
10	轴承座轴向水平度		每米不超过 0.10 mm	用方型水平仪检查
11	轴承座与基础板组合缝		符合 GB 8564—88 第 2.0.6 条规定	用基尺检查

表 4-88 中说明:

(1)轴承座油室渗漏试验时,油室清洁、油路畅通。

（2）轴承座中心应根据水轮机部分的实际中心来调整轴承孔中心，并以实际中心来检查其同轴度偏差。

三十二、卧式水轮发电机转子及定子安装单元工程质量检验

卧式水轮发电机转子及定子安装单元工程质量标准（允许偏差）及检验方法如表4-89所示。

表4-89　卧式水轮发电机转子及定子安装单元工程质量标准（允许偏差）及检验方法

项次	检验项目		允许偏差	检验方法
1	转子中心与水轮机中心同心度		0.04 mm	用钢板尺塞尺检查
2	转子中心与水轮机中心倾斜		每米不超过 0.02 mm	用塞尺检查
3	空气间隙		+10% ~ −10% 平均间隙	用塞尺检查
4	定子与转子轴向中心		向励磁机端偏移 1 ~ 1.5 mm	用钢卷尺检查
5	各部摆度	各轴颈处	0.03 mm	用百分表检查
		推力盘端面跳动	0.02 mm	
		联轴法兰处	0.10 mm	
		滑环整流子处	0.20 mm	
6	推力轴承轴向间隙（主轴窜动量）		0.3 ~ 0.6 mm	用塞尺检查
7	密封环与主轴间隙		0.20 mm	用塞尺检查
8	风扇叶片与导风罩径向间隙		+20% ~ −20% 平均间隙	用塞尺检查
9	风扇叶片与导风罩轴向间隙		5.0 mm	用钢板尺检查

表4-89 中说明：

空气间隙每个磁极的间隙值应取 3 ~ 4 次（每次将转子旋转 90°）测量值的算术平均值。

三十三、灯泡式水轮发电机主要部件组装单元工程质量检验

灯泡式水轮发电机主要部件组装单元工程质量标准（允许偏差）及检验方法见表4-90。

表4-90　灯泡式水轮发电机主要部件组装单元工程质量标准（允许偏差）及检验方法

项次	检验项目	允许偏差	检验方法
1	定子铁芯组合缝间隙	加垫后应无间隙，铁芯线槽底部径向错牙不大于 0.5 mm	用塞尺检查
2	定子机座组合缝间隙	局部不超过 0.10 mm，螺栓周围不超过 0.05 mm	用塞尺检查
3	定子铁芯圆度	+5% ~ −5% 空气间隙	挂钢琴线，用测杆检查
4	转子组装	与表4-82 要求相同	

项次	检验项目	允许偏差	检验方法
5	机壳、顶罩各法兰圆度	+0.1% ~ -0.1% 设计直径且最大不超过 5.0 mm	挂钢琴线,用钢卷尺检查
6	顶罩各合缝间隙	符合 GB 8564—88 第 2.0.6 条要求	用塞尺检查
7	机壳、顶罩焊缝	按 GB 11345—89《钢制压力容器对接焊缝超声波探伤》Ⅱ 级焊缝要求	用超声波探伤仪检查

表 4-90 中说明:

(1)定子铁芯圆度等分 8 点测量。

(2)机壳顶罩各法兰圆度等分 8 点测直径。

三十四、灯泡式水轮发电机总体安装单元工程质量检验

灯泡式水轮发电机总体安装单元工程质量标准(允许偏差)及检验方法如表 4-91 所示。

表 4-91　灯泡式水轮发电机总体安装单元工程质量标准(允许偏差)及检验方法

项次	检验项目		允许偏差	检验方法
1	推力轴瓦间隙	单向	0.25 ~ 0.30 mm	用塞尺检查
		双向	0.50 ~ 0.60 mm	
2	空气间隙		+10% ~ -10% 平均间隙	用塞尺检查
3	轴线盘车各部摆度	各轴颈处	0.03 mm	用百分表检查
		推力头端面跳动	0.05 mm	
		联轴法兰处	0.10 mm	
		滑环处	0.20 mm	
4	灯泡体下沉值		符合设计规定	用水准仪、钢板尺检查
5	挡风板与转子径向、轴向间隙		0 ~ +20% 设计值	用钢板尺检查
6	机组整体严密性试验		无渗漏现象	外观检查

三十五、蝴蝶阀安装单元工程质量检验

蝴蝶阀安装单元工程质量标准(允许偏差)及检验方法如表 4-92 所示。

表 4-92　蝴蝶阀安装单元工程质量标准(允许偏差)及检验方法

项次	检验项目		允许偏差	检验方法
1	阀座与基础板组合缝		符合 GB 8564—88 第 2.0.6 条要求	用塞尺检查
2	阀体中心		±5 mm	挂钢琴线,用钢板尺检查
3	阀体横向中心		15 mm	用钢卷尺检查
4	阀体水平度及垂直度		每米不超过 1.0 mm	用方型水平仪检查
5	阀壳各组合缝		符合 GB 8564—88 第 2.0.6 条要求	用塞尺检查
6	橡胶水封充气试验		通 0.05 MPa 压缩空气无漏气	充气在水中检查
7	活门关闭时间隙	充气状态	无间隙	用塞尺检查
		未充气状态	±20% 设计值	
8	静水严密性试验		漏水量不超过设计值	测量漏水量

阀体中心应沿水流方向的中心线,应根据蜗壳及钢管中心确定。

三十六、伸缩节安装单元工程质量检验

伸缩节安装单元工程质量标准(允许偏差)及检验方法如表 4-93 所示。

表 4-93　伸缩节安装单元工程质量标准(允许偏差)及检验方法

项次	检验项目	允许偏差(mm)				检验方法
1	内外套伸缩距离	±6.0				用钢板尺检查
2	盘根槽宽度	钢管直径(m)				用钢板尺检查
		<2	2~3.5	3.5~5.5	>5.5	
		2	3	4	6	

表 4-93 中说明:

(1)内外套伸缩距离测点不少于 4 个。

(2)盘根槽宽度测点不少于 8 个。

三十七、球阀安装单元工程质量检验

球阀安装单元工程质量标准(允许偏差)及检验方法如表 4-94 所示。

表 4-94　球阀安装单元工程质量标准(允许偏差)及检验方法

项次	检验项目	允许偏差	检验方法
1	阀座与基础板组合缝	符合 GB 5864—88 第 2.0.6 条要求	用塞尺检查
2	阀体中心	±5 mm	挂钢琴线,用钢板尺检查
3	阀体横向中心	15 mm	用钢卷尺检查
4	阀体水平度及垂直度	每米不超过 1.0 mm	用方型水平仪检查

项次	检验项目	允许偏差	检验方法
5	阀体各组合缝	符合 GB 5864—88 第 2.0.6 条要求	用塞尺检查
6	活门与阀体间隙	符合设计要求	用塞尺检查
7	工作及检修密封间隙	不超过 0.05 mm	用塞尺检查
8	密封盖行程	不小于设计值的 80%	用钢板尺检查
9	静水严密性试验	保持 30 min 漏水量不超过设计值	测量漏水量

三十八、附件及操作机构安装单元工程质量检验

附件及操作机构安装单元工程质量标准(允许偏差)及检验方法如表 4-95 所示。

表 4-95　附件及操作机构安装单元工程质量标准(允许偏差)及检验方法

项次	检验项目	允许偏差	检验方法
1	液压阀、旁通阀、空气阀及接力器严密性试验	符合 GB 8564—88 第 2.0.11 条要求	水压或油压试验检查
2	旁通阀垂直度	每米不超过 2.0 m	用方型水平仪检查
3	接力器水平度或垂直度	每米不超过 1.0 mm	用方型水平仪检查
4	接力器底座高程	±1.5 mm	用水准仪、钢板尺检查
5	接力器基础板中心	3.0 mm	用钢卷尺检查
6	△动作试验	动作平稳,活门在全开位置的开度偏差不超过 +1°	操作活门全行程动作检查
7	主阀操作系统严密性试验	在 1.25 倍工作压力情况下 30 min 无渗漏	外观检查

三十九、机组管路安装单元工程质量检验

(一)管件制作工序质量检验

管件制作工序质量标准(允许偏差)及检验方法如表 4-96 所示。

表 4-96　管件制作工序质量标准(允许偏差)及检验方法

项次	检验项目	允许偏差	检验方法
1	管截面椭圆度	8%D	用外卡钳钢板尺检查
2	弯曲角度	每米不超过 3.0 mm 且全长不超过 10 mm	用样板及钢板尺检查
3	折皱不平度	3%D	用外卡钳钢板尺检查
4	环形管半径	±2%R	用样板及钢板尺检查
5	环形管平面度	±20 mm	拉线,用钢板尺检查
6	三通管垂直度	2%H	用角尺及钢板尺检查
7	锥形管两端直径	±1%D	用钢卷尺检查

表 4-96 中说明：

（1）管截面椭圆度，应测量大与小的外径差。

（2）折皱不平度，波距不小于 4 倍波纹高度。

（3）锥形管两端直径，其长度一般不小于两管径差的 3 倍。

（4）按组成该系统的管道长度每 50 m 检查两处，不足 50 m 检查一处的方式检验，具体检验部位由现场商定。

（5）D 为管外径设计值，mm；R 为环管曲率半径设计值，mm；H 为三通支管高度，mm。

（二）机组管道安装工序质量检验

机组管道安装工序质量标准（允许偏差）及检验方法如表 4-97 所示。

表 4-97　机组管道安装工序质量标准（允许偏差）及检验方法

项次	检验项目	允许偏差	检验方法
1	明设管平面位置（每 10 m 内）	±10 mm 且全长不超过 20 mm	拉线，用钢卷尺检查
2	明设管高程	±5 mm	用水准仪、钢板尺检查
3	立管垂直度	每米不超过 2.0 mm，且全长不超过 15 mm	吊线锤，用钢板尺检查
4	与设备连接的预埋管出口位置	±10 mm	用钢卷尺检查

表 4-97 中说明：

按组成该系统的管道长度每 50 m 检查两处，不足 50 m 检查一处的方式检验，具体检验部位由现场商定。

（三）管道焊接工序质量检验

管道焊接工序质量标准（允许偏差）及检验方法如表 4-98 所示。

表 4-98　管道焊接工序质量标准（允许偏差）及检验方法

项次	检验项目	允许偏差	检验方法
1	焊缝外观检查	符合 GB 8564—88 第 10.3.1 条、第 10.3.2 条及第 10.3.3 条要求	外观检查及用样板尺检查
2	重要焊缝无损检查	符合《电力建设施工及验收技术规范》（SD 143—85）（钢制承压管道对接焊缝射线检验篇）Ⅱ级焊缝要求	按规定方法检查

表 4-98 中说明：

（1）按组成该系统的管道长度每 50 m 检查两处，不足 50 m 检查一处的方式检验，具体检验部位由现场商定。

(2)《水轮发电机组安装技术规范》(GB 8564—88)第10.3.2条:焊缝表面应有加强高,其值为1~2 mm,遮盖面宽度,Ⅰ形坡口为5~6 mm,Ⅴ形坡口要盖过每边坡口约2 mm;第10.3.3条:焊缝表面应无裂纹、夹渣和气孔等缺陷,咬边深度应小于0.5 mm,长度不超过缝长的10%,且小于100 mm。

(四)管道试验工序质量检验

管道试验工序质量标准如表4-99所示。

表4-99 管道试验工序质量标准

项次	试验项目	质量标准			
		试验性质	试验压力 (MPa)	试验时间 (min)	要求标准
1	1.0 MPa以上的管件及阀门	强度	1.5P 并大于0.4	10	无渗漏
2	1.0 MPa以上的管件及阀门	严密性	1.25P	30	无渗漏
3	系统管路	严密性	1.0P	10	无渗漏

注:P为额定工作压力。

四十、机组充水试验单元工程质量检验

机组充水试验单元工程质量标准如表4-100所示。

表4-100 机组充水试验单元工程质量标准

项次	试验项目	质量标准
1 尾水管充水过程中检查	顶盖止水面、真空破坏阀、水导主轴密封及顶盖检修入孔门的渗漏情况	应符合规定
	尾水进人门渗漏情况	应符合规定
	检修排水廊道水位变化情况	应符合规定
2 蜗壳充水过程中的检查	导叶轴套、蜗壳进人门渗漏情况	应符合规定
	渗漏排水井水位变化	应符合规定
	测量钢管伸缩节径向及轴向变形值并检查漏水情况	应符合规定
	进口工作闸门、蝴蝶阀、球阀在静水下启闭试验时间	符合设计规定

四十一、机组空载试验单元工程质量检验

机组空载试验单元工程质量标准如表4-101所示。

表 4-101 机组空载试验单元工程质量标准

项次	试验项目	质量标准	项次	试验项目	质量标准
1 首次手动开机进行检查和测试	1.1 记录启动、空载开度及上下游水位	符合规定	5 自动开机试验检查	5.2 高压油顶起装置	应能自动投入及退出,油压正常
	1.2 测量各部轴承瓦温、油温及水温,记录轴承油面波动情况	应符合设计要求		5.3 调速器及各自动化元件	动作应正确
	1.3 测量水导、上导摆度。测量支持盖、上机架、推力支架、定子铁芯机座的振动值	摆度应小于轴承间隙,振动值应符合规定		5.4 制动系统检查	能正确动作,可靠
	1.4 记录水轮机各部压力值和真空值	符合规定	6 发电机短路时的试验和检查	6.1 检查发电机保护及测量电流互感器二次电流	三相应平衡,电气仪表指示正确,各继电器动作整定值正确
	1.5 测定顶盖排水泵运行周期,检查水导主轴密封工作情况	符合规定		6.2 录制发电机三相短路特性,测量发电机轴电压	应符合设计要求
	1.6 测定油压装置油泵输油周期	符合规定		6.3 测量灭磁开关的时间常数	应符合设计要求
	1.7 测量手动运行时的机组周波摆动值	符合规定		6.4 检查励磁机整流子碳刷换向情况	换向情况正常
	1.8 测量永磁机电压和频率关系曲线,测量各相电压及相序	符合规定		6.5 复励及调差部分试验	应符合设计要求
	1.9 测量发电机残压及相序	符合规定		6.6 模拟机电气事故停机	动作程序应符合设计要求
	1.10 检查自动控制和温度巡检回路	应正常工作	7	发电机定子检查性直流耐压试验	应符合规定
	1.11 检查主(副)励磁机输出极性及电压调节情况	符合规定	8	发电机升压时的检查和试验	应符合规定
	1.12 停机过程中检查转速继电器制动加闸整定值,记录加闸停机时间	应符合设计要求	9	发电机单相接地试验	保护继电器动作整定值正确

·195·

项次	试验项目	质量标准	项次	试验项目	质量标准
2 手动、自动切换试验	2.1 测定导叶接力器摆动值及摆动周期	接力器应无明显摆动	10 发电机空载时励磁调节器试验	10.1 励磁装置处于手动位置时的励磁检查	工作应正常,且符合设计要求
	2.2 在自动调节状态下,机组转速波动相对值测量	大型调速器不超过 ±0.15%,中型调速器不超过 ±0.25%		10.2 励磁装置手动和自动位置时的电压调整范围检查	最低可调电压值应符合设计要求
3	空载扰动试验检查	转速最大起调量不超过扰动量的30%,超调次数不超过两次,调节时间应符合设计规定		10.3 各种工况下的稳定性和超调量的检查	摆动次数一般为2~3次。电机励磁超调量一般不超过20%;可控硅励磁超调量一般不超过10%
4 机组过速试验应检查	4.1 测量机组各部摆度振动值	应符合规定		10.4 测量励磁调节器的开环放大倍数	应符合设计要求
	4.2 测量各部轴承温度	应符合规定		10.5 在等值负载情况下录制励磁调节器各部特性	应符合设计要求
	4.3 校核整定过速保护装置的动作值	应符合设计规定		10.6 测定发电机转速与电压的变化特性	频率每变化1%时,其发电压变化:对半导体型,不超过额定电压的 ±0.25%;对电磁型,不超过额定电压的2%
	4.4 停机检查机组各部位	应无异常			
5 自动开机试验检查	5.1 检查开、停机程序及时间	应符合设计要求		10.7 可控硅励磁系统各种保护的模拟动作试验及调整	动作应正确
				10.8 带有逆变灭磁的静止励磁装置模拟停机工况逆变灭磁试验	应符合设计要求

表 4-101 中说明:

(1)水轮发电机组各部位振动允许值见表 4-102。

(2)发电机定子检查性直流耐压试验应符合下列的规定:

①按 2~2.5 倍额定电压分相进行直流耐压。

②按 0.5 倍额定电压分级,每级停留 1 min,记录 1 min 后的泄漏电流值。

③发电机升压时进行下列检查和试验:

a. 分级升压,检查所有电压互感器二次侧压三相平衡,相序及仪表指示应正确,各继电器端子电压正常。

b. 在发电机 50% 额定电压及 100% 额定电压下跳灭磁开关,录制灭磁示波图,求取时间常数。

c. 在额定电压下测量发电机轴电压。

d. 检查机组摆度、振动值,应符合规定。

表 4-102　水轮发电机组各部位振动允许值　　　　　（单位:mm）

项次	项目		额定转速（r/min）			
			<100	100~250	250~375	375~750
1	立式机组	带推力轴承支架垂直振动	0.10	0.08	0.07	0.06
2		带导轮轴承的支架水平振动	0.14	0.12	0.10	0.07
3		定子铁芯机座水平振动	0.04	0.03	0.02	0.02
4	卧式机组各部轴承振动		0.14	0.12	0.10	0.07

四十二、机组并列及负荷试验单元工程质量检验

机组并列及负荷试验单元工程质量标准如表 4-103 所示。

表 4-103　机组并列及负荷试验单元工程质量标准

项次	试验项目	质量标准	项次	试验项目	质量标准
1	手动及自动准期并列试验	超前时间、调速脉冲宽度及电压差闭锁的整定值应符合设计要求,并动作正确可靠	3	3.4 转速调节时间	应符合设计要求
2 机组负载下励磁调节器的试验检查	2.1 调节范围	各种负载工况下满足运行要求		3.5 甩 25% 负荷接力器不动时间	应符合设计要求
	2.2 电压调差率	符合设计要求,调差率整定范围分档数不少于 10 点,线性度较好		3.6 转桨式水轮机协联关系	应符合设计要求
				3.7 测量机组转动部分抬机情况	符合设计要求
	2.3 电压静差率	符合设计要求,半导体型不应大于 0.2%~1%,电磁型不应大于 1%~3%	4	低油压关闭导叶试验	停机程序及各部工作情况正常
	2.4 可控硅励磁调节器保护整定试验	应正确	5	事故配压阀关闭导叶试验	停机程序及各部工作情况正常

项次	试验项目	质量标准	项次	试验项目	质量标准
3 机组带负荷及甩负荷试验（应按额定值的 25%、50%、75%、100% 分别进行）	3.1 机组运行	应正常,各仪表指示正确	6	动水下关闭主阀或快速工作闸门试验	停机程序及关闭时间应符合设计要求
	3.2 甩 100% 负荷时	发电机电压超调量不大于额定值的 15% ~ 20%；调节时间不大于 5 s；电压摆动次数不超过 3 ~ 5 次；超过额定转速 3% 以上的波峰不超过 2 次	7	机组 72 h 带额定负荷连续运行试验	机组各部分性能及附属设备、电气设备的运行情况良好
	3.3 校核导叶接力器紧急关闭时间,蜗壳水压上升率及机组转速上升率	均应符合设计要求	8	机组调相运行试验检查	消耗功率、发电与调相工况互相切换程序、供气系统、无功功率最大输出、主轴密封等应符合设计要求
			9	机组成组运行试验	负荷分配稳定性应符合设计及运行要求

第四节　水力机械辅助设备安装工程单元工程质量检验

本节根据能源部、水利部颁发的《水利水电基本建设工程单元工程质量等级评定标准四（试行）》（SDJ 249.4—88）及《水轮发电机组安装技术规范》（GB 8564—88）编制,适用于以下水利水电工程的水力机械辅助设备安装工程质量检验：

（1）总装机容量为 25 MW 及以上。

（2）单机容量为 3 MW 及以上。

按照《水利水电工程施工质量检验与评定规程》（SL 176—2007）规定,水力机械辅助设备安装工程是作为发电厂房单位工程中的分部工程。在安装过程中,安装单位应按现行有效规程、规范和厂家及设计要求,进行全面检查试验,并做好记录,含厂家提供的资料,作为竣工验收资料的组成部分。

一、空气压缩机安装单元工程质量检验

空气压缩机安装单元工程质量标准（允许偏差）及检验方法如表 4-104 所示。

表 4-104　空气压缩机安装单元工程质量标准(允许偏差)及检验方法

项次	检验项目	允许偏差	检验方法
1	设备平面布置	±10 mm	用钢卷尺检查
2	高程	+20~-10 mm	用水准仪和钢板尺检查
3	机身纵、横向水平度	每米 0.10 mm	用方型水平仪检查
4	皮带轮端面垂直度	每米 0.50 mm	用方型水平仪检查及用吊重垂线、钢板尺检查
5	两皮带轮端面在同一平面内	0.50 mm	拉线,用钢板尺检查
6 无负荷试运转 4~8 h	润滑油压	不低于 0.1 MPa	检查油压表
	曲轴箱油温	不超过 60 ℃	用温度计检查
	运动部件振动	无较大振动	现场观测
	运动部件声音检查	声音正常	现场观测
	各连接部件检查	应无松动	检查部件松动情况
7 带负荷试运行(按额定压力 25% 运转 1 h,50%、75% 额定压力各运转 2 h,100% 额定压力运转 4~8 h,分别检验)	渗油	无	
	漏气	无	
	漏水	无	
	冷却水排水温度	不超过 40 ℃	
	各级排气温度	符合设计规定(小于60 ℃)	
	各级排气压力	符合设计规定(0.75 MPa)	
	安全阀	压力正确,动作灵敏	
	各级自动控制装置	灵敏、可靠	

二、深井水泵安装单元工程质量检验

深井水泵安装单元工程质量标准(允许偏差)及检验方法如表 4-105 所示。

表 4-105　深井水泵安装单元工程质量标准(允许偏差)及检验方法

项次	检验项目	允许偏差	检验方法
1	设备平面位置	±10 mm	用钢卷尺检查
2	高程	+20~-10 mm	用水准仪和钢板尺检查
3	各级叶轮与密封环间隙	符合设计规定	用游标卡尺测量
4	泵轴提升量	符合设计规定	用钢板尺检查

项次	检验项目	允许偏差		检验方法
5	叶轮轴向间隙	符合设计规定		用钢板尺检查
6	泵轴与电动机轴线偏心	0.15 mm		用钢板尺、塞尺检查
7	泵轴与电动机轴线倾斜	每米 0.5 mm		用钢板尺、塞尺检查
8	泵座水平度	每米 0.10 mm		用方型水平仪检查
9 水泵试运转（在额定负荷下试运转不少于 2 h）	9.1 填料函检查	压盖松紧适当，只有滴状泄漏		
	9.2 转动部分检查	运转中无异常振动和响声，各连接部分不应松动、渗漏		
	9.3 轴承温度	滚动轴承不超过 75 ℃，滑动轴承不超过 70 ℃		
	9.4 电动机电流	不超过额定值		
	9.5 水泵压力和流量	符合设计规定		
	9.6 水泵止退机构	动作灵活可靠		
	水泵轴的径向振动	转速（r/min）	双向振幅（mm）	
		750～1 000	≤0.10	
		1 000～1 500	≤0.08	
		1 500～3 000	≤0.06	

三、离心水泵安装单元工程质量检验

离心水泵安装单元工程质量标准（允许偏差）及检验方法如表 4-106 所示。

表 4-106　离心水泵安装单元工程质量标准（允许偏差）及检验方法

项次	检验项目	允许偏差	检验方法
1	设备平面位置	±10 mm	用钢卷尺检查
2	高程	+20～−10 mm	用水准仪和钢板尺检查
3	泵体纵、横向水平度	每米 0.10 mm	用方型水平仪检查
4	叶轮和密封环间隙	符合设计规定	用压铅法或塞尺检查
5	多级泵叶轮轴向间隙	大于推力头轴向间隙	用塞尺或钢板尺检查
6	主、从动轴中心	0.10 mm	用塞尺、钢板尺或百分表检查
7	主、从动轴中心倾斜	每米 0.20 mm	用塞尺或百分表检查

项次	检验项目	允许偏差		检验方法
8 水泵试运转（在额定负荷下，试运转不少于2h）	8.1 填料函检查	压盖松紧适当，只有滴状泄漏		
	8.2 转动部分检查	运转中无异常振动和响声，各连接部分不应松动和渗漏		
	8.3 轴承温度	滚动轴承不超过 75 ℃，滑动轴承不超过 75 ℃		
	8.4 电动机电流	不超过额定值		
	8.5 水泵压力和流量	符合设计规定		
	8.6 水泵止退机构	动作灵活可靠		
	8.7 水泵轴的径向振动	转速（r/min）	双向振幅（mm）	
		750 ~ 1 000	≤0.10	
		1 000 ~ 1 500	≤0.08	
		1 500 ~ 3 000	≤0.06	

四、齿轮油泵安装单元工程质量检验

齿轮油泵安装单元工程质量标准(允许偏差)及检验方法如表4-107所示。

表 4-107　齿轮油泵安装单元工程质量标准(允许偏差)及检验方法

项次	检验项目	允许偏差	检验方法
1	设备平面位置	±10 mm	用钢卷尺检查
2	高程	+20 ~ −10 mm	用水准仪和钢板尺检查
3	泵体水平度	每米 0.20 mm	用方型水平仪检查
4	齿轮与泵体径向间隙	0.13 ~ 0.16 mm	用塞尺检查
5	齿轮与泵体轴向间隙	0.02 ~ 0.03 mm	压铅法检查
6	主、从动轴中心	0.10 mm	用塞尺、钢板尺或百分表检查
7	主、从动轴中心倾斜	每米 0.20 mm	用塞尺或百分表检查

项次	检验项目	允许偏差	检验方法
8 油泵试运转（在无压情况下运行 1 h 及额定负荷的 25%、50%、75%、100% 各运行 15 min）	8.1 振动	运转中无异常振动	
	8.2 响声	无异常响声	
	8.3 各连接部分检查	不应松动及渗漏	
	8.4 温度	油泵轴承处外壳温度不超过 60 ℃	
	8.5 油泵的压力波动	小于设计值的 ±1.5%	
	8.6 油泵输油量	不小于设计值	
	8.7 油泵电动机电流	不超过额定值	
	8.8 油泵停止观察	符合规定	

五、螺杆油泵安装单元工程质量检验

螺杆油泵安装单元工程质量标准（允许偏差）及检验方法如表 4-108 所示。

表 4-108　螺杆油泵安装单元工程质量标准（允许偏差）及检验方法

项次	检验项目	允许偏差	检验方法
1	设备平面位置	±10 mm	用钢卷尺检查
2	高程	+20 ~ -10 mm	用水准仪和钢板尺检查
3	泵体纵、横向水平度	每米 0.05 mm	用方型水平仪检查
4	螺杆与衬套间隙	符合设计规定	用塞尺测量检查
5	主、从螺杆接触面	符合设计规定	用着色法检查
6	螺杆端部与止推轴承间隙	符合设计规定	用压铅法检查
7	主、从动轴中心	0.05 mm	用百分表检查
8	主、从动轴中心倾斜	每米 0.10 mm	用塞尺或百分表检查
9 油泵试运转（在无压情况下运行 1 h 及额定负荷的 25%、50%、75%、100% 各运行 15 min）	9.1 振动	运转中无异常振动	
	9.2 响声	无异常响声	
	9.3 各连接部分检查	不应松动及渗漏	
	9.4 温度	油泵轴承处外壳温度不超过 60 ℃	
	9.5 油泵的压力波动	小于设计值的 ±1.5%	
	9.6 油泵输油量	不小于设计值	
	9.7 油泵电动机电流	不超过额定值	
	9.8 油泵停止观察	不应反转	

六、水力测量仪安装单元工程质量检验

水力测量仪安装单元工程质量标准(允许偏差)及检验方法如表4-109所示。

表4-109　水力测量仪安装单元工程质量标准(允许偏差)及检验方法

项次	检验项目	允许偏差(mm)	检验方法
1	仪表设计位置	10	用钢卷尺检查
2	仪表盘设计位置	20	用钢卷尺检查
3	仪表盘垂直度	每米3	吊线锤,用钢板尺检查
4	仪表盘水平度	每米3	用水平尺检查
5	仪表盘高程	±5	用水准仪和钢板尺检查
6	取压管位置	±10	用钢卷尺检查

七、箱、罐及其他容器安装单元工程质量检验

箱、罐及其他容器安装单元工程质量标准(允许偏差)及检验方法如表4-110所示。

表4-110　箱、罐及其他容器安装单元工程质量标准(允许偏差)及检验方法

项次	检验项目	允许偏差	检验方法
1	容器水平度(卧罐)	不大于$L/1\,000$	用水平仪或U形水平管检查
2	容器垂直度(立罐)	不大于$H/1\,000$且不超过10 mm	吊线锤,用钢板尺检查
3	容器底面高程	±10 mm	用水准仪、钢板尺检查
4	中心线位置	10 mm	用经纬仪检查

八、轴流式通风机安装单元工程质量检验

轴流式通风机安装单元工程质量标准(允许偏差)及检验方法如表4-111所示。

表4-111　轴流式通风机安装单元工程质量标准(允许偏差)及检验方法

项次	检验项目	允许偏差	检验方法
1	设备平面位置	±10 mm	用钢卷尺检查
2	高程	+20～-10 mm	用水准仪或钢板尺检查
3	机身纵、横向水平度	0.20 mm/m	用水平仪检查
4	△叶轮主体风筒间隙或对应两侧间隙差	符合设计要求或$D\le600$ mm时不大于±0.5 mm,$D>600\sim1\,200$ mm时不大于±1.0 mm	用塞尺检查

项次	检验项目	允许偏差		检验方法
5 风机试运转（试运转不少于 2 h）	5.1 叶轮旋转方向	符合设计规定		
	5.2 运行检查	运行平稳，转子与机壳无摩擦声音		
	5.3 转子径向振动	转速（r/min）	径向振幅（双向）（mm）	
		750~1 000	≤0.10	
		1 000~1 450	≤0.08	
		1 450~3 000	≤0.05	
	5.4 轴承温度	滑动轴承不超过 60 ℃，滚动轴承不超过 80 ℃		
	5.5 电动机电流	不超过额定值		

九、离心式通风机安装单元工程质量检验

离心式通风机安装单元工程质量标准（允许偏差）及检验方法如表 4-112 所示。

表 4-112 离心式通风机安装单元工程质量标准（允许偏差）及检验方法

项次	检验项目	允许偏差	检验方法
1	设备平面位置	±10 mm	用钢卷尺检查
2	高程	+20~ -10 mm	用水准仪或钢板尺检查
3	轴承座纵、横向水平度	0.20 mm/m	用方型水平仪检查
4	机壳与转子同轴度	2 mm	拉线，用钢板尺检查
5	叶轮与机壳轴向间隙	符合设计规定或不超过 $D/100$	用塞尺检查
6	叶轮与机壳径向间隙	符合设计规定或不超过 $(1.5~3)D/100$	用塞尺检查
7	主、从动轴中心	0.05 mm	用钢板尺、塞尺或百分表检查
8	主、从动轴中心倾斜	0.20 mm/m	用塞尺或百分表检查
9	皮带轮端面垂直度	0.50 mm/m	吊线锤，用钢板尺检查
10	两皮带轮端面在同一平面内	0.50 mm	拉线，用钢板尺检查

项次	检验项目	允许偏差		检验方法
11 风机试运转（试运转不少于 2 h）	11.1 叶轮旋转方向	符合设计规定		
	11.2 运行检查	运行平稳,转子与机壳无摩擦声音		
	11.3 转子径向振动	转速（r/min）	径向振幅（mm）	
		750 ~ 1 000	≤0.10	
		1 000 ~ 1 450	≤0.08	
		1 450 ~ 3 000	≤0.05	
	11.4 轴承温度	滑动轴承不超过 60 ℃,滚动轴承不超过 80 ℃		
	11.5 电动机电流	不超过额定值		

十、水利机械系统管路安装单元工程质量检验

水利机械系统管路安装单元工程质量标准(允许偏差)及检验方法如表 4-113 所示。

表 4-113　水利机械系统管路安装单元工程质量标准(允许偏差)及检验方法

项次	检验项目	允许偏差	检验方法
1	管截面最大与最小管径差	不大于 8%	用外卡钳和钢板尺检查
2	弯曲角度	±3 mm/m 且全长不大于 10 mm	用样板和钢板尺检查
3	折皱不平度	不大于 3%D	用外卡钳和钢板尺检查
4	环形管半径	不大于 ±2%R	用样板和钢板尺检查
5	环形管平面度	不大于 ±20 mm	拉线,用钢板尺检查
6	Ω 形伸缩节尺寸	±10 mm	用样板和钢板尺检查
7	Ω 形伸缩节平直度	3 mm/ m 且全长不超过 10 mm	拉线,用钢板尺检查
8	三通主管与支管垂直度	不大于 ±2%H	用角尺和钢板尺检查
9	锥形管两端直径	不大于 ±1%D	钢卷尺检查
10	卷制焊管端面倾斜	不大于 D/1 000	用钢板尺检查
11	卷制焊管周长	不大于 L/1 000	钢卷尺检查
12	焊缝外观检查	符合 GB 8564—88 第 10.3.2、10.3.3 条规定	用钢板尺或焊接检验尺、5 倍放大镜检查
13	重要焊缝无损检验	符合 SDJ 143—85 Ⅱ级焊缝的要求	

项次	检验项目	允许偏差	检验方法
14	明管平面位置	±10 mm 且全长不大于 20 mm	挂线,用钢卷尺检查
15	明管高程	±5 mm	用水准仪、钢板尺检查
16	立管垂直度	2 mm/m 且全长不大于 15 mm	吊线,用钢板尺检查
17	排管平面度	不超过 5 mm	用钢板尺、水平仪检查
18	排管间距	0 ~ +5 mm	用钢卷尺检查
19	与设备联结的预埋管出口位置	±10 mm	用钢卷尺检查

项次	检查项目	试验性质	试验压力	试验时间	要求标准
20 压水试验	1.0 MPa 以上阀门	严密性	1.25P	5 min	无渗漏
	自制有压容器及管件	强度	1.5P 并大于 0.4 MPa	10 min	无渗漏
		严密性	1.25P	30 min	无渗漏且压降小于 5%P
			1P	12 h	
	无压容器	渗漏	注水	12 h	无渗漏
	系统管道	强度	1.25P	5 min	无渗漏
		严密性	1P	10 min	无渗漏
21	通风系统	漏风率	额定风压		不大于设计风量 10%

注: P 为额定工作压力。

表 4-113 中说明:

《水轮发电机组安装技术规范》(GB 8654—88)第 10.3.2 条:焊缝表面应有加强高,其值为 1 ~ 2 mm,遮盖面宽度 I 形坡口为 5 ~ 6 mm,U 形坡口要盖过每边约 2 mm。

《水轮发电机组安装技术规范》(GB 8654—88)第 10.3.3 条:焊缝表面应无裂纹、夹渣、气孔等缺陷,咬边深度应小于 0.05 mm,长度不超过缝长的 10% 且小于 10 mm。

按组成系统的管路长度计算,每 50 m 各检查两处,不足 50 m 各检查一处的方式检验,具体检验部位由现场商定,对于工作压力在 2.5 MPa 及以上的阀门及系统管路试验必须逐项检验。

有压容器的制作单位必须具备有压容器的制作许可证。

第五节　发电电气设备安装工程单元工程质量检验

一、20 kV 及以下油断路器安装单元工程质量检验

20 kV 及以下油断路器安装单元工程质量标准和检验方法如表 4-114 所示。

表4-114　20 kV 及以下油断路器安装单元工程质量标准（允许偏差）和检验方法

项次	检查项目	质量标准（允许偏差）	检验方法
1	一般规定	金属构架安装正确、牢固,质量符合要求。所有部件应齐全,无锈蚀,支持绝缘子或绝缘套瓷件应清洁,无裂纹、破损,瓷铁件黏合牢固。绝缘件应无变形和受潮	现场检查
2	基础部分允许偏差	中心距及高度小于等于 ±10 mm,预留孔或预埋铁板中心线小于等于 ±10 mm,基础螺栓中心线小于等于 ±2 mm	用钢尺测量
3 箱体安装	3.1 外观检查	安装垂直,固定牢固,底座与基础之间的垫片不宜超过 3 片,总厚度不应大于10 mm,各垫片间焊接牢固	吊垂线,现场检查
	△3.2 允许偏差同相各支柱中心线三相底座或油箱中心线	≤5 mm ≤5 mm	用钢尺测量
	3.3 油箱	内部清洁,无杂质,绝缘衬套干燥,无损伤,放油阀畅通。顶部及法兰等处衬垫完好,有弹性,密封良好,箱体焊缝无渗油,油漆完整	现场检查
4	△灭弧室检查	部件应完整,绝缘件应干燥,无变形,安装位置应准确	现场检查
5	提升杆及导向板检查	无弯曲及裂纹,绝缘漆层完好,绝缘电阻符合产品要求	现场检查
△6 导电部分检查	6.1 触头	表面清洁,镀银部分不得挫磨,铜钨合金不得有裂纹或脱焊。动静触头应对准,分合闸过程无卡阻,合闸后触头线接触,用厚 0.05 mm×10 mm 塞尺检查,应塞不进去	现场检查,用塞尺检查
	6.2 横杆、导电杆	无裂纹,导电杆应平直,端部光滑平整	现场检查
	6.3 编织铜线或软铜片	应无断裂,铜片间无锈蚀,固定螺栓齐全,紧固	现场检查
7 缓冲器	7.1 动作	固定牢固,动作灵活,无卡阻、回跳现象	现场试验
	7.2 油质,油位	油质应符合产品要求,油标、油位正确	现场观察
	7.3 行程	应符合产品技术规定	

项次	检验项目	质量标准(允许偏差)		检验方法
8 与母线或者电缆线连接	8.1 部位	应清洁平整,无毛刺或锈蚀,连接螺栓紧固		现场检查
	8.2 接触面:线接触	<0.05 mm		用塞尺检查
	8.3 接触面:面接触 接触面宽度小于等于50 mm 接触面宽度大于等于60 mm	塞尺塞入深度 <4 mm <6 mm	塞尺塞入深度 <2 mm <3 mm	用塞尺检查
9 操作机构和传动装置安装	9.1 部件	齐全完整,连接牢固,各锁片、防松螺母均应拧紧,开口销张开		现场检查
	9.2 分合闸线圈	绝缘完好,铁芯动作应灵活,无卡阻		现场检查
	△9.3 合闸接触器和辅助开关	动作应准确可靠,接点接触良好,无烧损或锈蚀		现场试验
	△9.4 操作机构调整	应满足动作要求,检查活动部件与固定部件的间隙、移动距离、转动角度等均应在产品允许的误差范围内		现场检查
	△9.5 联动动作检查	应正常,无卡阻现象,分合闸位置指示器指示正确		现场试验
10	排气装置的安装	应符合 GBJ 147—90 第3.2.8 条要求		现场检查
11	油标、油位指示器检查	指示正确,无渗油		现场检查
12	接地部位检查	接触牢固、可靠		现场检查
13	△测量每相导电回路电阻	应符合产品的技术要求		检查产品合格证
14	测量断路器分合闸状态时的绝缘电阻	绝缘电阻值大于 1 200 MΩ		现场测试
15	测量二次回路绝缘电阻	绝缘电阻值大于等于 1 MΩ		现场测试
16	测量分合闸线圈的直流电阻及绝缘电阻	绝缘电阻值大于 10 MΩ,直流电阻值应符合产品技术要求		现场测试
17	△交流耐压试验	试验标准见 GB 50150—91 附录1,耐压试验应通过		现场做交流耐压试验
18	△测量分合闸时间	均应符合产品技术规定		现场测量
19	测量分合闸速度	应符合产品技术要求		现场测量
20	测量分合闸同时性	应符合产品技术要求		现场测量
21	绝缘油试验	应符合 GB 50150—91 有关规定		现场做绝缘油试验
22	检查操作机构最低动作电压	分闸电磁铁:$30\%U_n < U < 65\%U_n$ 合闸接触器:$(85\% \sim 110\%)U_a$		现场检查试验
23	操作试验	在额定操作电压值下进行分合闸操作各3次,断路器动作正常		现场操作试验

检查数量:逐项检查。

二、户内式隔离开关安装单元工程质量检验

户内式隔离开关安装单元工程质量标准和检验方法如表4-115所示。

表4-115 户内式隔离开关安装单元工程质量标准和检验方法

项次	检查项目	质量标准	检验方法
1 外观检查	绝缘子	表面清洁,无破损等缺陷,瓷铁件黏合牢固	现场检查
	开关固定部分	安装正确,转动部分动作灵活	现场试验
	操作机构	零部件齐全,所有固定连接件紧固,动作灵活	现场检查试验
	接地、油漆	油漆完整,相色正确,接地牢固可靠	现场观察
2 本体安装	相间距离与设计值误差值	≤5 mm	用钢尺测量
	支柱绝缘子	应连接牢固,水平与垂直偏差经校正后,应能满足触头接触良好,同相各支柱绝缘中心线应在同一垂直平面内。与底座平面垂直	现场测试
3 触头调整	触头接触	用厚0.05 mm×10 mm塞尺检查:线接触,塞尺塞不进去;接触,接触面宽度小于等于50 mm时,塞入深度小于等于4 mm;接触面宽度大于等于60 mm时,小于6 mm	用塞尺检查
	触头平面	平整、清洁,无氧化膜	现场观察
	分合闸检查	合闸后触头间相对位置备用行程,分闸状态时触头间的净距离、拉开角度符合产品的技术规定	现场试验检查
	三相联动检查	触头接触的同期性允许误差小于5 mm	现场试验
4 母线与电缆连接	连接部位	清洁,无毛刺或锈蚀,螺栓紧固	现场观察
	接触面	同"触头接触"要求	用塞尺检查
5 操作机构安装	安装	牢固,各固定部件螺栓紧固,开口销必须分开	现场检查
	传动部件	安装调整符合规范GBJ 147—90规定	现场检查
	操作机构	动作平稳,无卡阻、冲击	现场试验
6	交流耐压试验	试验应无异常	现场试验
7	操作试验	手动操作3次,进行试验检查,动作正常可靠	现场试验

检查数量:逐项检查。

三、3~20 kV 负荷开关或高压熔断器安装单元工程质量检验

3~20 kV 负荷开关或高压熔断器安装单元工程质量标准和检验方法如表4-116 所示。

表4-116　3~20 kV 负荷开关或高压熔断器安装单元工程质量标准和检验方法

项次	检查项目	质量标准	检验方法
1 外观检查	1.1 安装位置	位置正确,固定牢固,部件齐全、完整	用钢尺测量
	1.2 瓷件	表面清洁,无裂纹、破损,瓷铁件黏合牢固	现场目测
	1.3 操作机构	零部件齐全,所有固定连接部分应紧固,转动部分动作灵活	检查
	1.4 油浸式负荷开关	无渗漏油现象	现场检查
2△负荷开关安装调整	2.1 触头接触	用厚 0.05 mm × 10 mm 塞尺检查:线接触,塞尺塞不进去;面接触,接触面宽度小于等于 50 mm 时,塞入深度小于等于 4 mm;接触面宽度大于等于 60 mm 时,小于 6 mm	用厚 0.05 mm × 10 mm 塞尺检查
	2.2 三相触头动作偏差	接触先后小于等于 3 mm,分闸状态触头净距及拉开角度应符合产品的技术规定	用塞尺检查和现场检查
	2.3 灭弧筒	完整无裂纹,与灭弧触头的间隙应符合产品的技术要求	检查产品合格证及使用说明书
	2.4 接线端子与母线连接面	清洁平整,接触紧密	现场检查
	2.5 操作机构安装	与表4-115 中项次 5 要求相同	现场做操作试验
	2.6 辅助开关触点	安装牢固,接触良好,动作可靠	用塞尺检查和现场检查
	2.7 接地	牢固,可靠	现场做试验检查
3 高压熔断器检查	3.1 零部件	齐全,无锈蚀,熔管无裂纹、破损	现场清点和检查
	3.2 绝缘支座	安装位置应水平或垂直,两钳口在一直线上,带动作指示的熔断器指示器应朝下安装	用水平尺、吊垂线检查和现场检查
	△3.3 熔丝	规格应符合要求,应无弯折、压扁	现场检查和检查产品合格证
	△3.4 熔丝管与钳口	接触紧密,钳口弹力充足,插入顺利,可靠	现场检查
	3.5 跌落式熔断器	熔管轴线与垂直方向保持15° ~ 30°,转动部分应灵活	现场检查
	3.6 与母线连接	应符合 GBJ 147—90 第8 章的规定	现场检查

项次	检查项目	质量标准	检验方法
4	4.1 测量绝缘电阻	U_n:3 ~ 15 kV,绝缘电阻大于等于 1 200 MΩ U_n:20 kV,绝缘电阻大于等于 300 MΩ	测量电阻
	4.2 测量高压熔丝管电阻	与产品原测值相比,应无显著差别	现场测试
	△4.3 交流耐压试验	试验标准见 GB 50150—2006 第 14.0.5 条,试验应无异常	按规范做交流耐压试验
5	操作试验	手动操作 3 次,进行试验检查,动作正常,可靠	做手动操作试验

检查数量:逐项检查。

四、20 kV 及以下互感器安装单元工程质量检验

20 kV 及以下互感器安装单元工程质量标准和检验方法如表 4-117 所示。

表 4-117　20 kV 及以下互感器安装单元工程质量标准和检验方法

项次	检查项目		质量标准	检验方法
1 外观检查	外观		清洁,完整,外壳无渗漏油现象,法兰无裂纹或损伤,穿心导电杆固定牢靠	现场观察检查
	瓷套管		无裂纹或损伤,与上盖间的胶合应牢固	现场检查
	接地		牢固可靠	现场检查
2 安装质量检查	本体安装		旋转稳固,垂直固定牢固,同一组中心在同一平面上,间隔一致	吊垂线,现场检查
	二次引线端子		接线正确,连接牢固,绝缘良好标志正确	现场检查
3 测量绕组绝缘电阻	一次绕组		不作规定	现场检查
	二次绕组		电压互感器大于 5 MΩ,电流互感器大于 10 MΩ	通过试验
4	交流耐压试验		一次绕组试验电压标准见 GB 50150—91	现场做试验
5	测量电流互感器的励磁特性曲线		与同型号互感器特性曲线相互比较应无显著差别	检查励磁特性曲线
6	测量电压互感器一次线圈直流电阻		与厂家实测数值比较,应无显著差别	现场测量并作对比
7	测量 1 000 V 以上电压互感器空载电流		空载电流值不作规定,与出厂值相比应无明显差别	检查结果与出厂值对比

项次	检查项目	质量标准	检验方法
8	电压互感器绝缘油试验	符合 GB 50150—91 要求	按规范做试验
9	检查三相互感器接线组别和单位互感器的极性	必须与铭牌及外壳上的符号相符	现场检查
10	检查变比	应与铭牌值相符	现场检查

检查数量:逐项检查。

五、20 kV 及以下干式电抗器安装单元工程质量检验

20 kV 及以下干式电抗器安装单元工程质量标准和检验方法如表 4-118 所示。

表 4-118　20 kV 及以下干式电抗器安装单元工程质量标准和检验方法

项次	检查项目	质量标准	检验方法
1 外观检查	支柱	裂纹长度小于径向尺寸的 1/3,宽度不超过 0.5 mm,并需经表面填补、涂防潮漆处理	现场检查
	线圈	有损伤处经包扎处理,不影响运行	现场检查、做电阻试验
	连接部件	螺栓应紧固	现场检查
2 安装质量检查	位置	应符合规定	用钢尺测量
	各相中心	应一致,标号正确	用钢尺测量
	线圈绕向	符合设计要求	现场检查
	支柱绝缘子	应固定牢固	现场检查
3	接地	接地可靠,支柱绝缘子接地线不应构成闭合回路	现场试验检查
4	交流耐压试验	试验电压标准见 GB 50150—91,试验过程中应无异常	现场做交流耐压试验

检查数量:逐项检查。

干式电抗器的试验项目:

(1)测量绕组连同套管的绝缘电阻、吸收比或极化指数。

(2)测量绕组连同套管的直流电阻。

(3)绕组连同套管的交流耐压试验。

(4)额定电压下冲击合闸试验。

六、避雷器安装单元工程质量检验

避雷器安装单元工程质量标准和检验方法如表 4-119 所示。

表 4-119　避雷器安装单元工程质量标准和检验方法

项次	检查项目	质量标准				检验方法
1 外观检查	密封	完好,型号与设计相符				现场检查
	瓷件	无裂纹、破损,瓷套与铁法兰黏合牢固				现场检查
	位置	各节位置与出厂标志编号相符				现场检查
2 安装质量检查	连接	连接处的金属连接表面无氧化膜及油漆				现场观察
	安装	垂直,每一元件中心线与安装点中心线垂直偏差小于等于元件高度的1.5%,偏差超出标准,经校正能保证其导电性能良好				用吊垂线测量
	放电记录器	密封良好,动作可靠,基座绝缘良好,接地可靠				现场检查
3	测量绝缘电阻	FS 型避雷器绝缘电阻大于 2 500 MΩ,符合产品各型号技术规定				现场做绝缘电阻试验,查看产品说明书
4	测量电导电流并检查组合元件的非线性系数	电导电流试验标准应符合产品技术规定:同一相内串联组合元件的非线性系数差值小于等于 0.04(FCD$_2$)				检测 ABC 三相电导电阻
5	测量工频放电电压	FS 型避雷器工频放电电压范围				用万能表测量工频电压
		额定电压(kV)	3	6	10	
		放电电压(kV)	9 ~ 11	16 ~ 19	26 ~ 31	

检查数量:逐项检测。

七、固定式手车式高压开关柜安装单元工程质量检验

固定式手车式高压开关柜安装单元工程质量标准和检验方法如表 4-120 所示。

表 4-120　固定式手车式高压开关柜安装单元工程质量标准和检验方法

项次	检查项目	质量标准	检验方法
1 基础型钢埋设	允许偏差	垂直度 1 mm/m,全长 5 mm 水平度 1 mm/m,全长 5 mm	用水平尺检查
	型钢接地	接地可靠,安装后其顶部宜高出抹面10 mm	现场检查

项次	检查项目	质量标准	检验方法
2 开关柜本体安装	允许偏差	垂直度:1.5 mm/m 水平度:相邻两柜边 1 mm,成列柜面 5 mm,柜间隔 2 mm	用水平尺、钢尺检查
	柜体固定	牢固,柜间连接紧密	现场检查
	与建筑物间距离	应符合设计要求	现场用钢尺测量
	隔板	完整,牢固,门锁灵活、齐全	现场检查
3	柜内电气设备安装	符合 GB 50150—91 的规范要求	按设计要求对照检查
4	接地	固定牢固,接触良好,排列整齐,柜门等应用软铜线接地	现场检查,用接地摇表
5 手车式开关柜	手车位置	工作和试验位置的定位应准确可靠	现场检查
	手车	推拉灵活,接地触头接触良好	现场检查
	闭锁装置	动作正确,可靠	现场试验
	触头间隙	推入工作位置后,应符合产品的技术要求	用塞尺检查
	辅助开关切换接点	接点动作准确,接触可靠	现场试验
	安全隔板	开放灵活、正确	现场检查
	动静触头	中心线一致,触头接触紧密	现场检查
	柜内照明	齐全	现场检查
6	二次回路	所有二次回路接线应符合设计要求,连接可靠,标志齐全清晰,绝缘电阻大于等于 0.5 MΩ	二次回路接线现场检查

检查数量:逐项检查。

八、油浸式厂用变压器安装单元工程质量检验

油浸式厂用变压器安装单元工程质量标准和检验方法如表 4-121 所示。

表 4-121 油浸式厂用变压器安装单元工程质量标准和检验方法

项次	检查项目	质量标准	检验方法
1	轨道安装	轨道应水平,轮距中心线与轨距中心线应对正,允许偏差小于 10 mm	用钢卷尺与经纬仪和钢尺测量
2 外观检查	2.1 密封	油箱盖及各连接法兰处耐油垫圈应密封良好,螺栓连接紧固,无渗漏油现象	现场检查
	2.2 部件	清洁,油漆均匀完整,放油阀门动作灵活,瓷套管无裂纹、损伤	现场检查
	2.3 其他	相色正确,接地符合设计要求且连接牢固可靠	现场检查

项次	检查项目	质量标准	检验方法
3	器身检查	应符合 GBJ 148—90 第 4 节要求（≤1 000 kVA 且运输中无异常的,可不作器身检查）	检查出厂合格证和说明书
4 本体及附件安装	4.1 顶盖升高坡度	装有气体继电器的,顶盖应有 1% ~ 1.5%的升高坡度	现场检查
	4.2 滚轮	应转动灵活,有制动装置	现场试转
	4.3 法兰连接面	应平整,密封良好	现场检查
	△4.4 散热器	管内应清洁,按制造厂规定的压力进行密封试验,应无渗漏	现场做密封试验
	△4.5 气体断电器	应经校验合格,安装水平,接线正确	用水平尺检查,安装水平,现场检查接线
	4.6 储油柜	清洁干净,密封良好,油位与温度标记符合要求	现场检查
	4.7 防爆筒、呼吸器	玻璃片完好,过滤器硅胶干燥	现场检查
	4.8 温度计	指示正确,软管不扭曲、不压扁	现场检查
	△4.9 套管	经试验合格,法兰处密封良好	现场检查试验结果
5 母线或电缆连接	5.1 母线接触面	用厚 0.05 mm × 10 mm 塞尺检查,母线宽度在 50 mm 以下,插入深度应小于等于 4 mm	用塞尺检查
	5.2 采用电缆连接	应符合规范规定	现场检查
	5.3 两台厂变并联时	接线的相位必须一致	现场检查
6 保护装置测量仪表及二次结线	保护装置	齐全,整定值符合设计要求	现场检查整定值数据
	测量仪表	指示正确	现场检查
	二次接线	正确,连接牢固	现场检查
	操作试验	动作正确	现场做整体密封试验并检查试验结果
7	整体密封检查	用压力为 0.03 MPa 的气压或油压试验,持续时间 12 h,应无渗漏	现场做整体密封试验并检查试验结果
8	测量线圈直流电阻	相间差别小于等于三相平均值的 4%,线间差别小于等于三相平均值的 2%	用万用表测量线圈直流电阻
9	检查各分接头的变比	与铭牌数据相比较应无明显差别	检查铭牌数据与出厂合格证和说明书

项次	检查项目	质量标准	检验方法
10	检查三相变压器的接线组别和单相变压器的极性	与铭牌及顶盖上的符号相符	检查铭牌数据与出厂合格证和说明书
11	绝缘电阻测量	大于或等于出厂试验值的 70%	现场做绝缘电阻测量
12	测量各紧固件对铁芯、油箱绝缘电阻	绝缘电阻值不作规定	现场检查
13	绝缘油试验	应符合 GB 50150—91 要求	现场做绝缘油试验或检查试验结果
14	检查相位	必须与母线相位一致	现场检查
15	工频耐压试验	试验电压标准见 GB 50150—91 附录 1,耐压试验应无异常	现场做工频耐压试验和检查试验结果

检查数量:逐项检查。

九、低压配电盘及低压电器安装单元工程质量检验

低压配电盘及低压电器安装单元工程质量标准和检验方法如表 4-122 所示。

表 4-122 低压配电盘及低压电器安装单元工程质量标准和检验方法

项次	检查项目	质量标准	检验方法
1 基础型钢安装	允许偏差	不直度:1 mm/m,5 mm/全长 不平度:1 mm/m,5 mm/全长	用经纬仪与水平尺检查
	接地	可靠	用万能表检查
2 盘柜本体安装	允许偏差	垂直度:1.5 mm/m 水平度:相邻两柜顶部 2 mm,成列盘柜顶部 5 mm 不平度:相邻两盘柜边 1 mm,成列盘柜边 5 mm 盘柜间缝隙:2 mm	用垂线和水平尺检查,用钢尺测量
	盘面及盘内	清洁无损伤,漆层完好,标志齐全,正确,清晰	现场检查
	其他	与地面及周围建筑物的距离应符合设计要求,箱门开关灵活,门锁齐全	现场检查
3	接地	方式应符合设计要求,固定牢固,接触良好,排列整齐	现场检查

项次	检查项目	质量标准	检验方法
4 盘上电器外观检查及安装	电器	外壳及玻璃片应无破裂,安装位置正确,便于拆换,固定牢固	现场检查
	操作开关	把手转动灵活,接点分合准确可靠,弹力充足	现场试验
	信号装置	完好,指示色符合要求,附加电阻符合规定	现场检查
	保护装置	整定值符合设计要求,熔断器熔体规格正确	检查整定值
	仪表	应经校验合格,安装位置正确,固定牢固,指示正确	现场校验
5	端子板二次接线	应符合 GB 50171—92 要求	现场检查
6 硬母线及电缆安装	6.1 排列	整齐,相位排列一致,绝缘良好	检查相位和绝缘
	6.2 裸露母线电气间隙及漏电距离	电气间隙大于等于 12 mm,漏电距离大于等于 20 mm	用钢尺测量
	6.3 连接	应紧密,牢固,用厚 0.05 mm × 10 mm 塞尺检查:线接触,塞尺塞不进;面接触,塞进深度小于等于 4 mm(母线宽度小于等于 50 mm)	用塞尺测量
	6.4 母线漆色	符合规定 GBJ 149—90 第 2.1.10 ~ 2.1.12 条	现场观察
	6.5 小母线	应为直径小于等于 6 mm 的铜棒或铜管,且标志齐全,清晰正确	现场检查
	6.6 其他	符合硬母线装置安装工程规定	现场检查
7 抽屉式配电柜安装	7.1 基础及柜体	可靠	现场检查
	7.2 抽屉推拉	灵活,轻便,无卡阻、碰撞	现场试验
	7.3 触头	动静触头中心应一致,触头接触应紧密	现场检查
	7.4 联锁装置	动作应正确,可靠	现场试验
	7.5 接地触头	应接触紧密,可靠	现场检查
8	△绝缘电阻测量	绝缘电阻值应大于等于 1 MΩ	现场测试
9	△交流耐压试验	试验电压标准为 1 000 V,试验应无异常	现场测试
10	△相位检查	各相两侧的相位应一致	现场检查
11 低压电器安装	11.1 零部件	齐全、清洁,无锈蚀等缺陷,瓷件不应有裂纹和伤痕	现场检查
	11.2 规格	规格、型号、工作条件等应与现场实际使用要求相符,铭牌标志齐全	现场检查
	11.3 排列	整齐,便于操作和维护	现场检查
	11.4 接地	金属外壳、框架的接零或接地应符合规定	现场检查,用接地摇表

检查数量:逐项检查。

十、35 kV 及以下电缆线路安装单元工程质量检验

35 kV 及以下电缆线路安装单元工程质量标准和检验方法如表4-123 所示。

表4-123   35 kV 及以下电缆线路安装单元工程质量标准和检验方法

项次	检查项目	质量标准	检验方法
1	一般规定	电缆附件齐全,符合国家标准规定,电缆隐蔽工程应有验收签证,电缆防火设施的安装应符合设计规定	检查出厂合格证和隐蔽工程验收签证
2	电缆支架安装	平整牢固,排列整齐、均匀,成排安装的支架高度应一致,允许偏差小于等于 ±5 mm。支架横档至沟顶、楼板、沟底的距离应符合设计要求。支架与电缆沟或建筑物的坡度应相同。托架的制作安装应符合设计要求。支架应涂刷防腐漆和油漆,漆层完好。按规定可靠接地	现场检查和用钢板尺测量
3 电缆管加工及敷设	3.1 加工弯制	每根电缆管弯头小于等于 3 个,直角弯头小于等于 2 个,管的弯曲半径不应小于所穿电缆的最小允许弯曲半径。管子弯制后无裂纹,弯扁程度不大于管子外径的10%。管口平齐,呈喇叭形,无毛刺	现场检查
	3.2 敷设与连接	安装牢固、整齐,裸露的金属管应刷防腐漆。连接紧密,出入地沟、隧道、建筑物的管口应密封。管道内清洁无杂物	现场检查
4 控制电缆敷设安装	4.1 敷设前的检查	电缆无扭曲,外表无损伤。绝缘层无损伤,铠装层不松散。电缆绝缘电阻应符合 GB 50150—91 的要求	现场检查
	4.2 电缆的敷设	数量、位置与电缆统计书、图纸相符,厂房内、隧道、沟道内敷设、排列顺序应符合 GB 50150—92 规定。电缆排列整齐。最小弯曲半径大于等于 10 倍电缆外径。标志牌齐全清晰、正确	现场检查
	4.3 电缆固定	垂直敷设(或超过45°倾斜敷设)应在每个支架上固定,水平敷设时在电缆首末两端及转弯处固定,各固定支持点间的距离符合设计规定	现场检查
5 电力电缆敷设安装的其他要求	5.1 敷设	明敷电缆应剥除保护层,并列敷设的电缆相互间净距符合设计要求,并联运行的电力电缆其长度应相等	现场检查
	△5.2 电缆头制作	电缆终端头和接头的制作符合规范要求	现场检查
	△5.3 电气试验	绝缘电阻,绝缘良好,达到敷设前要求。直流耐压试验无异常。试验过程中泄漏电流应稳定无异常	检验电气试验数据

十一、硬母线装置安装单元工程质量检验

硬母线装置安装单元工程质量标准和检验方法如表4-124所示。

表4-124 硬母线装置安装单元工程质量标准和检验方法

项次	检查项目	质量标准	检验方法
1 外观检查	1.1 母线表面	光洁平整,无裂纹、折皱、夹杂物及变形、扭曲等缺陷	现场检查
	1.2 成套供应的封闭母线	各段标志清晰,附件齐全。螺栓连接的母线搭接面平整,镀银层覆盖完好,无麻面、起层	现场检查
2 硬母线加工检查	△2.1 母线	校正平直,切断面平整	用水平尺检查
	△2.2 母线弯制	开始弯曲处至最近处绝缘子的母线支持夹板边缘的距离大于50 mm,且小于0.25倍两支持点间的距离L。弯曲半径符合GBJ 140—90表2.2.5的规定。多片母线的弯曲程度一致。母线扭转90°时,扭转部分的长度大于2.5~5倍母线宽度	现场检查
	△2.3 母线连接处钻孔	垂直,孔眼中心误差小于等于±0.5 mm	吊垂线检查
	△2.4 接触面	必须加工平整,无氧化膜。加工后截面减小值:铜母线小于原截面的3%,铝母线小于原截面的5%	现场用卡尺检查
	2.5 母线装置	符合设计要求。相同布置的主母线引下线及设备连接线要求对称一致,横平竖直、整齐美观	现场检查
3 硬母线安装	3.1 连接方式	正确,焊接严禁锡焊或螺纹接头连接(对管形或圆形母线)	现场检查
	△3.2 母线的搭接	搭接面平整,无氧化膜,并涂电力脂,连接紧固,受力均匀。母线连接后接触面紧密,用0.05 mm×10 mm塞尺检查,塞入深度符合下列要求:母线宽度在63 mm及以上,塞入深度不超过6 mm;母线宽度在56 mm及以下,塞入深度不超过4 mm。测量接触电阻,其接触面增加的电阻值小于同长度母线本身电阻值的20%	用塞尺现场检查
	△3.3 矩形母线的搭接	搭接尺寸符合GBJ 149—90规定。采用螺栓搭接的矩形母线其连接处距支柱绝缘子的支持夹板边缘大于等于50 mm,上片母线端头与下片母线端头平弯开始处的距离大于50 mm,母线与螺杆端子连接时,母线的孔径和接线端子直径的差值小于1 mm,螺母接触面平整,丝扣无氧化膜	现场检查

项次	检查项目	质量标准	检验方法
3 硬母线安装	3.4 硬母线焊接深度和总长度	深度小于母线厚度的 10% 总长度小于焊缝长度的 20%	现场检查,用钢尺、卡尺
	3.5 母线在支柱绝缘子上固定	金具与绝缘子间固定应平整牢固。交流母线工作电流大于 1 500 A 时,每相交流母线的金具不应闭合磁路	现场检查
	3.6 补偿器的安装	符合设计规定	现场检查
	3.7 插接母线槽、型多片矩形母线及高压封闭母线安装	符合规定	现场检查
	3.8 铝合金管形母线安装	质量符合 GBJ 149—90 规定	现场检查
	3.9 母线间及与建筑物的距离	符合配电装置安全距离规定	用钢尺丈量
	3.10 相色	按有关规定涂刷相色漆,要求相色正确,漆层均匀	现场检查
	3.11 相序排列	符合 GBJ 149—90 有关规定	现场检查
4 母线绝缘子与穿管检查	4.1 外观检查	瓷件完整无裂纹,法兰胶合处填料填充密实,结合牢固	现场观察
	4.2 电气试验	绝缘电阻测量符合 GBJ 149—90 要求 工频耐压试验,试验电压标准见 GB 50150—91 附录 1,试验中应无闪络和击穿	现场由检测单位进行工频耐压试验并检查试验成果
	4.3 支持绝缘子安装	同一平面或垂直面上的支持绝缘子顶面在同一平面上,误差小于等于 3 mm。母线直线段的支柱绝缘子安装中心线在同一直线上允许误差 < ±5 mm、≤ ±2 mm	用水平尺检查
	4.4 穿墙套管安装	安装孔径与套管间间隙大于等于 5 mm,套管固定牢固。1 500 A 及以上套管安装做隔磁处理	现场检查

检查数量:逐项检查。

十二、电气接地装置单元工程质量检验

电气接地装置单元工程质量标准和检验方法如表 4-125 所示。

表 4-125　电气接地装置单元工程质量标准和检验方法

项次	检查项目	质量标准	检验方法
1	一般规定	接地体和接地线的规格,接地装置的布置均应符合设计要求,其隐蔽部分应经中间检查和验收,记录完整	用钢尺测量接地体规格
2	接地装置敷设	符合设计规定	现场检查
3	明敷接地线的安装	符合设计规定	现场检查
4	接地装置的连接	符合设计规定	现场检查
5	避雷针(线、带)的接地	符合设计规定	现场检查
6	接地装置电阻测量	接地电阻符合设计要求	用接地摇表检查

检查数量:逐项检查。

十三、保护网安装单元工程质量检验

保护网安装单元工程质量标准和检验方法如表 4-126 所示。

表 4-126　保护网安装单元工程质量标准和检验方法

项次	检查项目	质量标准	检验方法
1 保护网制作检查	尺寸允许误差	高度小于等于 5 mm,宽度小于等于 2 mm,对角线小于等于 3 mm	用钢尺测量
	组装焊接	型钢应平直,焊后无扭曲,网门固定牢固,无明显的凹凸,框架平整,不扭斜,焊缝应平整,无夹渣、漏焊	现场检查
2 基础埋设	基础	高出抹平地面 10 mm	用钢尺测量
	水平误差	每米不超过 1 mm	用水平尺与钢尺测量
3 保护网安装	与被保护设备及建筑物间距离	符合 GBJ 140—90 中配电装置安全距离的有关规定	现场用钢尺测量
	允许偏差	倾斜度小于等于 0.1%,全长水平误差小于等于 5 mm	吊垂线检查
	成列的保护网门	在同一直线上	现场检查
	网门	开启灵活且只能向外侧开启,门锁齐全	现场检查
	油漆	完整,编号标志清楚	现场观察
	接地	牢固	现场观察

检查数量:逐项检查。

十四、控制保护装置安装单元工程质量检验

控制保护装置安装单元工程质量标准和检验方法如表 4-127 所示。

表 4-127　控制保护装置安装单元工程质量标准和检验方法

项次	检验项目	质量标准	检验方法
1 基础型钢埋设	1.1 允许偏差	不直度:1 mm/m,5 mm/全长 水平度:1 mm/m,5 mm/全长	用水平尺与吊垂线检验
	1.2 接地	可靠,型钢顶部应高出抹平面 10 mm	现场检查
2 盘柜安装检查	2.1 允许偏差	垂直度:1.5 mm/m 水平度:相邻两柜顶部为 2 mm 　　　　成列盘柜顶部为 5 mm 不平度:相邻两盘柜边为 1 mm 　　　　成列盘柜面为 5 mm 盘柜间缝隙:2 mm	吊垂线,用水平尺检验或用经纬仪检验,用钢尺检验缝宽
	2.2 连接	与基础型钢采用螺栓连接,应紧固	现场检查
	2.3 盘面	应清洁,漆层完好,标志应齐全,正确	现场观察检查
	2.4 柜门	开关应灵活,周围缝隙小于 1.5 mm,门锁应齐全,动作灵活,无卡阻	现场检查
	2.5 接地	盘柜接地牢固、可靠,可动门应用软导线接地,连接可靠	现场检查
3 盘上电器安装	3.1 外观	所有电器应完好,附件齐全,位置正确,固定牢固	现场观察
	3.2 继电保护装置	应经校验,动作灵敏,准确可靠,整定值正确	现场检查
	3.3 电气测量仪表	应经校验,指示正确	检查校验记录
	3.4 信号装置	完好,工作可靠,显示准确	现场检查
	3.5 操作切换开关	动作灵活,接触可靠	现场检查
	3.6 端子板(排)	固定牢固,绝缘良好,标志齐全、清楚	现场检查
	3.7 小母线	平直,固定牢固,接触良好。与带电体电气间隙大于等于 12 mm。绝缘电阻大于等于 10 MΩ。交流电耐压试验 1 000 V,1 min 应无异常。涂漆漆色符合规范要求。标志牌齐全,标示清楚、正确	通过交流耐压试验检验试验数据和现场检查

项次	检验项目	质量标准	检验方法
4 二次回路	△4.1 连接件	回路接线应用铜芯线。电压回路线芯截面面积大于等于 1.5 mm², 电流回路线芯截面面积大于等于 2.5 mm²	查看材料出厂证明书,用卡尺测量截面面积
	△4.2 间隙(或带电体与接地间)	带电体间或带电体与接地间电气间隙大于等于 4 mm,漏电距离大于等于 6 mm	用塞尺检查间隙和钢尺测量
	4.3 导线及电缆芯线束的排列	整齐、美观,横平竖直,不交叉。标志齐全。绑扎固定符合 GB 50171—92 要求	现场观察
	4.4 配线和接线	应符合设计要求。导线不应有接头,绝缘完好,剥切不伤线芯。导线及电缆线芯标志齐全,正确,鲜明,不脱色且字迹清楚。每个端子板的每侧接线不得超过 2 根。导线与电器或端子板连接用螺钉,连接牢固	现场检查
	△4.5 二次回路检查	回路绝缘电阻小于等于 1 MΩ,交流耐压试验 1 000 V,1 min 不出现异常。回路接线正确无误	检查绝缘电阻和交流耐压试验数据
5 端子箱(板)制作安装	5.1 端子箱制作	铁板厚度应为 2~3 mm,尺寸符合设计要求。长、宽、高各部尺寸误差小于等于 ±2 mm,对角线误差小于等于 1.5 mm。门关合严密,周围缝隙小于 1.5 mm。门锁齐全灵活	现场检查
	5.2 端子箱安装	固定牢固,密封良好,安装在便于运行检查位置,成列安装的端子箱应排列整齐	现场检查
	5.3 端子板安装	固定牢固,零件完整齐全,无损伤,绝缘良好,标志齐全,清楚正确。便于更换,接线方便,每个端子每侧接线不得超过 2 根,接线螺钉固定,所有接线应排列整齐	现场检查
6	模拟动作试验和试运行	电器元件及电气回路出现的异常情况已处理,未出现影响正常运行使用的缺陷。电器元件及电气回路均应动作正常	检查模拟动作试验和试运行记录

检查数量:逐项检查。

十五、铅蓄电池安装单元工程质量检验

铅蓄电池安装单元工程质量标准和检验方法如表 4-128 所示。

表 4-128　铅蓄电池安装单元工程质量标准和检验方法

项次	检查项目	质量标准	检验方法
1 母线及台架安装	1.1 硬母线	硬母线安装质量应符合硬母线安装要求	现场检查
	1.2 母线	支持点间距小于 2 m,与建筑物或接地部分之间距离大于 50 mm。平直,排列整齐,弯曲度一致。全长、金属支架、绝缘子铁脚均应涂刷耐酸相色漆,相色正确。与绝缘固定用的绑线,铜母线截面面积应大于 2.5 mm²,铁线截面面积应大于 3 mm²。绑扎应牢固,并涂耐酸漆。与电池连接的端头应搪锡且连接紧固	现场检查
	1.3 引出线	应有正负极性标志,电缆穿管口(或洞口)应有耐酸材料密封	现场检查
	1.4 穿墙接线板	应为耐酸、非可燃又不吸潮的绝缘材料,接线板与固定框架之间及固定螺栓处应放置耐酸密封垫	现场检查
	1.5 开口式蓄电池木台架	应涂刷耐酸漆,台架之间不得用金属连接固定,台架安装平直,台架与地面之间应有绝缘垫绝缘	现场检查
2	安装前外观检查	部件齐全,无损伤,密封良好,极板平直,无受潮及剥落,接线柱无变形,极性正确	现场观察
3	蓄电池安装	安装平稳,排列整齐,池槽高低一致,间距符合要求。接线正确,螺栓紧固,极板规格数量符合产品的技术要求,极板焊接牢固,池槽编号应清晰、正确	现场检查
4	电解液配制与灌注	符合产品技术规定	现场检查
5	蓄电池充电	符合产品技术规定	现场检查产品说明书
6	△蓄电池的首次放电	按产品规定进行,不应"放过",放电终了应符合规定	现场检查
7	绝缘电阻测量	符合产品技术规定	检查产品说明书和电阻测量数据
8	蓄电池切换器的安装	应符合 GB 50172—92 规定	现场检查

检查数量:逐项检查。

十六、起重机电气设备安装单元工程质量检验

起重机电气设备安装单元工程质量标准和检验方法如表 4-129 所示。

表 4-129　起重机电气设备安装单元工程质量标准和检验方法

项次	检查项目	质量标准	检验方法
1 绝缘子及支架安装	绝缘子安装	清洁,无裂纹和损伤,绝缘良好	现场检查
	支架安装	平整、牢固,间距均匀,并在同一水平面或垂直面上	用水平尺和吊垂线检查
2	滑接线安装	符合规范 GB 50256—96 的规定	
3 滑接器安装	接触、滑动	与滑接线应接触可靠,滑动灵活,接触面平整、光滑无锈蚀,绝缘件不得有裂纹、破损	现场检查
	允许偏差	滑接器与滑接线的中心线应对正,沿滑接线全长任何位置,中心线不应超出滑接线边缘	检查中心线用钢尺测量
4	软电缆安装	符合 GB 50256—96 的有关要求	现场检查
5	配线	符合 GB 50256—96 的有关要求	现场检查
6 电气设备保护装置安装	电气设备和电气回路	设备齐全,固定牢固,排列整齐,油漆完好	现场检查
	保护装置	安装符合 GB 50256—96 的要求,自动及限位装置动作正确、灵敏、可靠,声光信号装置显示正确,清晰,可靠	现场检查
7	接地和接零	部位正确,接地线规格应符合要求,排列整齐,固定牢固	用接地摇表检查,现场检查
8	绝缘电阻测量	电气设备装置馈电线路绝缘电阻大于 0.5 MΩ,二次回路绝缘电阻大于 1 MΩ	检查绝缘电阻和二次回路数据
9	交流耐压试验	试验电压标准为 1 000 V,1 min 无异常	检查试验数据
10	起重机试运转和静负荷试运行	试运行符合 GB 50256—96 的有关要求	现场试运行并做静负荷试验

检查数量:逐项检查。

十七、电气照明装置安装单元工程质量检验

电气照明装置安装单元工程质量标准(允许偏差)和检验方法如表 4-130 所示。

表 4-130 电气照明装置安装单元工程质量标准(允许偏差)和检验方法

项次	检查项目	质量标准(允许偏差)	检验方法
1 线管配线检查	1.1 线管加工	线管弯曲处无折皱、凹穴和裂缝,弯扁程度不大于管外径的10%。配管的弯曲半径:明配管应大于等于6D,一个弯头的配管应大于等于4D,暗配管大于等于6D,埋设于地下或混凝土楼板的配管大于等于10D(D为管外径)	现场检查
	1.2 线管敷设	△明配管水平、垂直敷设的允许偏差均应小于等于0.15%。敷设于潮湿场所的线管口、管子连接处应加密封,埋设于地下的钢管应按GB 50258—96的要求进行防腐处理	现场检查
	1.3 线管连接和固定	线管连接应牢固、严密、排列整齐。管卡与终端或电气器具间的距离允许偏差:固定点间的间距50 mm,同规格钢管间距5 mm,固定后钢管水平度(在任何2 m段内)3 mm	现场用水平尺、钢尺、吊垂线检查
	1.4 线管配线	线芯截面面积:铜芯1 mm²,铝芯2.5 mm²,管内导线不得有接头和扭结,绝缘应无损伤。管内导线总截面面积小于等于管截面面积的40%。布置应符合图纸要求,接线紧固,导线绝缘电阻应大于0.5 MΩ	现场检查
2 瓷件、瓷柱、瓷瓶配线的检查	2.1 瓷件及支架安装	平整,牢固,排列整齐。瓷件等清洁、完整,间距均匀,高度一致	现场检查
	2.2 导线敷设	导线不得有扭结、死弯和绝缘层损坏等缺陷。敷设平直整齐,绑扎牢固	现场检查
	2.3 导线连接	应牢固,包扎紧密,不损伤芯线	现场检查
	2.4 接地线连接	应牢固,接触良好	现场检查
	2.5 绝缘电阻值	导线间及对地大于等于0.5 MΩ	用摇表检查
3	塑料护套线配线的检查	与项次2.2、2.3、2.5要求相同	现场检查
4 照明配电箱安装的检查	4.1 配电箱安装	位置符合设计要求。安装垂直允许偏差小于等于3 mm,安装牢固,油漆完整,回路标志正确、清晰	现场检查
	4.2 箱内电器安装	排列整齐,安装牢固。裸露载流部分(≤380 V)与非金属部分表面间距离大于等于20 mm。连接牢固,接触良好,导线引出板面部分应套绝缘管	现场检查
	4.3 各相负荷分配	均匀	现场检查
	4.4 照明电压变化	电源电压变化小于等于5%	用万用表检查
	△4.5 绝缘电阻	≥0.5 MΩ	用摇表检查

项次	检查项目	质量标准(允许偏差)			检验方法
5 灯器具安装检查	5.1 灯具配件	灯具的配置及品种应符合设计要求,灯具及配件应齐全,无机械损伤、变形、油漆剥落等			现场检查
	5.2 灯具所用导线	线芯截面应符合 GB 50259—96 有关要求			现场检查出厂合格证
	5.3 灯具及开关、插座安装	△安装应平整、牢固、位置正确,高度符合设计要求 △开关应切断相线。暗开关、插座应贴墙面。成排灯具、开关安装的最小允许偏差≤5 mm			现场检查
		暗开关(插座)	垂直度	<0.15%	用吊线和钢尺检查
			相邻高低差	<2 mm	
			同室内高低差	<5 mm	
		同场所的交流直流或不同电压的插座应有明显区别,不能互相插入。灯具吊杆用钢管直径大于等于 10 mm。日光灯和高压水银灯与其附件的配套规格应一致			现场检查
	5.4 金属卤化物灯的电源线	应经接线柱连接,电源不得靠近灯具表面			现场检查
	5.5 顶棚上灯具的安装	应固定在专设的框架上,电源线不应贴近灯具外壳。矩形灯具边缘应与顶棚面装修直线平行。对称安装的灯具,纵横中心轴线的偏斜度应小于等于 5 mm。日光灯管组合的灯具,灯管排列整齐,金属间隔片应无弯曲、扭斜			现场检查
	5.6 室外照明灯具安装	安装高度大于 3 m。墙上安装的高度大于2.5 m,应固定牢固			现场用钢尺检查
	5.7 投光灯	底座应固定牢固,光轴方向应符合实际需要,框轴拧紧固定			现场检查
	5.8 事故照明灯	应有专门标志,切换应可靠			现场检查
	△5.9 接地	必须接地或接零的灯具金属外壳与接地(接零)网之间应用螺栓连接固定			用接地摇表检查,现场检查

检查数量:逐项检查。

第六节 升压变电电气设备安装工程单元工程质量检验

一、主变压器安装单元工程质量检验

主变压器安装单元工程质量标准(允许偏差)和检验方法如表4-131所示。

表4-131　主变压器安装单元工程质量标准(允许偏差)和检验方法

项次	检查项目	质量标准(允许偏差)	检验方法
1	一般规定	油箱及所有的附件齐全,无锈蚀或机械损伤,无渗漏现象。各连接部位螺栓应齐全,紧固良好。套管表面无裂缝、伤痕,充油套管无渗油现象,油位指示正常	现场检查
2 器身检查	△2.1 铁芯	应无变形和多点接地。铁轭与夹件、夹件与螺杆等处的绝缘应完好,连接部位应紧固	现场检查
	△2.2 线圈	绝缘层应完好无损,各组线圈排列应整齐、间隙均匀,油路畅通。压钉应紧固,绝缘良好,防松螺母锁紧	现场检查
	2.3 引出线	△绝缘包扎紧固,无破损、拧扭现象。固定牢固,绝缘距离符合设计要求。引出线裸露部分应无毛刺或尖角,焊接良好。 △引出线与套管的连接应正确,连接牢固	现场检查
	2.4 电压切换装置	△无激磁电压切换装置各分接点与线圈的连接应紧固正确。接点接触紧密,转动部位应转动灵活,密封良好,指示器指示正确。有载调压装置的各开关接点接触良好。分接线连接牢固、正确,切换部分密封良好	现场检查
	2.5 箱体	△各部位无油泥、金属屑等杂物,有绝缘围屏者,其围屏应绑扎牢	开箱检查
3	变压器干燥的检查	检查干燥记录,应符合 GBJ 148—90 第2.5.1～2.5.5条有关要求	检查干燥记录

项次	检查项目	质量标准（允许偏差）	检验方法
4 本体及附件安装	4.1 轨道检查	两轨道间距离允许误差应小于 2 mm,轨道对设计标高允许误差应小于 ±2 mm,轨道连接处水平允许误差应小于 1 mm	用钢尺测量轨道间距、用水平仪测量标高、用水平尺测量连接处水平误差
	4.2 本体就位	轮距与轨距中心应对正,滚轮应加制动装置且该装置应固定牢固。装有气体继电器的箱体顶盖应有 1% ~1.5%的升高坡度	现场检查
	△4.3 冷却装置安装	安装前应进行密封试验无渗漏。与变压器本体及其他部位的连接应牢固,密封良好。管路阀门操作灵活,开闭位置正确。油泵运转正常。风扇电动机及叶片应安装牢固,转动灵活,运转正常,无振动或过热现象。冷却装置安装完毕,试运行正常,联动正确	1. 安装前进行密封检查 2. 用 4.9×10^4 Pa(0.5 kgf/cm²)表压力的压缩空气检查散热器 3. 用 6.9×10^4 Pa(0.7 kgf/cm²)表压力持续 30 min 检查渗漏
	4.4 有载调压装置的安装	△传动机构应固定牢固,操作灵活,无卡阻。切换开关的触头及其连线应完整,接触良好。限流电阻完整,无断裂。△切换装置的工作顺序及切换时间应符合产品要求,机械联锁与电气联锁动作正确。△位置指示器动作正常,指示正确。油箱应密封良好,油的电气绝缘强度应符合产品技术要求。电气试验符合规定要求	1. 检查传动机构的灵活性 2. 检查位置指示器是否指示正确 3. 检查切换装置产品出厂合格证 4. 油箱是否密封良好
	4.5 储油柜及吸潮器安装	储油柜应清洁干净,固定牢固。△油位表应动作灵活,指示正确。吸潮器与储油柜的连接管应密封良好,吸潮剂应干燥	现场检查
	△4.6 套管的安装	套管表面无裂纹、伤痕,套管应试验合格。各连接部位接触紧密,密封良好。充油套管不渗漏油,油位正常	1. 套管、法兰应经试验合格,检查试验记录 2. 对设计检查安装位置是否正确
	4.7 升高座的安装	安装正确,边相倾斜角应符合制造要求。与电流互感器中心应一致。绝缘筒应安装牢固,位置正确	
	4.8 气体继电器的安装	安装前应检验整定,安装水平。接线正确,与连通管的连接应密封良好	检查检验整定记录
	4.9 安全气道的安装	内壁清洁干燥,隔膜的安装位置及油流方向正确	检查材料规格是否符合产品的技术规定
	4.10 测温装置的安装	温度计应经校验,整定值符合要求,指示正确	校核温度计
	4.11 保护装置的安装	配合应符合设计要求,各保护应经校验,整定值符合要求。操作及联动试验过程中保护装置应动作正常	校验各保护装置的整定值

项次	检查项目	质量标准（允许偏差）	检验方法
5	△变压器油	应符合 GB 50150—91 第 6.0.12 条的要求	现场检查
6	变压器与母线或电缆的连接	应符合 GBJ 149—90 第 2.1.8、2.2.2、2.3.2 条的有关规定	现场检查
7	各接地部位	应牢固可靠，并按规定涂漆。接地引下线及引下线与主接地网的连接应满足设计要求	现场检查，用接地摇表检查
8	△变压器整体密封检查	符合 GB 50150—91 表 19.0.1 的要求	按 GB 50150—91 表 19.0.1 检查
9	测量绕组连同套管一起的直流电阻	相间相互差别不大于 2%	现场检查
10	检查分接头的变压比	额定分接头变压比允许偏差为 ±0.5%，其他分接头与铭牌数据相比应无明显差别，且应符合变压比规律	检查铭牌数据
11	△检查三相变压器的接线组别和单相变压器的极性	应与铭牌及顶盖上的符号相符	检查铭牌
12	测量绕组连同套管一起的绝缘电阻和吸收比	符合 GB 50150—91 的要求（绝缘电阻不低于出厂值的 70%，吸收比大于等于 1.3）	现场检测
13	△测量绕组连同套管一起的正切值 $\tan\delta$	符合 GB 50150—91 要求	现场检测
14	测量绕组连同套管直流泄漏电流	符合 GB 50150—91 要求	现场测量
15	工频耐压试验	试验电压标准见 GB 50150—91 附录 1，试验中应无异常	现场做工频耐压试验
16	与铁芯的各紧固件及铁芯引出套管与外壳的绝缘电阻测量	用 2 500 V 兆欧表测量，时间 1 min，应无闪络及击穿现象	用 2 500 V 兆欧表测量
17	非纯瓷套管试验	符合 GB 50150—91 第 15.0.3 条的有关规定	现场检查

项次	检查项目	质量标准（允许偏差）	检验方法
18	18.1 测量限流元件的电阻	与产品出厂测量值比较应无显著差别	检查产品出厂测量资料,与现场测量值对比
	18.2 检查开关动、静触头动作顺序	应符合产品技术要求	检查产品出厂合格证及说明书
	18.3 检查切换装置的切换过程	全部切换过程,应无开路现象	
	18.4 检查切换装置的调压情况	电压变化范围和规律与产品出厂数据相比,应无显著差别	检查全部切换过程
19	△相位检查	必须与电网相位一致	现场检查
20	额定电压下的冲击合闸试验	试验 5 次,应无异常现象	现场试验不少于 5 次

检查数量:逐项检查。

二、油断路器安装单元工程质量检验

油断路器安装单元工程质量标准和检验方法如表4-132所示。

表 4-132　油断路器安装单元工程质量标准和检验方法

项次	检查项目	质量标准	检验方法
1	一般规定	所有部件应齐全完整,无锈蚀、损伤、变形。油箱应焊接良好,无渗漏油且油漆完好。安装前需进行电气试验的部件,其试验结果应与产品说明书相符	现场检查(外观检查)电气试验数据和出厂说明书
2 基础及支架安装	2.1 基础部分允许偏差	中心距及高度小于等于 ±10 mm;预留孔中心小于等于 ±10 mm;基础螺栓中心小于等于 ±2 mm	测量中心距与高度及预留孔中心、基础螺栓中心
	2.2 支架	金属支架焊接质量应良好,螺栓固定部分应紧固	现场检查固定部位及紧固情况
3	本体安装	安装垂直,固定牢固,底座与基础之间的垫片总厚度不大于 10 mm,各垫片之间焊接牢固。三相油箱中性线误差小于等于 5 mm,油箱内部清洁,无杂质。绝缘衬套干燥,无损伤。放油阀畅通,油箱、顶盖法兰等处密封良好,箱体焊缝应无渗油,油漆完整	检查安装垂直度,油箱内部清洁情况,有无渗漏

项次	检查项目	质量标准	检验方法
4	消弧室检查	组装正确,中心孔径一致,安装位置正确,固定牢固	检查组装和安装位置是否正确
5 套管及电流互感器安装	套管	介损值符合要求,安装位置正确。法兰垫圈完好,固定螺栓紧固	检查介损值及安装位置和固定情况
	电流互感器提升杆	安装位置正确,固定牢固,绝缘电阻符合要求。引线无损伤、脱焊等缺陷。接触良好,端子板完整,编号及接线正确	检查安装位置,绝缘电阻及焊工引线情况,接触和端子板情况
6	提升杆及导向板检查	无弯曲及裂纹,绝缘漆层完好、干燥,绝缘电阻值符合要求	现场检查
7	导电部分检查	触头表面清洁,镀银部分不得挫磨,铜钨合金不得有裂纹或脱焊,动静触头应对准,分合闸过程无卡阻,同相各触头弹簧压力均匀一致,合闸触头接触紧密。调整后的触头行程、超行程、同相各断口间及相间接触的同期性等技术指标均符合产品技术规定	各导电部分分别检查
8	安装缓冲器	符合 GBJ 147—90 第 3.2.5 条或产品的有关规定	现场检查
9	断路器与电缆软连接	符合 GB 50168—92、GBJ 149—90 要求	现场检查
10	操作机构和传动装置安装	部件齐全完整,连接牢固,各锁片、防松螺母均应拧紧,开口销张开。分合闸线圈绝缘完好,线圈铁芯动作应灵活,无卡阻 △合闸接触器和辅助切换开关的动作应准确、可靠,接点接触良好,无烧损或锈蚀 △操纵机构的调整应满足动作要求,活动部件与固定部件的间隙、移动距离、转动角度等数据均应在产品允许的误差范围内。操作机构密封良好 △与断路器的联动动作正常,无卡阻,分合闸位置指示器指示正确	现场进行操作试验并检查试验记录
11	接地	牢固可靠	用接地摇表检查
12	提升杆绝缘电阻测量	符合产品技术要求	现场测电阻
13	测量 35 kV 多油断路器介损	$\tan\delta(\%) \leqslant 1.5\%$(10°时测值)	测量 35 kV 多油断路器介损

项次	检查项目	质量标准	检验方法
14	测量少油断路器泄漏电流	35 kV 以上应小于等于 10 μA(试验电压为直流 40 kV),220 kV 以上应小于等于 5 μA	测量泄漏电流
15	交流耐压试验	试验电压标准见 GB 50150—91 附录 1,试验无异常	现场进行交流耐压试验,检查试验数据
16	△测量每相导电回路电阻	符合产品技术规定	检查产品合格证
17	△测量固有分合闸时间	符合产品技术规定	检查产品合格证
18	△测量分合闸速度	符合产品技术规定	检查产品合格证
19	△测量触头分合闸同时性	符合产品技术规定	检查产品合格证
20	测量分合闸线圈及合闸接触器线圈的绝缘电阻及直流电阻	符合产品技术规定	检查产品
21	检查合闸接触器及分闸电磁铁的最低动作电压	合闸:85% ~110% U_n 时能可靠动作 分闸:小于 30% U_n 时不应分闸,大于 65% U_n 时能可靠分闸	检查合闸、分闸动作电压
22	检查并联电阻及均压电容器	符合产品技术要求	检查产品合格证
23	△绝缘油试验	应符合 GB 10150—91 要求	做绝缘油试验
24	操作试验	在额定操作电压下进行分合闸操作各 3 次,断路器动作正常	进行操作试验

检查数量:逐项检查。

三、空气断路器安装单元工程质量检验

空气断路器安装单元工程质量标准和检验方法如表 4-133 所示。

表 4-133　空气断路器安装单元工程质量标准和检验方法

项次	检查项目	质量标准	检验方法
1	一般规定	所有部件齐全完好。绝缘件清洁,无损伤和变形,绝缘良好。瓷件清洁,无裂纹,高强度瓷套不得修补,瓷套与金属法兰间的黏合应牢固、密实,法兰黏合面平整,无外伤或砂眼 △安全阀、减压阀及压力表经核验合格	1. 检查所有部件备件齐全,无锈蚀或机械损伤,无裂纹、破损 2. 焊接良好,油漆完整
2	基础或支架安装允许偏差	中心距离及高度小于等于 ±10 mm;预留孔中心小于等于 ±10 mm;预埋孔螺栓中心线小于等于 ±2 mm	检查垂直度与中心距离度和预埋孔螺栓中心线
3	断路器底座安装	三相底座相间跨度误差小于 ±5 mm,安装应稳固。支持瓷套的法兰面应水平,三相联动的相间瓷套法兰面应在同一水平面上,橡皮密封无变形、开裂,密封垫圈压缩量不应超过其厚度的 1/3	测量底座相间距离和水平面,橡皮有无变形、开裂等
4	阀门系统的安装	活塞、套筒、弹簧、胀圈等零部件完好,清洁。活塞动作灵活,无卡阻,弹簧符合产品要求。橡皮垫圈无变形、裂纹,弹性良好,各排气管、孔畅通	检查阀门系统各部件是否完好,动作灵活,有无变形,各排气管是否通畅
5	△灭弧室的安装	触头零件应紧固,触指镀银层安好,弹簧压力适中。灭弧室尺寸及活塞行程符合产品要求。并联电阻值应符合产品规定,并联电容值应不超过出厂值的 ±5%。介损值 $\tan\delta(\%) \leqslant 0.5$,内部应无断线,接线接触良好	检查触头零件应紧固,各部件的出厂合格证
6	传动装置安装	各部位连接可靠,传动机构及缓冲器动作灵活、正确、无卡阻	检查各部件连接是否可靠,动作灵活无卡阻
7	操作机构安装	安装应符合 GBJ 147—90 要求。空气管道系统在额定气压下,在 24 h 内压降不超过 10%	现场操作试验
8	接地	应牢固,接触良好,排列整齐	现场检查
9	测量提升杆绝缘电阻	应符合产品技术要求	检查产品出厂合格证
10	测量每相导电回路电阻	电阻值应符合产品技术要求	测量每相导电回路电阻

项次	检查项目	质量标准	检验方法
11	测量分合闸电磁铁线圈的绝缘电阻及直流电阻	绝缘电阻大于等于 10 MΩ,直流电阻应符合产品要求	测量分合闸电磁铁线圈的绝缘电阻及直流电阻
12	测量支持瓷套及每个断口的直流泄漏电流	应符合产品技术要求	检查产品合格证
13	△工频耐压试验	试验电压标准见 GB 50150—91 附录 1,试验应无异常	进行工频耐压试验
14	△测量主、辅触头分合闸配合时间	动作程序及配合时间应符合产品技术要求	测量主、辅触头合闸,动作程序的配合时间
15	△测量主触头分合闸配合时间	应符合产品技术要求	检查产品合格证
16	测量操动机构分合闸电磁铁最低动作电压	分闸电磁铁:$30\% U_n < U < 65\% U_n$ 合闸接触器:$35\% U_n < U < 110\% U_n$	测量摇动机构分合闸电磁铁最低动作电压
17	操作试验	在额定操作电压(气压)下进行分合闸操作各 3 次,断路器应按 GB 50150—91 第 10.0.10 条进行操动试验,动作正常	进行操作试验

检查数量:逐项检查。

四、六氟化硫断路器安装单元工程质量检验

六氟化硫断路器安装单元工程质量标准和检验方法如表 4-134 所示。

表 4-134 六氟化硫断路器安装单元工程质量标准和检验方法

项次	检查项目	质量标准	检验方法
1	一般规定	所有零件应齐全完好。绝缘元件应无变形、受潮、裂纹,绝缘良好。充有 SF_6 气体和 N_2 气体的部件,其压力值应符合产品说明书的规定。并联电阻、电容器及合闸电阻的规格应符合制造厂的规定。密度继电器和压力表应经校验合格	检查所有部件的齐全完好情况,以及产品的说明书和制造厂的出厂合格证
2	基础或支架安装的允许偏差	基础中心距及高度($\Delta L,\Delta H$)$\leq \pm 10$ mm,预留孔中心 $\Delta\phi \leq \pm 10$ mm,预埋螺栓中心 $\Delta L_2 \leq \pm 2$ mm	检查基础中心距高度及预留孔中心、预埋螺栓中心

项次	检查项目	质量标准	检验方法
3	断路器的组装	部件编号正确,组装顺序符合产品规定。零部件安装位置正确、牢固,并应符合制造厂的水平或垂直要求。同相各支柱瓷套法兰面在同一水平上,支柱中心距离误差小于等于 ±5 mm,相间中心距离误差小于等于 ±5 mm。绝缘支柱出线套管垂直于底架	检查产品的合格证和零部件的安装位置的水平或垂直度,用水平尺或吊垂球检查各相间中心距
4	导电回路安装	接触面应平整,接触良好。载流部分的可挠连接无折损	现场检查接触处和连接的地方
5	操作机构安装	操作机构应固定牢固,表面清洁完整。液压操作机构应无渗油,油位正常。各连接管路应密封良好,阀门动作正常。油漆完整,接地良好	现场按质量标准检查
6	断路器支架接地	应牢固,可靠	检查是否牢固、可靠
7	△SF$_6$ 气体的检验及充装	符合 GBJ 147—90 第 5.3.1~5.3.4 条规定,新 SF$_6$ 气体充装前应抽样复验,气体质量应符合《SF$_6$ 气体质量标准》,含水量小于 8×10^{-6},断路器内气体含水量小于 150×10^{-6}	按规范要求,在气体安装前抽样复验
8	测量绝缘操作杆的绝缘电阻	应符合 GB 50150—91 第 9.0.2 条要求	现场测量
9	测量每相导电回路的电阻	应符合产品技术要求	用兆欧表测量
10	工频耐压试验	按产品出厂试验电压的 80% 进行试验,应无异常	现场做工频耐压试验
11	测量灭弧室的并联电阻和均压电容器的电容量 tanδ(%)	应符合产品技术要求	测量灭弧室的并联电阻和均压电容量
12	△测量断路器分、合闸时间及主、副触头分合闸的同时性及主、副触头配合时间	各实测值均应符合产品技术要求	检查各实测值的数据与产品合格证
13	测量断路器合闸电阻投入时间及其电阻值	应符合产品要求	测量断路器合闸电阻投入时间和产品说明书

项次	检查项目	质量标准	检验方法
14	测量断路器分、合闸电磁铁线圈的绝缘电阻及直流电阻	绝缘电阻大于等于 10 MΩ,直流电阻应符合产品技术要求	测量断路器分、合闸的各项电阻
15	操作试验	按 GB 50150—91 第 12.0.11 条进行,动作应正常	现场操作试验

检查数量:逐项检查。

五、六氟化硫组合电器安装单元工程质量检验

六氟化硫组合电器安装单元工程质量标准和检验方法如表 4-135 所示。

表 4-135　六氟化硫组合电器安装单元工程质量标准和检验方法

项次	检查项目	质量标准	检验方法
1	一般规定	所有零件应齐全完好,瓷件及绝缘件应无变形、受潮、裂纹	检查所有零部件是否完好、齐全
2	组合元件装配前的检查	各元件应完整无损。紧固螺栓应齐全紧固,气室密封应符合要求。接地体及支架无锈蚀损伤,接地应牢固可靠。密度继电器和压力表应经校验合格	检查所有配件是否齐全,接地是否牢靠
3	装配与调整	装配程序和编号应符合产品技术规定。元件组装的水平、垂直误差应符合产品技术规定。电气闭锁动作应正确可靠,辅助接点接触良好,动作可靠。接地线应连接可靠,不能构成环路。△导电回路应表面平整、清洁,接触紧密,载流部分的表面应无凹陷或毛刺	检查装配程序编号和水平及垂直度闭锁动作等
4	△封闭式组合电器安装的预埋件	水平误差不应超过产品技术要求	检查水平度
5	△SF$_6$ 气体检验及充装	新 SF$_6$ 气体充装前应抽样复验,气体质量应符合《SF$_6$ 气体质量标准》。充装应符合规定要求	安装前抽样点检
6	测量主回路导电电阻	电阻值应小于等于 1.2 倍的产品规定值	测量主回路导电电阻
7	主回路的工频耐压试验	按产品出厂试验电压的 80% 进行,试验应无异常	检查出厂试验资料
8	密封性试验	各气室漏气率应小于等于 1%	现场检验
9	操作试验	进行操动试验时,联锁与闭锁装置动作应准确可靠。电动、气动或液压装置的操作试验,应按产品技术条件的规定进行,动作应正常	现场操作试验

六、隔离开关安装单元工程质量检验

隔离开关安装单元工程质量标准和检验方法如表4-136所示。

表4-136 隔离开关安装单元工程质量标准和检验方法

项次	检查项目	质量标准（允许偏差）	检验方法
1	外观检查	所有部件、附件齐全,无损伤、变形及锈蚀,瓷件应无裂纹及破损。固定部分安装正确,固定牢固。液压操动机构油位正常,无渗漏油。气压操作机构密封应良好,无漏气现象	现场检查所有部件是否完整,设备齐全,无损伤、变形及锈蚀
2	开关组装	相间距离允许误差:110 kV 及以下应小于 ±10 mm,110 kV 以上开关应小于等于 ±20 mm。支持绝缘子与底座平面应垂直且牢固。同一绝缘子支柱的各绝缘子中心线应在同一中心线上。同相各绝缘子支柱的中心线应在同一垂直面内。均压环应安装牢固平整	检查相间距离,绝缘子与底座平面垂直,牢固同中心
3	△导电部分检查	触头应接触紧密,两侧压力均匀。接触表面应平整,无氧化膜。触头及开关与母线的接触面用厚 0.05 mm×10 mm 塞尺检查:线接触,塞尺塞不进。面接触:接触面宽度在 50 mm 及以下,塞入深度小于 4 mm;接触面宽度在 60 mm 以上,塞入深度小于 6 mm。三相触头接触的前后差值应符合产品技术规定(小于等于 10 mm)。开关与母线的连接应符合规定要求	检查触头情况,用 0.05 mm × 10 mm 塞尺规格检查
4	操动机构及传动装置检查	应符合 GBJ 147—90 第 8.2.4、8.2.5 条的有关规定	检查安装牢固,动作灵活可靠,位置指示正确,无渗漏
5	接地	应牢固、可靠	现场检查
6	△交流耐压试验	试验电压标准见 GB 50150—91 附录1,试验中应无异常	机场检查试验数据
7	测量操动机构线圈的最低动作电压	符合 GB 50150—91 第 14.0.7 条规定,其电压值为(80% ~110%)U_n	测量操动机构线圈最低动作电压
8	开关动作情况检查	在额定操作电压(气压、液压)下进行分合闸操作各 3 次,动作正常	现场进行开关动作检查

检查数量:逐项检查。

七、油浸式互感器安装单元工程质量检验

油浸式互感器安装单元工程质量标准和检验方法如表4-137所示。

表4-137 油浸式互感器安装单元工程质量标准和检验方法

项次	检查项目	质量标准	检验方法
1	外观检查	外面完整,部件齐全,无锈蚀、损伤,瓷套清洁,无裂纹,瓷铁件黏合应牢固。 △油位指示器、瓷套法兰接触处及放油阀等处应密封良好,无渗油现象,油位正常。变比分接头位置应符合设计规定。二次接线板应完整,引出端应连接牢固、绝缘良好,标志清晰	现场按质量标准逐项检查
2	安装质量检查	固定牢固,安装面水平,排列整齐,均压环应装置牢固、水平且方向正确。一次接线接触良好。保护间隙的距离应符合规定,允许偏差小于±5mm。接地部位正确,牢固可靠	现场按质量标准逐项检查
3	测量线圈绝缘电阻	电阻值与出厂值比较无明显差别	查看出厂合格证,现场测量
4	交流耐压试验	一次线圈交流耐压试验电压标准见GB 50150—91附录1;二次线圈交流耐压试验电压标准为2 000 V,试验应无异常	现场进行交流耐压试验
5	△测量介损正切值	应符合产品要求	现场测量介损值
6	绝缘油试验	应符合产品GB 50150—91第8.0.5条规定	现场测试并查看数据
7	测量电压互感器一次性线圈直流电阻	不应超过制造厂测得值的±5%	现场测试并查看数据
8	△测量电流互感器的励磁特性曲线	同形式互感器相互比较,应无明显差别	现场测试并查看数据
9	测量电压互感器空载电流	空载电流值与出厂值比较无明显差别	现场测试
10	△检查三相互感器的接线组别和单相互感器的极性	必须符合设计要求并与铭牌及外壳上的符号相符	检查三相互感器,单相互感器极性
11	△检查互感器的变比	应与设计要求及铭牌值相符	检查互感器变比
12	测量铁芯夹紧螺栓的绝缘电阻	按GB 50150—91第8.0.11条进行	测量电阻

检查数量:逐项检查。

八、户外避雷器安装单元工程检验

户外避雷器安装单元工程质量标准和检验方法如表4-138所示。

表4-138　户外避雷器安装单元工程质量标准和检验方法

项次	检查项目	质量标准	检验方法
1	外观检查	外部应完整、无缺陷,封口处密封应良好,法兰连接处应无缝隙。瓷件应无裂纹、破损,瓷套与法兰间的结合应牢固。组合元件应经试验合格,底座和拉紧绝缘子的绝缘应良好	现场检查各部件是否完整和齐全、良好
2	避雷器安装	固定应牢固、垂直,每个元件的中心线与安装中心线的垂直偏差应小于元件高度的1.5%。 △拉紧绝缘子串必须坚固,弹簧伸缩自如,同相各绝缘串的接力应均匀。均压环安装应水平。磁吹阀型避雷器组装的上下节位置应与制造厂产品出厂标志编号相符。放电记录器应密封良好,动作可靠,安装位置一致。避雷器油漆完整,相色正确,接地良好	检查是否固定牢固,垂直中心线等,看出厂合格证、放电记录等
3	测量绝缘电阻	阻值与出厂值相比应无明显差别	现场测量绝缘电阻
4	测量电导电流并检查组合元件的非线性系数	电导电流值符合产品规定,同一相内串联组合元件的非线性系数差值应小于等于0.04 mm	现场测量电导电流
5	检查放电记录器动作情况及基座绝缘	动作应可靠,基座绝缘良好	检查动作是否可靠,基座绝缘情况

检查数量:逐项检查。

九、软母线装置单元工程质量检验

软母线装置单元工程质量标准和检验方法如表4-139所示。

表4-139　软母线装置单元工程质量标准和检验方法

项次	检查项目	质量标准	检验方法
1	软母线外观检查	无扭扣、松股、断股、变形、锈蚀。软母线和组合导线在档距内不得有接头。设备经耐张线夹引出的软母线不得切断	现场按质量标准逐项检查
2	金具外观检查	所有金具应符合国家标准。规格符合要求,零件配套齐全。表面光滑,无裂纹、损伤、砂眼、锈蚀、滑扣等	现场检查出厂合格证和逐项检查

续表 4-139

项次	检查项目	质量标准	检验方法
3	绝缘子外观检查	表面无裂纹、缺釉、破损等缺陷,钢帽、钢脚与瓷件胶合处应牢固,填料无剥落	现场按标准逐项检查
4	软母线架设	△螺栓耐张线夹连接软母线时,铝包带包绕方向与外层铝线方向一致。液压连接导线符合 GB 149—90 第 2.5.13～2.5.14 条的要求。线夹与器具连接的平面接触用厚 0.05 mm×10 mm 塞尺检查,塞入深度应小于塞入方向总深度的 10%。扩径空心导线弯曲度大于等于 30 倍导线外径。母线驰度与设计值偏差 +5%～−2.5%;同档距内三相母线驰度应一致 △母线跨接线和引下线的电气距离应符合室外配电装置的安全距离,各相引下线弧度允许偏差应小于 10%。组合导线安装圆环及固定线夹距离误差应大于等于 ±3% △测量软母线装置各连接处的接触电阻应小于同长度导线电阻的 1.2 倍	按质量标准逐项检查,并用 0.5 mm×10 mm 塞尺检查
5	悬式绝缘子串的安装	绝缘子串经交流耐压试验应合格。组合连接用螺栓、穿钉、弹簧销子等应完整,穿向应一致,开口销必须分开	检查交流耐压试验数据合格后才准安装

检查数量:逐项检查。

十、自容式充油电缆线路安装单元工程质量检验

自容式充油电缆线路安装单元工程质量标准和检验方法如表 4-140 所示。

表 4-140　自容式充油电缆线路安装单元工程质量标准和检验方法

项次	检查项目	质量标准	检验方法
1	一般规定	电缆附件及材料、工器具的型号、规格、数量应符合设计和安装要求。土建工程及防火、灭火设施应符合设计规定并经验收合格	现场检查附件材料、工器的型号、规格、数量并查看设计要求
2	电缆支架安装	应符合 GB 50173—92 第 4 章的规定	检查安装牢固,横平竖直
3	电缆敷设前检查	规格、型号符合设计要求。电缆外观完好,无损伤和渗漏油现象	检查机械有无损伤和漏油
4	电缆敷设	应符合 GB 50173—92 第 5 章的规定	检查盖板完整接头

项次	检查项目	质量标准	检验方法
5	△电缆头制作	应符合 GB 50173—92 第 6 章的规定	检查终端及接头密封情况
6	供油系统安装	应符合设计及产品技术要求	检查安装牢固漏油油压整定情况
7	金属护套接地方式及放电间隙(或电阻器)	应符合设计要求	按设计情况检查
8	油样电气性能试验	应符合 GB 50173—91 要求	现场抽取油样试验
9	外护层试验	应符合产品技术要求	检查产品合格证及说明书
10	电缆导体直流电阻测量	应符合 GB 50168—92 要求	现场测量直流电阻
11	直流耐压试验	试验电压符合 GB 50150—91 第 17.0.3.5 条要求,试验无异常	现场做直流耐压试验
12	投入运行前的检查	电缆排列整齐、无损伤,无渗漏油现象。标志牌应装设齐全、正确、清晰,相色应正确。供油系统及测温装置的安装应符合图纸要求,测温装置接线应正确,安装应牢固,无渗油现象。压力油箱及表计的整定值应符合要求。表计动作灵敏可靠。接地方式符合设计规定	检查相色正确,漏油,接地情况,盖板是否齐全,油压及表计定值等
13	运行中的检查	电缆带电后终端上部无电晕、放电现象,接头处无渗漏油现象。带负荷后,其压力油箱的油压变化不超过电缆允许的油压范围,电缆导体的温度应无异常。电缆护套的感应电压和接地线电流应符合要求	检查无电晕、放电现象,油压正常,无漏油

十一、厂区馈电线路安装单元工程质量检验

厂区馈电线路安装单元工程质量标准和检验方法如表 4-141 所示。

表 4-141　厂区馈电线路安装单元工程质量标准和检验方法

项次	检查项目	质量标准	检验方法
1	一般规定	线路所用导线、金属、瓷件等器材的规格、型号应符合设计要求,并具有产品合格证。外观检查符合规范的有关规定。电杆基坑的施工及埋设深度应符合设计图纸和规范的有关规定	检查导线和所有金具,均应符合要求,查阅出厂合格证
2	△电杆组立	应符合 GB 50173—92 第 4 章的规定	检查预应力杆、组合
3	△拉线安装	应符合 GB 50173—92 第 5 章的规定	检查位置及角度
4	导线架设	应符合 GB 50173—92 第 6 章的规定	检查架设是否符合设计
5	电杆上电器设备安装	应符合 GB 50173—92 第 7 章的规定	检查是否符合标准
6	绝缘电阻测量	绝缘子的绝缘电阻符合 GB 50150—91 的有关规定	单个测量并检查试验记录
7	检查相位	各相两端的相位应一致	检查相位是否一致
8	△冲击合闸试验	在额定电压下,对空载线路冲击合闸 3 次应无异常	冲击合闸试验 3 次
9	测量杆塔的接地电阻	接地电阻值应符合设计规定	用接地表测量接地电阻

检查数量:逐项检查。

第七节　碾压式土石坝和浆砌石坝工程
单元工程质量检验

本节根据水利部、能源部颁发的《水利水电基本建设工程单元工程质量等级评定标准七》(SL 38—92),《碾压式土石坝施工技术规范》(SDJ 213—83),《混凝土面板堆石坝施工规范》(SL 49—94),《土石坝碾压式沥青混凝土防渗墙施工规范(试行)》(SD 220—87)及《浆砌石坝施工技术规定》(SD 120—84)编制。

一、坝基及岸坡清理工序质量检验

坝基及岸坡清理工序质量标准及检验方法如表 4-142 所示。

表 4-142 坝基及岸坡清理工序质量标准及检验方法

项次	保证项目	质量标准		检验方法
1	坝基及岸坡清理	树木、草皮、树根、乱石、坟墓以及各种建筑物全部清除。水井、泉眼、地道、洞穴等已按设计要求处理		现场全面检查并做好施工记录
2	坝基及岸坡的清除及处理	粉土、细砂、淤泥、腐殖土、泥炭全部清除,对风化岩石、坡积物、残积物、滑坡体等已按设计要求处理		现场全面检查并做好施工记录
3	地质探孔、竖井、平洞、试坑的处理	符合设计要求		现场全面检查并做好施工记录
项次	允许偏差项目	允许偏差(mm)		检验方法
1	长、宽	人工施工	机械施工	用经纬仪与拉尺检查
		0 ～ +50	0 ～ +100	
2	清理边坡	不陡于设计边坡		用坡度尺检查

表 4-142 中说明:

(1)允许项目长、宽检验,所有边线均需测量,每个边线测量不少于 5 点。

(2)清理边坡,顺坝轴线每 10 延米用坡度尺测量 1 个点,高边坡需测定断面,垂直坝轴线每 20 延米测 1 个断面。

二、防渗体岩基及岸坡开挖工序质量检验

防渗体岩基及岸坡开挖工序质量标准及检验方法如表 4-143 所示。

表 4-143 防渗体岩基及岸坡开挖工序质量标准及检验方法

项次	保证项目	质量标准	检验方法
1	岩基及岸坡开挖	符合设计要求	现场检查,查看施工记录
2	基础面处理	无松动岩块、悬挂体、陡坎、尖角等,且无爆破影响裂缝	现场检查,查看施工记录
3	保护层开挖	严格按设计或规范要求控制炮孔深度和装药量,底部保护层厚度大于 1.5 m	现场检查,查看施工记录
4	坝基开挖岩面(基本项目)	开挖面平顺,局部出现反坡及不平顺岩面,已用混凝土填平补齐	现场检查,查看施工记录
5	坝基开挖边坡(基本项目)	边坡稳定,无反坡、无松动岩石	现场检查,查看施工记录

项次	允许偏差项目	允许偏差（mm）	检验方法
1	标高	-10 ～ +30	采用横断面控制
2	坡面局部超欠挖,坡面斜长 15 m 以内	-20 ～ +30	采用横断面控制
	坡面斜长 15 m 以上	-30 ～ +50	
3	长、宽边线范围	0 ～ +50	采用横断面控制

表 4-143 中说明:

（1）允许偏差项目,总检测点的数量,采用横断面控制,防渗体坝基础部位间距不大于 20 m,岸坡部位间距不大于 10 m,各横断面点数不少于 6 点,局部突出或凹陷部位（面积在 0.5 m² 以上者）应增设检测点。

（2）"+"为超挖,"-"为欠挖。

三、坝基及岸坡地质构造处理工序质量检验

坝基及岸坡地质构造处理工序质量标准及检验方法如表 4-144 所示。

表 4-144 坝基及岸坡地质构造处理工序质量标准及检验方法

项次	保证项目	质量标准	检验方法
1	地基、岸坡地质构造处理	岩石节理、裂隙、断层或构造破碎带已按设计要求处理	现场检查及查看施工记录
2	地质构造处理的灌浆工程	符合设计要求和《水工建筑物水泥灌浆施工技术规范》(SL 62—94)规定	现场检查及查看施工记录
3	岩石裂隙与节理处理（基本项目）	处理方法符合设计,节理、裂隙内的充填物冲洗干净,回填水泥砂浆、混凝土饱满密实	现场检查及查看施工记录
4	断层或破碎带的处理（基本项目）	开挖宽度、深度符合设计,边坡稳定,回填混凝土密实,无深层裂缝,蜂窝麻面面积不大于 0.5%,蜂窝已处理	现场检查及查看施工记录

四、坝基及岸坡渗水处理工序质量检验

坝基及岸坡渗水处理工序质量标准及检验方法如表 4-145 所示。

表 4-145　坝基及岸坡渗水处理工序质量标准及检验方法

项次	项目	质量标准	检验方法
1	渗水处理(保证项目)	渗水已妥善排堵,基坑中无积水	以观察检查及查看施工记录为主
2	经过处理的坝基与岸坡渗水(基本项目)	在回填土或浇筑混凝土范围内水源基本切断,无积水、无明流	以观察检查及查看施工记录为主

五、土石坝土质防渗体结合面处理工序质量检验

土石坝土质防渗体结合面处理工序质量标准及检验方法如表 4-146 所示。

表 4-146　土石坝土质防渗体结合面处理工序质量标准及检验方法

项次	项目	质量标准	检验方法
1	防渗体填筑前	基础处理已验收合格	以观察检查和检查施工记录为主
2	防渗铺盖、均质坝地基	按规定、设计要求处理	以观察检查和检查施工记录为主
3	上下层铺土间结合层面	禁止撒入砂砾、杂物以及车辆在层面上重复碾压	以观察检查和检查施工记录为主
4	与土质防渗体结合的岩面以及混凝土面处理	岩石、混凝土表面的浮渣、污物、泥土、乳皮、粉尘、油毡等清理干净;渗水排干。接触岩面,混凝土面上保持湿润,涂刷泥浆或黏土水泥砂浆,回填及时,无风干现象	以观察检查和检查施工记录为主
5	上下层铺土之间的结合层面处理	表面松土、砂砾及其他杂物清除,保持湿润,根据需要刨毛,且深度、密度符合要求	以观察检查和检查施工记录为主

注:表中项次 1、2、3 为保证项目,项次 4、5 为基本项目。

六、土石坝土质防渗体卸料及铺填工序质量检验

土石坝土质防渗体卸料及铺填工序质量标准及检验方法如表 4-147 所示。

表 4-147　土石坝土质防渗体卸料及铺填工序质量标准及检验方法

项次	项目	质量标准（允许偏差）		检验方法
1	上坝土料	黏粒含量、含水量、土块直径、砾质黏土的粗粒含量、粗粒最大粒径，符合设计和施工规范；严禁冻土上坝		观察、试验测含水量、粒径等
2	卸料	按设计和规范要求卸料，及时平料，均衡上升，施工面平整、层次清楚；上下层分段位置错开，铺料表面保持湿润		观察检查施工记录
3	均质坝铺土	上下游坝坡留足余量，防渗铺盖在坝体内部分与心墙或斜墙同时铺筑，防渗体在坝内无纵缝		观察检查、现场检查施工记录
4	土料铺料	摊铺后的土料厚度均匀，表面基本平整，无土块（或粗粒）集中		用钢卷尺检查，观察检查
5	铺土厚度（平整后，压实前）	−5 cm，+0 cm		用钢卷尺现场检查
6	铺填边线	人工施工	机械施工	用钢卷尺、仪器现场检查拉线
		−5 ~ +10 cm	−5 ~ +30 cm	

表 4-147 中说明：

（1）检测数量。铺土厚度（平整后，碾压前）用网格网控制，每 100 m² 填铺边线，仪器测量及拉线，每 10 延米一个测点。

（2）表中项次 1、2、3 为保证项目，项次 4 为基本项目，项次 5、6 为允许偏差项目。

七、土石坝土质防渗体压实工序质量检验

土石坝土质防渗体压实工序质量标准及检验方法如表 4-148 所示。

表 4-148　土石坝土质防渗体压实工序质量标准及检验方法

项次	项目	质量标准	检验方法
1	土质防渗体开工前进行碾压试验	土料的含水量高于或低于施工含水量的上、下限值时，应进行含水量调整的工艺试验，施工碾压必须严格控制压实参数和操作规程	用碾压机械、环刀法、试坑法、核子密度仪检验
2	基槽填土	从低洼处开始，保持填土面始终高出地下水水面；靠近岸坡、结构物边角处的填土用小型或轻型机具压实，当填土具有足够的长、宽、厚度时，可使用大型压实机具	用环刀法、核子密度仪、灌砂法、灌水法、钢卷尺等检验
3	防渗体碾压后的干密度（干容重）	合格率大于等于 90%，不合格样不得集中，最小值不低于设计干密度的 0.98 倍	用环刀法、核子密度仪、灌砂法、灌水法检查
4	土料碾压	无漏压，表面平整，个别弹簧起皮、脱皮和剪力破坏部分已妥善处理	现场观察与检验

注：项次 1、2 为保证项目，项次 3、4 为基本项目。

八、土石坝土质防渗体接缝处理工序质量检验

土石坝土质防渗体接缝处理工序质量标准及检验方法如表4-149所示。

表4-149　土石坝土质防渗体接缝处理工序质量标准及检验方法

项次	项目	质量标准	检验方法
1	接缝处理	斜墙和窄心墙内不得留有纵向接缝,所有接缝结合坡面不陡于1:3,高差不超过15 m,与岸坡结合坡度应符合设计要求。均质土坝纵向接缝应采用不同高度的斜坡和平台相间形式,坡度与平台宽度满足稳定要求,平台间高差不大于15 m	现场观察检查并检查施工记录
2	防渗体内纵横接缝的坡面处理	严格进行削坡、湿润、刨毛,保证结合质量	用坡度尺检查和现场观察检查并检查施工记录
3	坡面结合	填土含水量在允许范围内,铺土均匀,表面平整,无团块集中,无风干,碾压层平整密实,无明显拉裂和起皮现象,压实合格率大于等于90%	检验含水量和铺土厚度,现场观察检查并检查施工记录

表4-149中说明:

(1)填土含水量及干密度检测数量,每10延米取试样一个;如一层达不到20个试样,可多层累积统计合格率,每层不得少于3个试样。

(2)项次1、2为保证项目,项次3为基本项目。

九、土石坝混凝土面板基面清理工序质量检验

土石坝混凝土面板基面清理工序质量标准及检验方法如表4-150所示。

表4-150　土石坝混凝土面板基面清理工序质量标准及检验方法

项次	项目	质量标准	检验方法
1	趾板基础、垫层防护层	验收合格后,可进行基面清理	现场检查并检查施工记录
2	趾板基础清理	仓面无松动岩石,无浮渣,无杂物,无积水,岩面洁净	现场检查并检查施工记录
3	垫层防护层清理	检验合格,表面较平整,浮渣、杂物清除干净,表面湿润	现场检查并检查施工记录

注:表中项次1为保证项目,项次2、3为基本项目。

十、土石坝混凝土面板滑模制作安装及滑模轨道安装工序质量检验

土石坝混凝土面板滑模制作安装及滑模轨道安装工序质量标准(允许偏差)及检验

方法如表4-151所示。

表4-151　土石坝混凝土面板滑模制作安装及滑模轨道安装工序质量标准(允许偏差)及检验方法

项次	项目	质量标准(允许偏差)	检验方法
1	滑模结构及牵引系统、模板及支架	牢固可靠,有安全装置,有足够的稳定性、刚度和强度	现场检查
2	滑模的质量	表面清理比较干净,无附着物	现场检查
3	外形尺寸	±10 mm	现场用钢尺测量
4	对角线长度	±6 mm	现场用钢尺测量
5	扭曲	4 mm	现场检查
6	表面局部不平整度	3 mm/m	用水平尺检查
7	滚轮或滑道间距	±10 mm	现场用钢尺测量
8	轨道安装高度	±5 mm	用水平仪检测
9	轨道安装中心线	±10 mm	用钢尺测量
10	接头处轨面错位	2 mm	现场检查

注:项次1为保证项目,项次2为基本项目,项次3~10为允许偏差项目。

十一、土石坝混凝土面板止水片(带)制作及安装工序质量检验

土石坝混凝土面板止水片(带)制作及安装工序质量标准(允许偏差)及检验方法如表4-152所示。

表4-152　土石坝混凝土面板止水片(带)制作及安装工序质量标准(允许偏差)及检验方法

项次	项目	质量标准(允许偏差)	检验方法
1	止水、伸缩缝的结构型式、原材料	符合设计,未经鉴定的新材料不得用于主体工程	检查出厂合格证、材质证明和说明书
2	止水片(带)架设	位置准确、牢固可靠,无损坏	现场检查、重点检查
3	止水片(带)安装	位置准确、平直、表面洁净,金属止水片与塑胶垫片连接较好,填充沥青饱满	现场检查、重点检查施工记录
4	焊接及黏结长度	焊接及黏结符合设计,焊接或黏结紧密。无空洞,无脱离	用钢卷尺检查
5	伸缩缝处理(包括混凝土面处理及表面嵌缝)	混凝土表面平整,无蜂窝麻面、起皮、起砂;稀料涂刷均匀,结合紧密;填料工艺符合设计	用肉眼观察
6	宽度	金属止水和塑料止水±5 mm	用钢卷尺检查
7	凸体及翼缘弯起高度	金属止水±2 mm	现场检查
8	桥部圆孔直径	塑料止水±2 mm	用钢卷尺检查
9	搭接长度	金属止水0~+20 mm,塑料止水0~+50 mm	用钢卷尺检查
10	中心线安装偏差	金属止水±5 mm,塑料止水±5 mm	挂线,用钢板尺测量
11	两翼缘倾斜	金属止水±5 mm,塑料止水±10 mm	用水准仪测量

表4-152中说明:

(1)检测数量,允许偏差项目中的各项均每5延米检测1点,其中搭接长度应逐个接缝检查。

(2)项次1、2为保证项目,项次3~5为基本项目,项次6~11为允许偏差项目。

十二、土石坝混凝土面板浇筑工序质量检验

土石坝混凝土面板浇筑工序质量标准(允许偏差)及检验方法如表4-153所示。

表4-153 土石坝混凝土面板浇筑工序质量标准(允许偏差)及检验方法

项次	项目	质量标准(允许偏差)	检验方法
1	混凝土配合比及施工质量	满足设计抗压、抗渗、抗冻、抗腐蚀要求	根据试验确定配合比,现场检查抽样
2	特殊要求	采用滑模,混凝土连续浇筑,不允许仓面混凝土有初凝现象,否则按冷缝处理	根据现场情况进行检查
3	混凝土表面	无蜂窝、孔洞及露筋	用肉眼观察
4	面板裂缝	无贯穿性裂缝	现场观察,用钢板尺检查
5	坍落度	混凝土稠度基本均匀,坍落度偏离设计中值不大于2 cm	每班按规范要求抽检,用坍落筒检查
6	入仓混凝土(每层铺厚不大于30 cm)	铺料及时、均匀,层厚符合规定,仓面平整,无明显骨料集中现象	用钢卷尺检查
7	混凝土振捣	振捣基本均匀、密实	现场检查
8	混凝土脱模后	脱模混凝土基本不出现鼓胀、拉裂现象,局部不平整及时抹平	用肉眼检查
9	混凝土养护	养护及时,在规定90 d内保持面板表面湿润	现场检查
10	麻面	面积<0.5%	现场检查
11	表面裂缝	受压区有少量<0.3 mm发状缝。受拉区有少量<0.2 mm发状裂缝	用肉眼检查
12	面板厚度	−50~+100 mm	用3 m直尺检查
13	表面平整度	±30 mm	用水平尺检查

表4-153中说明:

(1)项次1~4为保证项目,项次5~11为基本项目,项次12、13为允许偏差项目。

(2)保证项目第1项次强度,趾板每块至少一组,面板每班至少一组,抗冻、抗渗、趾板每500 m^{3}一组,面板每3 000 m^{3}一组。

(3)基本项目项次5,坍落度检测每班不少于3次。

(4)允许偏差项目,每10延米测1点。

十三、沥青混凝土心墙单元工程质量检验

沥青混凝土心墙单元工程质量等级及检验方法如表4-154所示。

表4-154　沥青混凝土心墙单元工程质量等级及检验方法

项次	检验项目	质量等级	检验方法
1	基础面处理与沥青混凝土结合层面处理	合格、优良	观察检查、尺量,检查施工记录
2	模板	合格、优良	仪器测量,拉线尺量
3	沥青混凝土制备	合格、优良	现场检查,查看施工记录
4	沥青混凝土的摊铺与碾压	合格、优良	用尺量测

表4-154中说明:

钻孔取样测定的渗透系数和容重是控制工程质量的主要指标,沥青混凝土的心墙每升高2~10 m,沿心墙轴线布置2~4个取样断面(断面间距不大于50 m),每个断面钻一孔,每孔取样2~5个,进行密度、渗透和力学性能试验(有要求时,做三轴压缩试验)。沥青混凝土质量最终评定以密度、渗透系数为主要指标,合格率大于等于90%为合格、大于等于95%为优良。

十四、基础面处理与沥青混凝土结合层面处理工序质量检验

基础面处理与沥青混凝土结合层面处理工序质量标准及检验方法如表4-155所示。

表4-155　基础面处理与沥青混凝土结合层面处理工序质量标准和检验方法

项次	项目	质量标准	检验方法
1	心墙与基础结合面	清扫干净,均匀喷涂一层稀释沥青、乳化沥青,混凝土表面烘干燥	观察检查、尺量
2	上下层施工间歇时间	不超过48 h	温度测量,查看施工记录
3	稀释沥青、乳化沥青、沥青胶、橡胶沥青配料,涂抹厚度、贴服牢固程度	配料比例正确,稀释沥青(乳化沥青)涂抹均匀、无空白;沥青胶(或橡胶沥青胶)涂抹厚度符合设计要求,无鼓包,无流淌,贴服牢固	观察检查、尺量,温度测量,查看施工记录
4	层面处理	层面清理干净,无杂物,无水珠,层面下1 cm处温度不低于70 ℃	观察检查、查看施工记录

表4-155中说明:

(1)温度测量每区段温度测量点数不少于10点。

(2)项次1、2为保证项目,项次3、4为基本项目。

十五、沥青混凝土心墙模板工序质量检验

沥青混凝土心墙模板工序质量标准及检验方法如表 4-156 所示。

表 4-156　沥青混凝土心墙模板工序质量标准及检验方法

项次	项目	质量标准	检验方法
1	模板架立	牢固、不变形、拼接严密	仪器测量,拉线和尺量
2	模板缝隙、平直度、表面处理	搭接缝隙不大于 3 mm,平直度差值不大于 2 cm,板面沥青混凝土残渣清除,涂抹脱模剂	拉线测量和观察检查,查看施工记录
3	模板中心线与心墙轴线(立模后)	±10 mm	拉线、仪器测量、检查尺量
4	内侧间距	±20 mm	尺量

表 4-156 中说明:

(1)每 10 延米为一组测点,每一验收区、段检测不少于 10 组。

(2)项次 1 为保证项目,项次 2 为基本项目,项次 3、4 为允许偏差项目。

十六、沥青混凝土制备工序质量检验

沥青混凝土制备工序质量标准及检验方法如表 4-157 所示。

表 4-157　沥青混凝土制备工序质量标准及检验方法

项次	项目		质量标准	检验方法
1	沥青、骨料、填料、掺料		符合《土石坝碾压式沥青混凝土防渗墙施工规范(试行)》(SD 220—87)和有关规定要求	现场检查,查看施工记录,检查配料情况
2	配合比(施工)、投料顺序、拌和时间		配合比符合设计,拌和应符合《土石坝碾压式沥青混凝土防渗墙施工规范(试行)》(SD 220—87)要求	现场检查,查看施工记录
3	机口出料		色泽均匀,稀稠一致,无花白料,无黄烟及其他异常现象	现场观察检查
4	原材料加热	沥青加热	±10 ℃	测量温度
		矿料加热	±10 ℃	
		填料、掺料加热	±20 ℃	

项次	项目		质量标准	检验方法
5	配料	粗骨料	±2.0%	现场检查,查看施工记录
		细骨料	±2.0%	
		填料(掺料)	±1.0%	
		沥青	±0.5%	
6	出机口温度,沥青混合料拌和后的出机温度		上限不大于 185 ℃,下限满足现场碾压	测量温度

表 4-157 中说明:

(1)项次 1~3 为保证项目,项次 4~6 为允许偏差项目。

(2)检验数量,允许偏差项目:①温度测量,施工中监测各种原材料的加热温度以利于调整,每班测试各种材料温度不少于 5 次。②间断性配料设备,每班各种配料抽测不少于 3 次,连续性配料设备随时监测自动评称量误差。另外,每班不少于一次机口取样,做抽提试验,测定配料偏差,作为评定配料质量的依据。③出机温度,应逐罐进行温度测检。

十七、心墙沥青混凝土的摊铺与碾压工序质量检验

心墙沥青混凝土的摊铺与碾压工序质量标准及检验方法如表 4-158 所示。

表 4-158　心墙沥青混凝土的摊铺与碾压工序质量标准及检验方法

项次	项目	质量标准	检验方法
1	虚铺厚度及碾压遍数	符合设计要求和规范规定	用尺测量,现场检查
2	碾压后沥青混凝土	表面平整,心墙宽度符合设计(无缺损),表面返油,无异常现象	用钢卷尺量,现场检查
3	心墙厚度	不大于 10% 的心墙厚度	用钢卷尺量

表 4-158 中说明:

(1)项次 1 为保证项目,项次 2 为基本项目,项次 3 为允许偏差项目。

(2)各项目每 10 延米须检测一组,每一验收区段检测不少于 10 组。

十八、沥青混凝土面板整平层(含排水层)单元工程质量检验

沥青混凝土面板整平层(含排水层)单元工程质量标准及检验方法如表 4-159 所示。

表 4-159　沥青混凝土面板整平层(含排水层)单元工程质量标准及检验方法

项次	项目		质量标准	检验方法
1	沥青、矿料、乳化沥青		符合规范和设计要求	现场观察检查,查看施工记录
2	原材料配合比、铺筑工艺		符合规范和设计要求	现场检验
3	铺筑时		垫层已验收合格,喷涂的乳化沥青或稀释沥青已干燥	查看施工记录
4	沥青混凝土的渗漏系数设计 W8		合格率大于等于80%	取证件检验和采用非破损性仪器检验
5	沥青混凝土的孔隙率		合格率大于等于80%	取证件检验和采用非破损性仪器检验
	沥青用量		±0.5%	机口取样检查及坝面取样检查
6	粒径 0.074 mm 以上各级骨料		±2.0%	机口取样检查及坝面取样检查
	粒径 0.074 mm 以下填料		±1.0%	
7	机口与摊铺碾压温度按现场试验确定一般控制范围	机口 160 ℃	±25 ℃	
		初碾 110 ℃	>0 ℃	
		终碾 80 ℃	>0 ℃	
8	铺筑层压实厚度,按设计厚度计		−15% ~0	
9	铺筑层面平整度,在 2 m 范围起伏差		不大于 10 mm	

表 4-159 中说明:

(1)项次 1~3 为保证项目,项次 4、5 为基本项目,项次 6~9 为允许偏差项目。

(2)基本项目检测数量。每一铺筑层的每 500~1 000 m² 至少取一组(3 个)试件,或用非破损性仪器,在仓面每 30~50 m² 选一测点,并每天机口取样一次作检验。

(3)允许偏差项目项次 6 采取机口或坝面取样,做抽提试验,每天至少一次,检查试验报告;项次 7 采取机口每盘测一次,检查检测记录,坝面每 30~50 m² 测 1 点,检查检测记录;项次 8 采用隔套取样量测,每 100 m² 测 1 点,检查检测记录;项次 9 采用 2 m 靠尺检测,检测点每天不少于 10 个,检查检测记录。

十九、沥青混凝土面板防渗层单元工程质量检验

沥青混凝土面板防渗层单元工程质量标准(允许偏差)及检验方法如表 4-160 所示。

表 4-160　沥青混凝土面板防渗层单元工程质量标准(允许偏差)及检验方法

项次	项目		质量标准(允许偏差)	检验方法
1	沥青、矿料、掺料及乳化沥青		符合规范和设计要求	现场观察检查
2	原材料配合比出机口沥青混合料及温度		符合规范和设计要求	施工检查试验记录
3	防渗层层间处理		符合规范规定	报告及放样
4	铺筑层间的坡向或水平接缝		相互错开,无上下通缝	记录
5	沥青混凝土防渗层表面		无裂缝、流淌与鼓包	现场检查
6	沥青混凝土孔隙率		合格率大于等于90%	取试样和用非破损性方法检测
7	沥青混凝土的防渗系数 $K \leqslant 10 \sim 7$ cm/s		合格率大于等于90%	取试样和用非破损性方法检测
8	沥青用量		±0.5%	做抽提试验及检查检测记录
9	粒径 0.074 mm 以上各级骨料		±2.0%	做抽提试验及检查检测记录
	粒径 0.074 mm 以下填料		±1.0%	
10	机口与摊铺碾压温度按现场试验确定一般控制范围	机口	±25 ℃	现场试验
		初碾	>0 ℃	
		终碾	>0 ℃	
11	铺筑层的施工接缝错距	上下层水平接缝错距 1 m	0 ~ 20 cm	用 2 m 靠尺检查及隔套取样量测和检查
		上下层条幅坡向接缝错距(以 $1/n$ 条幅宽计)	0 ~ 20 cm	
12	铺筑层压实厚度,按设计厚度计		−10% ~ 0	检测记录
13	铺筑层面平整度,在 2 m 范围起伏差		不大于 10 mm	用 2 m 直尺检查

表 4-160 中说明:

(1)项次 1 ~ 5 为保证项目,项次 6、7 为基本项目,项次 8 ~ 13 为允许偏差项目。

（2）基本项目。每一铺筑层的每 500～1 000 m² 至少取一组（3 个）试件，或用非破损性方法检测，在仓面及接缝处各选一测点，并每天在机口取样一次检验。

（3）允许偏差项目。项次 9 采用机口或坝面取样做抽提试验，每天至少一次，检查试验报告（填料百分数，系指用量为矿料的百分数）；项次 10 采取机口每盘量测一次，检查检测记录，坝面每 30～50 m² 测一点，检查检测记录；项次 11 采取检查施工记录或观测，测点不少于 10 个；项次 12 采取隔套取样量测，每 100 m² 测 1 点，检查检测记录；项次 5 采用 2 m 靠尺检测，检测点每天不少于 10 个，检查检测记录。

二十、沥青混凝土面板封闭层单元工程质量检验

沥青混凝土面板封闭层单元工程质量标准（允许偏差）及检验方法如表 4-161 所示。

表 4-161　沥青混凝土面板封闭层单元工程质量标准（允许偏差）及检验方法

项次	项目		质量标准（允许偏差）	检验方法
1	原材料配合比、施工工艺		符合规范和设计要求	现场观察检查，检查施工记录，试验报告及防渗层检验报告
2	封闭层铺抹		在防渗层质量检验合格后，表面洁净、干燥	
3	封闭层		无鼓泡、脱层、流淌	现场观察
4	沥青胶软化点		合格率大于等于 80%，最低软化点不低于 85 ℃	取试样每天观察
5	沥青胶的铺抹		合格率大于等于 80%	
6	沥青胶的施工温度	搅拌出料温度	±10 ℃	量测出料温度及铺抹温度
		铺抹温度	≥0 ℃	

表 4-161 中说明：

（1）项次 1～3 为保证项目，项次 4、5 为基本项目，项次 6 为允许偏差项目。

（2）基本项目每 500～1 000 m² 的铺抹层至少取一个试样，一天铺抹面积不足 500 m² 的也取一个试样；每天至少观察与计算铺抹量一次，铺抹过程随时检查，铺抹量应为 2.5～3.5 kg/m²。

（3）允许偏差项目，采取随出料时量测出料温度，铺抹温度每天至少测两次。

二十一、沥青混凝土面板与刚性建筑物连接单元工程质量检验

沥青混凝土面板与刚性建筑物连接单元工程质量标准及检验方法如表 4-162 所示。

表 4-162　沥青混凝土面板与刚性建筑物连接单元工程质量标准及检验方法

项次	项目		质量标准	检验方法
1	沥青砂浆、橡胶沥青胶、玻璃丝布等原材料配合比、配制工艺		必须经过试验,性能必须满足规范与设计要求	现场观察及检查试验、报告施工记录
2	刚性建筑物连接面的处理,楔形体的浇筑,滑动层与加强层的敷设		符合规范与设计要求,并进行现场铺筑试验。施工中,接头部位无熔化、流淌及滑移现象	现场观察及检查试验、报告施工记录
3	敷设刚性建筑物表面的橡胶沥青滑动层,铺筑沥青混凝土防渗层		待喷涂的乳化沥青完全干燥后进行,待滑动层与楔形体冷凝、质量合格后进行	现场观察及检查试验、报告施工记录
4	沥青砂浆楔形体的浇筑温度		±10 ℃	现场观察、检查试验、报告施工记录
5	橡胶沥青胶滑动层拌制温度		±5 ℃	现场观察、检查试验、报告施工记录
6	玻璃丝布加强层	上下层接缝的错距以布幅宽计	0 ~ 10 cm	现场观察及检查试验、报告施工记录
		搭接宽度	0 ~ 5 cm	

表 4-162 中说明:

(1)项次 1 ~ 3 为保证项目,项次 4 ~ 6 为允许偏差项目。

(2)项次 4、5 每盘现场检验 1 次,项次 6 采取现场检验,测点不少于 10 个。

二十二、砂砾坝体填筑单元工程质量检验

砂砾坝体填筑单元工程质量标准及检验方法如表 4-163 所示。

表 4-163　砂砾坝体填筑单元工程质量标准及检验方法

项次	项目	质量标准	检验方法
1	颗粒级配、砾石含量、含泥量	符合《碾压式土石坝施工规范》(SDJ 213—83)要求	试验检验
2	坝体每层填筑时	在前一填筑层已验收合格	现场试验检查
3	铺料、碾压	均匀不得超厚,无漏压、欠压和出现弹簧土	用尺量和现场观察检查

项次	项目		质量标准	检验方法
4	纵横向结合部位与岸坡结合处的填料		符合规范和设计要求;无分离、架空现象,对边角加强压实	现场观察检查
5	设计断面边缘压实质量,填筑时每层上下游边线		按规定留足余量	取试样检查,观察检查
6	压实控制指标干密度(干容重)		干密度合格率大于等于90%,不合格干密度不得低于设计值的0.98,不合格样不得集中	用灌砂法、灌水法检验,查看施工记录
7	铺料厚度		0~10 cm	用尺量
8	断面尺寸	上下游设计边坡超填值	±20 cm	用尺量和用仪器测量
		坝轴线与相邻填料结合面尺寸	±30 cm	

表 4-163 中说明:

(1)项次 1~5 为保证项目,项次 6 为基本项目,项次 7、8 为允许偏差项目。

(2)干密度按填筑 400~2 000 m² 取一个试样,但每层测点不少于 10 个,渐至坝顶处每层不宜少于 5 个,测点中应至少有 1~2 个点分布在设计边坡线以内 30 cm 或与岸坡结合处附近;允许偏差项目,铺料厚度按 20 m×20 m 布置测点,每单元工程(每层)不少于 10 点,断面尺寸的检验每层不少于 10 点。

二十三、堆石坝体填筑单元工程质量检验

堆石坝体填筑单元工程质量标准及检验方法如表 4-164 所示。

表 4-164　堆石坝体填筑单元工程质量标准及检验方法

项次	项目	质量标准	检验方法
1	填坝材料	必须符合《混凝土面板堆石坝施工规范》(SL 49—94)和设计要求	通过试验检查
2	坝体每层填筑	在前一层验收合格后进行	按碾压参数现场检查
3	堆石填筑	按选定的碾压参数进行施工,铺筑厚度不得超厚、超径,含泥量、洒水量符合规范和设计要求	按碾压参数现场检查

项次	项目		质量标准	检验方法
4	填坝材料的纵横向结合部位		符合《混凝土面板堆石坝施工规范》(SL 49—94)和设计要求,与岸坡结合处的料物不得分离、架空,对边角加强压实	现场检查
5	坝体填筑层铺料厚度		每一层应有大于等于 90% 的测点达到规定的铺料层厚度要求	用水准仪测量,用尺检查
6	坝体压实后的厚度		每一层填筑有大于等于 90% 的测点达到规定的压实厚度	用水准仪测量,用尺检查
7	堆石填筑层面的外观		层面基本平整,分区能基本均衡上升,大粒径料无较大面积集中现象	现场观察检验
8	分层压实的干密度合格率		检测点合格率大于等于 90%,不合格值不得小于设计干密度的 0.98	用灌水法检验
9 断面尺寸	下游坡填筑边线距坝轴线距离	有护坡要求	±20 cm	用尺和水准仪测量
		无护坡要求	±30 cm	
	过渡层与主堆石区分界线距坝轴线距离		±30 cm	用尺和水准仪测量
	垫层与过渡层分界线距坝轴线距离		−10 ~ 0 cm	用尺和水准仪测量

表 4-164 中说明:

(1)项次 1 ~ 4 为保证项目,项次 5 ~ 8 为基本项目,项次 9 为允许偏差项目。

(2)检验数目。基本项目项次 5、6 按 20 m×20 m 方格网的角点为测点,每一填筑层的有效检测点总数不少于 20 点;项次 8 主堆区每 5 000 ~ 50 000 m³ 取样一次,过渡层区每 1 000 ~ 5 000 m³ 取样一次,允许偏差项目断面尺寸不少于 10 点。

二十四、反滤工程单元工程质量检验

反滤工程单元工程质量标准及检验方法如表 4-165 所示。

表 4-165　反滤工程单元工程质量标准及检验方法

项次	项目	质量标准	检验方法
1	基面(层面)处理	符合设计要求和《碾压式土石坝施工规范》(SDJ 213—83)要求	现场检查,查看施工记录
2	反滤料的粒径、级配、坚硬度、抗冻性、渗透系数	符合设计要求	检查试验,查看试验施工记录
3	结构层数、层间系数、铺筑位置和厚度	符合设计要求	现场检查和仪器检查
4	压实参数	严格控制,无漏压或欠压	根据试验检查
5	施工顺序,接缝处的各层联结,含水量	符合《碾压式土石坝施工规范》(SDJ 213—83)要求	现场观察检查
6	工程保护措施	符合《碾压式土石坝施工规范》(SDJ 213—83)要求	现场观察检查
7	干密度	合格率大于等于90%,不合格样不得集中,不合格干密度值不得低于设计值的0.98	用灌水法检查
8	反滤料含泥量	含泥量不大于5%	通过试验检查
9	每层厚度	不大于设计厚度的15%	用尺量或水平仪测量

表 4-165 中说明:

(1)项次 1~6 为保证项目,项次 7、8 为基本项目,项次 9 为允许偏差项目。

(2)基本项目干密度检验按每 500~1 000 m³ 检测一次,每个取样断面每层所取的样品不得少于 4 次(应均匀分布于断面不同部位),各层间的取样位置应彼此相对应。单元工程取样次数少于 20 次时,应以数个单元工程累计评定,粒径检测每 200~400 m³ 取样一组,允许偏差项目每 100~200 m³ 检测一组或每 10 延米取一组试样。

二十五、垫层工程单元工程质量检验

垫层工程单元工程质量标准及检验方法如表 4-166 所示。

表 4-166　垫层工程单元工程质量标准及检验方法

项次	项目	质量标准	检验方法
1	填筑	前一填筑层已验收合格	用灌水法检查
2	石料级配、粒径、垫层的铺高厚度、铺筑的方法	符合设计要求和施工规范规定,严禁采用风化石料	现场检查与尺量
3	碾压参数	严格控制,无漏压和欠压;坡面碾压时,上下一次为碾压一遍,上坡时振动,下坡时不振动	根据试验参数现场检查
4	护坡垫层工程	必须在坡面整修后按反滤层铺筑规定施工,接缝重叠宽度必须符合要求	现场观察检查
5	防护处理,原材料,配合比和施工方法	按设计进行,符合设计要求和施工规范的质量要求	根据试验报告现场检查
6	碾压后的干密度	合格率大于等于80%	用灌水法检查
7	碾压后的垫层质量	表面平整,基本无颗粒分离	现场观察检查
8	碾压砂浆层面偏离设计线	$+5 \sim -8$ cm	用仪器检查
9	喷射混凝土面偏离设计线	± 5 cm	用仪器检查
10	铺筑厚度	± 3 cm	用尺量或用仪器检查
11	垫层与过渡分界线距坝轴线	$+0 \sim -10$ cm	用仪器检查
12	垫层外坡线距坝轴线	± 5 cm	用仪器检查

表 4-166 中说明:

(1)项次 1~5 为保证项目,项次 6、7 为基本项目,项次 8~12 为允许偏差项目。

(2)检验数量。基本项目项次 6 碾压后的干密度水平 1 次/(1 500~1 000 m³),斜坡 1 次/(1 500~3 000 m²)。允许偏差项目项次 8、9 沿坡面按 20 m×20 m 网格布置测点,项次 10 每 10 m×10 m 不少于 4 点,项次 11、12 测点不少于 10 点。

二十六、护坡工程单元工程质量检验

护坡工程单元工程质量标准(允许偏差)及检验方法如表 4-167 所示。

表 4-167　护坡工程单元工程质量标准（允许偏差）及检验方法

项次	项目	质量标准（允许偏差）	检验方法
1	填筑(含垫层或护坡)	必须在前一填筑层验收合格,现场清理后进行填筑	现场检查
2	断面尺寸,基础埋置深度及护坡石料的料质、强度、几何尺寸	符合设计要求	用仪器测量和用尺量,试验检查
3	干砌石砌体,浆砌石砌筑,抛石、摆石护坡与坝体填筑	必须咬扣紧密,错缝,无通缝、叠砌和浮塞;随抛、随摆,随整坡,上游面护坡认真挂线,自下而上错缝竖砌,紧靠密实,垫塞稳固	现场检查
4	护坡	砌体咬扣紧密;错缝竖砌,基本无通缝、叠砌,砂浆勾缝基本密实,坡面基本平整	现场检查
5	坡度	基本符合设计坡度	用仪器和坡度尺检查
6	表面平整度	干砌不大于5 cm,浆砌不大于3 cm	用2 m尺检查
7	厚度	干砌±5 cm,浆砌±3 cm	用尺测量

表 4-167 中说明:

(1)项次 1 ~ 3 为保证项目,项次 4、5 为基本项目,项次 6、7 为允许偏差项目。

(2)检测数量。基本项目护坡检验数量以 25 m × 25 m 网格布置测点,允许偏差项目表面平整度总检测点数不少于 25 ~ 30 点,厚度每 100 m² 测 3 点。

二十七、排水工程单元工程质量检验

排水工程单元工程质量标准（允许偏差）及检验方法如表 4-168 所示。

表 4-168　排水工程单元工程质量标准（允许偏差）及检验方法

项次	项目	质量标准（允许偏差）	检验方法
1	布置位置、断面尺寸,石料的软化系数,抗冻性强度,抗压强度,几何尺寸	满足设计要求	尺量试验,仪器测量
2	渗透系数(排水能力)	符合设计要求	测试
3	基底处理	按设计进行夯实处理,滤孔和接头部位的反滤层、减压井回填、垂直度,水平排水应按设计要求和施工规范施工,坝外排水管接头不漏水	现场检验,仪器测量

项次	项目	质量标准(允许偏差)	检验方法
4	减压井的钻孔	符合施工规范规定	现场检验
5	堆石或砌石体	上下层面基本无水平通缝,靠近反滤层石料为内小外大,相邻两段堆石缝为逐层错缝,露于表面的砌石为平砌,较平整	现场检验
6	每层厚度	每层厚度偏小值不大于设计厚度的15%	用尺量
7	干密度	合格率大于等于90%,且不合格样不得集中,不合格干密度值不得低于设计值的0.98倍	取样检验
8	表面平整度	干砌 ±5 cm,浆砌 ±3 cm	用2 m尺量
9	顶标高	干砌 ±3 cm,浆砌 ±2 cm	用仪器测

表 4-168 中说明:

(1)项次 1~4 为保证项目,项次 5~7 为基本项目,项次 8、9 为允许偏差项目。

(2)基本项目 100 m² 检查 1 处,每处检查面积不大于 10 m²,排水设施每层厚度每 100~200 m² 检验一组或每 10 延米取一组试样。干密度按每 500~1 000 m³ 检验 1 次,每个取样断面每层取样不得少于 4 次,各层间的取样位置应彼此相对应。

(3)允许偏差项目,表面平整度每单元工程不少于 10 点,顶标高每 50 延米测 3 点。

二十八、水泥砂浆砌石体砌筑工序质量检验

水泥砂浆砌石体砌筑工序质量标准及检验方法如表 4-169 所示。

表 4-169　水泥砂浆砌石体砌筑工序质量标准及检验方法

项次	项目	质量标准	检验方法
1	水泥砂浆的强度、配合比	符合设计要求和规范规定	经过试验,检查试验报告
2	石料规格	符合规范要求:砌筑时石块表面清洁湿润	现场观察检查
3	铺浆	均匀、无裸露石块	现场检查
4	砌缝灌浆	饱满密实,无架空	初凝前翻撬抽验
5	砌石体的密度、空隙率、吸水率	符合设计规定	做压水试验检查
6	砂浆沉入度	总检测次数中大于等于70%符合质量要求	试验检查

项次	项目			质量标准	检验方法
7	砌缝宽度	平缝	粗料石 15～20 mm	总检测点数中大于等于70%符合质量要求	现场抽检
			预制块 10～15 mm		
			块石 20～25 mm		
		竖缝	粗料石 20～30 mm		
			预制块 15～20 mm		
			块石 20～40 mm		
8	轮廓线	平面		±4 cm	现场抽检
9		高程	重力坝	±3 cm	
10			拱坝、支墩坝	±2 cm	

表 4-169 中说明:

(1)项次 1～5 为保证项目,项次 6、7 为基本项目,项次 8～10 为允许偏差项目。

(2)检验数量。①保证项目项次 4 砂浆初凝前采用翻撬抽检,每砌筑层不少于 3 块,每砌筑 4～5 m 高,进行一次钻孔压水试验,每 100 m² 坝面钻孔 3 个,每次试验不少于 3 孔。项次 5 在坝高 1/3 以下,每砌筑 10 m 高控试坑一组;坝高 1/3 以上,砌体试坑组数由设计、施工共同商定。基本项目砂浆沉入度每班不少于 3 次。砌缝宽度每砌筑 10 m³ 抽检一处,每单元工程不少于 10 处,每处检查缝长度不小于 1 m。②允许偏差项目。重力坝,沿坝轴线方向每 10～20 m 测 1 点,每单元工程不少于 10 点。③拱坝、支墩坝沿坝轴线方向每 3～5 m 测 1 点,每单元工程不少于 20 点。

二十九、混凝土砌石体单元工程质量检验

混凝土砌石体单元工程质量标准及检验方法如表 4-170 所示。

表 4-170　混凝土砌石体单元工程质量标准及检验方法

项次	项目	质量标准	检验方法
1	石料	石料表面泥垢、青苔、油质等已冲洗干净,软弱边尖角已敲除,保持湿润状态	现场检查
2	混凝土强度、配合比	符合设计要求	现场检查试验报告,取试样
3	砌石体密度、孔隙率	符合设计要求	钻孔、挖坑、压水试验
4	混凝砌石体土密实性、压水试验	符合设计要求	钻孔、压水试验
5	砌石体砌筑	采用铺浆法	现场检查

项次	项目			质量标准	检验方法
6	混凝土砌体施工缝处理			基本无乳皮、残渣杂物,无积水,砌筑面冲洗干净,局部光滑的混凝土面已凿毛	现场检查
7	砌石体腹石摆放			粗料石砌筑,宜一丁一顺或一丁多顺,毛石砌筑,石块之间基本无线或面接触	现场检查
8	竖缝混凝土浇灌和插捣			一次填入高度不超过 40 cm,分层振捣,无漏振,混凝土表面无孔洞	现场检查
9	砌体冬、夏季和雨天砌筑			基本符合规定质量要求	现场检查
10	结构尺寸	平面		±4 cm	用仪器测量
		高程	重力坝	±3 cm	用仪器测量
			拱坝、支墩坝	±2 cm	用仪器测量

表 4-170 中说明:

(1)项次 1~5 为保证项目,项次 6~9 为基本项目,项次 10 为允许偏差项目。

(2)检验数量。①保证项目项次 3 采用翻撬抽检,每砌筑层不少于 3 块,每砌筑 4~5 m 高,进行一次钻孔压水试验,每 100 m² 坝面钻孔 3 个,每次试验不少于 3 孔。项次 4 在坝高 1/3 以下,每砌筑 10 m 高控试坑一组,坝高 1/3 以上,砌体试坑组数由设计、施工单位共同商定。②基本项目项次 6 抽检 3 处,每处面积不小于 10 m²;项次 7 每 100 m² 坝面抽查 1 处,每处面积不小于 10 m²。③允许偏差项目。重力坝沿坝轴线方向每 10~20 m 测 1 点,拱坝、支墩坝沿坝轴线方向每 3~5 m 测 1 点。

三十、面板与浆砌石接触面处理工序质量检验

面板与浆砌石接触面处理工序质量标准及检验方法如表 4-171 所示。

表 4-171　面板与浆砌石接触面处理工序质量标准及检验方法

项次	项目	质量标准	检验方法
1	面板与砌体接触表面	松动石块已清除干净,局部突出石块已凿平	现场观察检查
2	面板与砌体接触表面	浮渣、泥污基本冲洗干净,保持湿润	现场观察检查

注:项次 1 为保证项目,项次 2 为基本项目。

三十一、混凝土施工缝处理工序质量检验

混凝土施工缝处理工序质量标准及检验方法如表4-172所示。

表4-172　混凝土施工缝处理工序质量标准及检验方法

项次	基本项目	质量标准	检验方法
1	施工缝表面处理	浮皮清除,基本凿毛,冲洗无积水,无积渣、杂物	现场观察检查,检查施工记录
2	老混凝土面上铺水泥砂浆	厚度2~3 cm,基本无空白区出露	现场观察检查,检查施工记录

三十二、模板工序质量检验

模板工序质量标准(允许偏差)及检验方法如表4-173所示。

表4-173　模板工序质量标准(允许偏差)及检验方法

项次	项目	质量标准(允许偏差)	检验方法
1	模板稳定性、刚度、强度	符合设计要求	全面检查
2	模板表面	基本光洁,无污物,板上无空洞,接缝基本严密	现场全面检查
3	相邻板面高差	混凝土外表面:钢模2 mm、木模3 mm	用仪器测量
4	局部不平	混凝土外表面:钢模2 mm、木模5 mm,混凝土内表面10 mm	用仪器测量
5	板面缝隙	混凝土外表面:钢模1 mm、木模2 mm,混凝土内表面2 mm	现场全面检查
6	轮廓边线与设计边线偏差	混凝土外表面:钢模10 mm、木模10 mm,混凝土内表面15 mm	现场全面检查

表4-173中说明:

(1)项次1为保证项目,项次2为基本项目,项次3~6为允许偏差项目。

(2)允许偏差项目,每10 m³模板抽检2~3点。

三十三、浆砌石坝面板混凝土浇筑工序质量检验

浆砌石坝面板混凝土浇筑工序质量标准(允许偏差)及检验方法如表4-174所示。

表 4-174 浆砌石坝面板混凝土浇筑工序质量标准（允许偏差）及检验方法

项次	项目	质量标准（允许偏差）	检验方法
1	原材料、强度、相应的配合比	符合设计规定，无不合格混凝土入仓	现场观察、检查原材料合格证或试验报告及施工记录
2	混凝土浇筑	振捣密实，无蜂窝、洞穴，麻面不超过总面积的 0.5%	现场观察、检查原材料合格证或试验报告及施工记录
3	浇筑后的混凝土	无深层及贯穿裂缝，表面无露筋	现场观察、检查原材料合格证或试验报告及施工记录
4	混凝土坍落度	符合规定要求，总检测次数中有大于等于 70% 符合质量要求	每班抽检不少于 3 次
5	混凝土入仓	摊铺基本均匀，每层摊铺厚度不超过 50 cm，分层清楚，基本无骨料集中现象	现场检查观察及检查施工记录
6	泌水	基本无外部水流入，泌水排除及时	现场检查观察
7	养护	及时，保持湿润至规范规定的养护期	
8	外表面的平整度	±20 mm	拆模后用 2 m 靠尺抽查 1/5 表面积

表 4-174 中说明：

（1）项次 1~3 为保证项目，项次 4~7 为基本项目，项次 8 为允许偏差项目。

（2）检测数量。基本项目，项次 4 每班抽检不少于 3 次；项次 5、6 现场观察，检查施工记录；允许偏差项目，拆模后用 2 m 靠尺抽查 1/5 表面积。

三十四、浆砌石坝水泥砂浆勾缝单元工程质量检验

浆砌石坝水泥砂浆勾缝单元工程质量标准及检验方法如表 4-175 所示。

表 4-175 浆砌石坝水泥砂浆勾缝单元工程质量标准及检验方法

项次	项目	质量标准	检验方法
1	勾缝砂浆	单独拌制，砂浆质量符合规定	现场检查拌和记录
2	砂浆用原材料	符合规定要求，砂料宜用细砂，水泥宜用普通硅酸盐水泥	试验报告及施工记录
3	缝槽处理	清洗干净，无残留灰渣和积水，保持缝面湿润	试验报告及施工记录
4	清缝宽度	不小于砌缝宽度	

项次	项目	质量标准	检验方法
5	清缝深度（水平缝）、竖缝深度	不小于 40 mm、不小于 50 mm,总检测数中有大于等于 70% 符合质量要求	用钢卷尺测量
6	砂浆勾缝密实度	分次填充、压实,密实度符合要求,检测总点数中有大于等于 70% 测点符合质量要求	现场检查
7	缝面养护	基本及时养护,保持 21 d 湿润	现场观察

表 4-175 中说明:

(1)项次 1~3 为保证项目,项次 4~7 为基本项目。

(2)检测数量。基本项目,项次 1 每 10 m² 砌体表面抽检不少于 5 处,每处不少于 1 m 缝长,项次 2 砂浆初凝前通过压触对比抽检勾缝密实度,每 100 m² 砌体表面至少抽检 10 点。

三十五、浆砌石溢洪道溢流面砌筑工序质量检验

浆砌石溢洪道溢流面砌筑工序质量标准(允许偏差)及检验方法如表 4-176 所示。

表 4-176　浆砌石溢洪道溢流面砌筑工序质量标准(允许偏差)及检验方法

项次	项目		质量标准(允许偏差)	检验方法
1	石料		强度符合设计,长度大于等于 600 mm,高大于 250 mm,长厚比小于等于 3,棱角分明,表面平整,同一面最大高差 10 mm,外露面平面高差小于等于 2 mm	逐块检查
2	砂浆强度等级、配合比		符合设计要求与规范规定	通过试验现场检查
3	铺浆		均匀,无裸露石块	现场检查
4	砌缝灌浆		密实、饱满,无架空现象	现场检查
5	砌体密实度、孔隙率		符合设计规定	现场检查
6	砂浆沉入度		70% 及其以上符合设计要求	现场检查
7	砌缝宽度		基本符合要求	现场检查
8	砌体组砌形式		上下错缝,全部丁砌或一丁一顺,相邻砌面高差小于等于 5 mm	现场检查
9	平面尺寸	溢流堰顶	±1 cm	仪器测量,用尺测量
10		轮廓尺寸	±2 cm	仪器测量,用尺测量
11	高程	堰顶	±1 cm	用仪器测量
12		其他部位	±2 cm	用仪器测量
13	表面平整度		2 cm	用水平尺 2 m 靠尺检查

表 4-176 中说明：

（1）项次 1~5 为保证项目，项次 6~8 为基本项目，项次 9~13 为允许偏差项目。

（2）检测数量。基本项目每 100 m² 抽检 1 处，每处 10 m²，每单元不少于 3 处；允许偏差项目每 100 m² 抽查 20 个点。

三十六、浆砌石墩（墙）砌筑工序质量检验

浆砌石墩（墙）砌筑工序质量标准（允许偏差）及检验方法如表 4-177 所示。

表 4-177　浆砌石墩（墙）砌筑工序质量标准（允许偏差）及检验方法

项次	项目		质量标准（允许偏差）	检验方法
1	砂浆或混凝土强度、配合比		符合设计及规范要求	全面现场检查、查阅试验报告
2	石料质量、规格		符合设计要求及施工规范规定	全面现场检查、查阅试验报告
3	浆砌石墩（墙）的临时间断处		间断处的高低差不大于 1 m 并留有平缓台阶	全面现场检查、查阅试验报告
4	浆砌石墩（墙）的砌筑次序		基本符合：先砌筑角石，再砌筑镶面石，最后砌筑填腹石，镶面石的厚度不小于 30 cm	现场检查
5	浆砌石墩（墙）的组砌形式		组砌形式基本符合：内外搭砌、上下错缝、丁砌石分布均匀，面积不小于墩（墙）砌体全部面积的 1/5，长度大于 60 cm	全面检查、现场观察检查
6	轴线位置		1 cm	按墩墙长度抽查
7	顶面标高		±1.5 cm	用仪器测量
8	厚度	设闸门部位	±1 cm	用尺测量
		无闸门部位	±2 cm	用尺测量

表 4-177 中说明：

（1）项次 1~3 为保证项目，项次 4、5 为基本项目，项次 6~8 为允许偏差项目。

（2）检测数量。允许偏差项目，按墩、墙长度每 20 延米抽查 1 处，每处各测 5 点，每个单元工程不少于 3 处；基本项目，项次 5 按墩墙长度每 20 m 抽查 1 处，每处 3 延米，每个单元工程不得少于 3 处。

第八节　堤防工程

一、堤防单位工程外部尺寸质量检验

堤防单位工程外部尺寸质量标准和检验方法见表 4-178。

表 4-178　堤防单位工程外部尺寸质量标准和检验方法

分部工程名称	序号	检验项目	允许偏差	检验方法
堤身填筑工程	1	堤轴线	±15 cm	用经纬仪全面检查
	2	堤顶高程	0 ~ 15 cm	用水平仪随机进行
	3	堤顶宽度	−5 ~ 15 cm	用钢尺随机进行
	4	戗台高程	−10 ~ 15 cm	抽检点用水平仪检测
	5	戗台宽度	−10 ~ 15 cm	用钢尺检测
	6	堤坡坡度 m 值	0 ~ 0.05	不少于 10 点,用坡度尺
护坡工程	1	护坡轴线	±4 cm	不少于 10 点,用经纬仪
	2	砌筑高程	干砌 0 ~ +5 cm,浆砌 0 ~ +4 cm,散抛 0 ~ +10 cm	用水平仪检测
	3	砌体顶部厚度	设计厚度 ±10%	用钢尺检测
	4	护坡坡度 m 值	0 ~ 0.05	用水平仪测量
干砌石堤(墙)砌筑	1	堤(墙)轴线	±4 cm	用经纬仪测量
	2	堤(墙)顶高程	0 ~ 5 cm	用水平仪测量
	3	墙面垂直度	0.5%	吊垂线
	4	堤(墙)顶厚度	−1 ~ 2 cm	用钢尺量
	5	表面平整度	5 cm	用 2 m 直尺检查
浆砌石堤(墙)砌筑	1	堤(墙)轴线	±4 cm	用全站仪
	2	堤(墙)顶高程	0 ~ 4 cm	用全站仪
	3	墙面垂直度	0.5%	吊垂线
	4	堤(墙)顶厚度	−1 ~ 2 cm	用钢尺检测
	5	表面平整度	5 cm	用 2 m 直尺检查
混凝土防洪墙	1	墙轴线	±4 cm	用全站仪
	2	墙顶高程	0 ~ 3 cm	用全站仪
	3	墙面垂直度	0.5%	吊垂线
	4	墙顶厚度	−1 ~ 2 cm	用钢尺检测
	5	表面平整度	1 cm	用 2 m 直尺检查

二、堤基清理单元工程质量检验

堤基清理单元工程质量标准和检验方法见表 4-179。

表 4-179 堤基清理单元工程质量标准和检验方法

项次		项目名称	质量标准	检验方法
检查项目	1	基面清理	堤基表层没有不合格土,杂物全部清除	全面检查
	2	一般堤基处理	堤基上的坑塘洞已按要求处理	全面检查
	3	堤基平整压实	表面无显著凹凸,无松土,无弹簧土	全面检查
检测项目	1	堤基清理范围	堤基清理边界超过设计基面边线 0.3 m	沿堤线长度测量
	2	堤基表面压实	满足设计要求	按压实面积测试干密度

表 4-179 中说明:

(1)堤基清理范围应根据工程级别,沿堤线长度每 20 ~ 50 m 测量 1 次,每个单元工程不少于 10 次。

(2)压实质量按清基面积每 400 ~ 800 m² 取样 1 次,测试干密度。

(3)检测项目合格率为合格点数除以总测点数。

三、土料碾压筑堤单元工程质量检验

土料碾压筑堤单元工程质量标准和检验方法见表 4-180 所示。

表 4-180 土料碾压筑堤单元工程质量标准和检验方法

项次		项目名称	质量标准	检验方法
检查项目	1	上堤土料土质、含水率	无不合格土,含水率适中	试验取样检测
	2	土块粒径	根据压实机具土块限制在 5 ~ 10 cm 以内	现场观察检查
	3	作业段划分、搭接	机械作业不小于 100 m,人工作业不小于50 m,搭接无界沟	现场观察检查
	4	碾压作业程序	碾压机械行走平行于堤轴线,碾迹及搭接碾压符合要求	现场观察检查
检测项目	1	铺料厚度	允许偏差 0 ~ -5 cm	用尺量和水准仪测量
	2	铺料边线	允许偏差:人工 +10 ~ +20 cm,机械 +10 ~ +30 cm	用尺量
	3	压实指标	满足设计要求	按设计要求进行抽样检测

检验数量:

(1)铺料厚度每 100 ~ 200 m² 测 1 次。

（2）铺填边线沿堤轴线长度每 20~50 m 测 1 次。

（3）压实指数为主要检测项目，每层填筑 100~150 m³ 取样 1 个测干密度，每层不少于 5 次，对加固的狭长作业面可按每 20~30 m 长取样 1 个测干密度。

（4）检测项目合格率为合格点数除以总测点数。

检查项目达到质量标准：铺料厚度和铺填边线偏差合格率不小于 70%，土体压实干密度合格率符合表 4-181 规定。

表 4-181　土体压实干密度合格率

项次	填筑类型	筑堤材料	压实干密度合格下限（%）	
			1、2 级土堤	3 级土堤
1	新填筑堤	黏性土	85	80
		少黏性土	90	85
2	老堤加高、培厚	黏性土	85	80
		少黏性土	85	80

不合格样干密度值不得低于设计值的 96%，不合格样不得集中在局部范围内。

四、土料吹填筑堤单元工程质量检验

土料吹填筑堤单元工程质量标准和检验方法见表 4-182。

表 4-182　土料吹填筑堤单元工程质量标准和检验方法

项次		项目名称	质量标准	检验方法
检查项目	1	吹填土质	符合设计要求	现场检查
	2	吹填区围堰	符合设计要求，无严重溃堤、塌方事故	现场检查
	3	泥沙颗粒分布	吹填区沿程沉积泥沙颗粒级配无显著差异	现场观察
检测项目	1	吹填高程	允许偏差 0~0.3 m	用仪器测量
	2	吹填区宽度	区宽小于 50 m 的允许偏差为 ±0.5 m，区宽大于 50 m 的允许偏差为 1.0 m	用尺测量
	3	吹填平整度	细粒土 0.5~1.2 m，粗粒土 0.8~1.6 m	现场观察，用 2 m 尺测量
	4	吹填干密度	满足设计要求	用核子密度仪及环刀检测

检测数量：按吹填区长度每 50~100 m 测一个横断面，每个断面测定不应少于 4 个，吹填区土料固结干密度按每 200~400 m² 取一个土样。

检查项目达到质量标准：吹填高程、宽度、平整度合格率不小于 90%，初期固结干密度合格率超过表 4-181 规定要求 5% 以上。

五、土料吹填压渗平台单元工程质量检验

土料吹填压渗平台单元工程质量标准和检验方法见表 4-183。

表 4-183　土料吹填压渗平台单元工程质量标准和检验方法

项次		项目名称	质量标准	检验方法
检查项目	1	吹填土质	符合设计要求	全面检查
	2	吹填区围堰	符合设计要求,无严重溃堤、塌方事故	现场检查
	3	泥沙颗粒分布	吹填区沿程沉积泥沙颗粒级配无显著差异	现场观察
检测项目	1	吹填高程	允许偏差 0 ~ 0.3 m	用仪器检查
	2	吹填区宽度	区宽小于 50 m 的允许偏差为 ±0.5 m,区宽大于 50 m 的允许偏差为 ±1.0 m	用尺丈量
	3	吹填平整度	细粒土 0.5 ~ 1.2 m 粗粒 0.8 ~ 1.6 m	用 2 m 尺量和仪器测量

检测数量:按吹填区长度每 50 ~ 100 m 测一个横断面,每个断面测定不应少于 4 个。检测项目合格率为合格点数除以总测点数。

六、干砌石护坡单元工程质量检验

干砌石护坡单元工程质量标准和检验方法见表 4-184。

表 4-184　干砌石护坡单元工程质量标准和检验方法

项次		项目名称	质量标准	检验方法
检查项目	1	面石用料	质地坚硬无风化,单块质量≥25 kg ,最小边长≥20 cm	现场观察检查
	2	腹石砌筑	排紧填严,无淤泥杂质	现场检查
	3	面石砌筑	禁止使用小块石,不得有通缝、对缝、浮石、空洞	现场检查
	4	缝宽	无宽度在 1.5 cm 以上,长度在 0.5 m 以上的连续缝	用尺测量
检测项目	1	砌石厚度	允许偏差为设计厚度的 ±10%	用尺测量
	2	坡面平整度	2 m 靠尺检测凹凸不超过 5 cm	用 2 m 尺测量

检测数量:厚度及平整度沿堤轴线长每 10 ~ 20 m 应不少于 1 个测点。

七、毛石粗排护坡单元工程质量检验

毛石粗排护坡单元工程质量标准和检验方法见表 4-185。

表 4-185　毛石粗排护坡单元工程质量标准和检验方法

项次		项目名称	质量标准	检验方法
检查项目	1	石料	质地坚硬无风化,单块质量≥25 kg,最小边长≥15 cm	现场检查
	2	石料排砌	禁止使用小块石、片石,不得有通缝	现场检查
	3	缝宽	无宽度在 3 cm 以上,长度在 0.5 m 以上的连续缝	用尺测量
检测项目	1	砌石厚度	允许偏差为设计厚度的 ±10%	用尺测量
	2	坡面平整度	2 m 靠尺检测凹凸不超过 10 cm	用 2 m 尺测量

检测数量:厚度及平整度沿堤轴线长度每 20 m 应不少于 1 个测点。

八、护坡垫层单元工程质量检验

护坡垫层单元工程质量标准和检验方法见表 4-186。

表 4-186　护坡垫层单元工程质量标准和检验方法

项次		项目名称	质量标准	检验方法
检查项目	1	基面	按《堤防工程施工规范》(SL 260—98)验收合格	全面检查
	2	垫层材料	符合设计要求	全面检查
	3	垫层施工方法和程序	符合《堤防工程施工规范》(SL 260—98)要求	现场观察检查
检测项目	1	垫层厚度	偏小值不大于设计厚度的 15%(设计垫层厚度 20 cm)	用尺量测

检测数量:垫层厚度每 20 m² 测 1 次。

九、砂质土堤堤坡堤顶填筑单元工程质量检验

砂质土堤堤坡堤顶填筑单元工程质量标准和检验方法见表 4-187。

表 4-187　砂质土堤堤坡堤顶填筑单元工程质量标准和检验方法

项次		项目名称	质量标准	检验方法
检查项目	1	上堤土料土质、含水率	无不合格土,含水率适中	现场检测
	2	土块粒径	根据压实机具,土块限制在 10 cm 以内	现场观察
	3	作业段划分、搭接	机械作业不小于 100 m,人工作业不小于 50 m,搭接无界沟	现场观察
	4	碾压作业程序	碾压机械行走平行于堤轴线,碾迹及搭接碾压符合要求	现场观察
检测项目	1	铺料厚度	允许偏差 0 ~ 5 cm	用尺量,仪器测量
	2	砂质土堤堤坡堤顶宽度或厚度	人工、机械运土碾压筑堤允许偏差为 −3 cm,吹填筑堤允许偏差为 −5 cm	用尺量,仪器测量
	3	压实指标	满足设计要求	用核子密度仪及环刀检测

检测数量:铺料厚度、宽度及压实干密度检测数量,包边沿堤每 20~30 m 各测 1 次,盖顶每 200~400 m² 各测 1 次。

各检查项目达到的质量标准:铺土厚度、宽度合格率不小于 70%,土体压实干密度合格率不小于表 4-181 中规定,但不合格样干密度值不得低于设计值的 96%,不合格样不得集中在局部范围内。

十、黏土防渗体填筑单元工程质量检验

黏土防渗体填筑单元工程质量标准和检验方法见表 4-188。

表 4-188　黏土防渗体填筑单元工程质量标准和检验方法

项次		项目名称	质量标准	检验方法
检查项目	1	上堤土料土质、含水率	无不合格土,含水率适中	试验检测取样
	2	土块粒径	根据压实机具,土块限制在 10 cm 以内	现场观察
	3	作业段划分、搭接	机械作业不小于 100 m,人工作业不小于 50 m,搭接无界沟	现场检查
	4	碾压作业程序	碾压机械行走平行于堤轴线,碾迹及搭接碾压符合要求	现场全面检查
检测项目	1	铺料厚度	允许偏差 0~-5 cm	用仪器、用尺量
	2	铺料边线	允许偏差 0~10 cm	用尺量
	3	压实指标	满足设计要求	取样试验,用核子密度仪及环刀检测

检测数量:铺料厚度、铺填宽度及压实密度可按堤轴线长度每 20~30 m 取 1 个样或按填筑面积 100~200 m² 取 1 个样。

表中检查项目达到质量标准,铺料厚度、铺填宽度合格率不小于 70%,土体压实干密度合格率不小于表 4-189 的规定。

表 4-189　土体压实干密度合格率

工程名称	干密度合格率下限(%)	
	1、2 级堤防	3 级堤防
黏土防渗体	90	85

注:不合格样干密度不得低于设计干密度值的 96%,不合格样不得集中在局部范围内。

十一、浆砌石护坡单元工程质量检验

浆砌石护坡单元工程质量标准(允许偏差)和检验方法见表 4-190。

表 4-190　浆砌石护坡单元工程质量标准(允许偏差)和检验方法

项次	项目名称	质量标准(允许偏差)	检验方法
1	石料、水泥、砂	符合《堤防工程施工规范》(SL 260—98)要求	现场检查、化验,检查水泥出厂合格证,砂化验含泥量等
2	砂浆配合比	符合设计要求	检查试验报告
3	浆砌	空隙用小石填塞,不得用砂浆充填,坐浆饱满,无空隙	现场检查
4	勾缝	无裂缝、脱皮现象	现场检查
5	砌石厚度	允许偏差为设计厚度的 ±10%	现场用钢尺测量
6	坡面平整度	用 2 m 靠尺检测凹凸不超过 5 cm	用 2 m 直尺检查

检测数量:厚度及平整度沿轴线长每 20 m 应不少于 1 点。

十二、混凝土预制块护坡单元工程质量检验

混凝土预制块护坡单元工程质量标准(允许偏差)和检验方法见表 4-191。

表 4-191　混凝土预制块护坡单元工程质量标准(允许偏差)和检验方法

项次	项目名称	质量标准(允许偏差)	检验方法
1	预制块外观	尺寸准确,整齐统一,表面清洁平整	现场观察
2	预制块铺砌	平整、稳定、缝线规则	现场检查
3	坡面平整度	用 2 m 靠尺检测,凹凸不超过 1 cm	2 m 靠尺检测

检测数量:坡面平整度沿堤轴线或每 20 m 应不少于 1 个测点。

十三、堤脚防护(水下抛石)单元工程质量检验

堤脚防护(水下抛石)单元工程质量标准(允许偏差)和检验方法见表 4-192。

表 4-192　堤脚防护(水下抛石)单元工程质量标准(允许偏差)和检验方法

项次	项目名称	质量标准(允许偏差)	检验方法
1	抗冲体结构、质量、强度	符合设计要求	现场检查
2	抛投程序	符合设计要求	现场观察
3	抛投位置和数量	按单元工程内各网格位置和数量抛投	现场检查
4	各种抗冲体工程量	体积允许偏差 ±10%,但不得偏小	现场检查
5	护脚坡面相应位置高程	±0.3 m	现场检查,用仪器和尺测量

表 4-192 中说明:

(1)表中"各种抗冲体工程量"按照设计要求实际抛入各个网格中的块石(或柳石枕、

铅丝笼、混凝土异形体),数量不得小于该网格的设计工程量。但允许适当多抛,多抛的数量允许偏差值为0～+10%。因此,将每个网格当做一个检测点看待,以检查抛投数量够不够,抛投是否均匀,是否满足抛石厚度要求。

(2)"护脚坡面相应位置高程"是指抛石完成后,沿堤轴线方向每隔20～50 m测量一横断面,测点的水平间距为5～10 m,并与设计横断面套绘以检查护脚坡面相应位置的高程差。考虑水下地形的动态变化较大,也可按抛石前每隔20～50 m测得的水下横断面与抛石后测得的水下横断面对比,检查抛石分区厚度的偏差值,允许偏差值±0.3 m。

第九节　膨胀岩(土)段渠道工程单元工程质量检验

为加强水利水电工程建设质量管理,保证工程施工质量,统一施工质量检验与标准方法,使施工质量检验与标准工作标准化、规范化。现根据国务院南水北调工程建设委员会办公室文件关于印发《渠道混凝土衬砌机械化施工质量评定验收标准(试行)》(NSBD 8—2007)及《南水北调中线一期工程渠道工程施工质量评定验收标准(试行)》(NSBD 7—2007)的通知进行要求,对膨胀岩土段渠道工程的单元工程质量进行检验。各项单元工程的质量检验内容为渠床整理,土方开挖,土方填筑,砂砾石垫层铺设,岩质渠段开挖,渠基排水,聚苯乙烯保温板铺设,土工膜铺设,衬砌混凝土,衬砌混凝土板外观质量,衬砌混凝土板伸缩缝施工等。

一、渠床整理质量检验

渠床整理质量检查项目、质量标准、检查方法和数量见表4-193。

表4-193　渠床整理质量检查项目、质量标准、检查方法和数量

项次		项目名称	质量标准	检查(测)方法	检查(测)数量
主控项目	1	削坡平整度	允许偏差: 20 mm/2 m(拟铺设砂垫层)、10 mm/2 m(其他情况)	用2 m直尺检查	每个单元检测不少于15个点
	2	补坡压实度	符合设计要求	取样试验,黏土用环刀法、灌水法,砾质土用灌砂法	每个单元检测5个断面,每个断面不少于3个点
一般项目	1	渠肩线、底角线	允许偏差: 0～+20 mm(直线段) 0～+50 mm(曲线段)	全站仪	每个单元检测5个断面
	2	渠底渠坡清理	各种杂草、树根、杂物、杂质土、弹簧土、浮土等按设计要求清理干净	现场观查	全数检查
	3	渠坡坍坡处理	对雨淋沟和坍坡,按设计要求厚度补坡后进行削坡	现场观查、测量	全数检查

基本技术要求:

(1)渠床整理宜以施工验收长度100 m,并按渠道两坡和渠底分别作为一个单元工程。

（2）渠床整理前应对渠道断面尺寸进行检测。

（3）预留保护层开挖宜优先考虑采用削坡机或机械削坡。

二、土方开挖主控项目施工质量检验

土方开挖主控项目施工质量和检查方法及数量见表4-194。

表4-194　土方开挖主控项目施工质量和检查方法及数量

项次	检验项目	质量标准	检查(测)方法	检查(测)数量
1	渗水处理	渠底及边坡渗水(含泉眼)妥善引排或封堵	观察、测量与查阅施工记录	全数检查
2	渠基压实	应符合设计要求	取样试验,黏性土采用环刀法、灌水法,砾质土采用灌砂法	每个压实层不少于3点
3	渠底高程	允许偏差:0~20 mm	水准仪测量	每个单元测3个断面,每个断面不少于3点

土方开挖一般项目施工质量标准和检查方法及数量见表4-195。

表4-195　土方开挖一般项目施工质量标准和检查方法及数量

项次	检验项目	质量标准	检查(测)方法	检查(测)数量
1	不良地质土的处理	渠底及边坡渗水(含泉眼)妥善引排或封堵,建基面清洁无积水	观察、施工记录	全数检查
2	渠基处理	符合设计要求	观察、施工记录	全数检查
3	开挖预留保护层	开挖后不及时衬砌或回填时,预留保护层,厚度符合设计要求	观察、测量与施工记录	全数检查
4	成型后表面清理	表面无显著凹凸,无弹簧土,无松土,平整密实	试验报告,施工记录	全数检查
5	渠道边坡	不陡于设计要求	水准仪、全站仪测量	每个单元不少于测3个断面
6	渠顶宽度	允许偏差为±50 mm	尺量	每个单元不少于测3个断面
7	渠顶高程	允许偏差为0~+50 mm	水准仪测量	每个单元测3个断面,每个断面不少于3点
8	渠底宽度	允许偏差为0~+50 mm	尺量、全站仪测量	每个单元不少于测3个断面
9	渠道开口宽度	允许偏差为0~+80 mm	全站仪测量	每个单元不少于测3个断面
10	中心线位置	允许偏差为±20 mm	全站仪测量	每个单元不少于测3个断面

基本技术要求：

（1）土方开挖宜按施工验收长度 100 m 为一个单元工程。

（2）土方开挖施工应自上而下进行，并分层检查和检测，同时应认真做好施工记录。

（3）开挖坡面应稳定，无松动，且不陡于设计坡度。

（4）预留保护层开挖时，应采用人工开挖，保护层厚度应符合设计要求。

（5）渠道断面尺寸检验项目应在开挖完成后进行检测。

三、土方填筑施工质量检验

土方填筑一般项目施工质量标准、检查方法及数量见表 4-196。

表 4-196 土方填筑一般项目施工质量标准、检查方法及数量

项次	检查项目	质量标准	检查（测）方法	检查（测）数量
1	清基清理	基面表层树木、草皮、树根、垃圾、弃土、淤泥、腐殖质土、废渣、泥炭土等不合格土全部清除	观察、查阅施工记录（录像或摄影资料收集备查）	全数检查
2	清基范围	清理边界符合设计要求，清除表土厚一般为 300 mm	尺量或经纬仪测量	每个单元不少于测 3 个断面
3	不良地质土的处理	不合格土全部清除，对粉土、细砂、乱石、危石、坡积物、残积物等处理应符合设计要求	观察、查阅施工记录	全数检查
4	基面处理	范围内的坑、槽、井等应按设计要求处理	观察、查阅施工记录	全数检查
5	层间结合面	表面刨毛 20～30 mm，无空白、风干现象，无撒入泥土、砂砾、杂物等，层面湿润均匀，无积水	观察、查阅施工记录	全数检查
6	铺土厚度	允许偏差为 0～50 mm	水准仪、尺量测量	每层不少于测 3 点
7	铺填边线	人工作业允许偏差 +100～+200 mm，机械作业允许偏差 +100～+300 mm	尺量，仪器测量	每层不少于测 3 点
8	渠顶宽度	允许偏差为 ±50 mm	尺量	每个单元不少于测 3 个断面
9	渠道边坡	不陡于设计要求	水准仪、全站仪测量	每个单元不少于测 3 个断面
10	渠顶高程	允许偏差为 0～+50 mm	尺量、全站仪测量	每个单元不少于测 3 个断面
11	渠底宽度	允许偏差为 0～+50 mm	尺量、全站仪测量	每个单元不少于测 3 个断面
12	渠道开口宽度	允许偏差为 0～+80 mm	全站仪测量	每个单元不少于测 3 个断面
13	中心线位置	允许偏差为 0～±20 mm	全站仪测量	每个单元不少于测 3 个断面

土方填筑主控项目施工质量标准、检查方法及数量见表4-197。

表4-197 土方填筑主控项目施工质量标准、检查方法及数量

项次	检查项目	质量标准	检查(测)方法	检查(测)数量
1	渗水处理	渠底及边坡渗水(含泉眼)妥善引排或封堵,建基面清洁无积水	观察、测量与施工记录	全数检查
2	土料	无不合格土,含水率、土质符合设计要求	观察、施工记录、土料试验报告	全数检查
3	填料压实	合格率≥95%,最小值≥0.98倍	取样试验,黏性土宜采用环刀法、灌水法;砾质土采用灌砂法	黏性土1次/(100~200 m^3);砾质土1次/(200~400 m^3),且每层不少于3点
4	渠底高程	允许偏差为0~20 mm	水准仪测量	每个单元测3个断面,每个断面不少于3点

基本技术要求:

(1)土方填筑宜按施工验收长度100 m为一个单元工程。

(2)土方填筑施工应自下而上分层进行,并分层检查和检测,同时应认真做好施工记录。

(3)填筑作业层按水平层次铺填,不得顺坡填筑。分段作业面的最小长度应符合相关规范要求。

(4)当相邻作业面之间不可避免出现高差时,指标应符合相关规范规定。

(5)碾压参数应通过碾压试验确定。

(6)渠道断面尺寸检验项目应填筑完成后进行。

四、砂砾石垫层铺设施工质量检验

砂砾石垫层质量检查项目、质量标准、检查方法及数量见表4-198。

表4-198 砂砾石垫层质量检查项目、质量标准、检查方法及数量

项次		项目名称	质量标准	检查(测)方法	检查(测)数量
主控项目	1	垫层压实	应符合设计要求	观察检查、现场实测(灌砂法)	每个单元不少于3点
	2	铺料厚度	允许偏差为0~+20 mm	水准仪测量、尺量	每个单元测3个断面,每个断面不少于3点
	3	渠底高程	允许偏差为0~-15 mm	水准仪测量	每个单元不少于3个断面

项次		项目名称	质量标准	检查(测)方法	检查(测)数量
一般项目	1	渠底宽度	允许偏差为 0～+30 mm	尺量、全站仪测量	每个单元不少于 3 个断面
	2	渠道开口宽度	允许偏差为 0～+50 mm	全站仪测量	每个单元不少于 3 个断面
	3	渠道边坡	不陡于设计要求	水准仪、全站仪测量	每个单元不少于 3 个断面
	4	砂砾料垫层平整度	表面平整度,允许偏差为 10 mm/2 m	用 2 m 直尺检查	每个单元检测不少于 5 个断面,每个断面不少于 3 点

基本技术要求:

(1)砂砾石垫层铺设验收长度 100 m 并按渠道两边坡和渠底分别作为一个单元工程。

(2)砂砾石垫层应符合设计要求,铺设应通过试验确定碾压参数。

(3)砂砾石填筑铺料应均匀,表面平整,边线整齐。

五、岩质渠段开挖施工质量检验

岩质渠段开挖一般项目施工质量标准和检查方法及数量见表 4-199。

表 4-199　岩质渠段开挖一般项目施工质量标准和检查方法及数量

项次	检查项目	质量标准	检查(测)方法	检查(测)数量
1	开挖坡面	稳定,无松动岩块,且不陡于设计坡度	观察、测量,查阅施工记录	全数检查
2	保护层开挖	浅孔、密孔、小药量	观察、测量,查阅施工记录	全数检查
3	建基面处理	建基面无松动岩块,起伏差符合设计要求,建基面清洁,无泥垢、油污等	观察、测量,查阅施工记录	全数检查
4	地质坑、孔处理	地质控孔、试坑等处理符合设计要求,地表积水已排除,坑、孔回填材料质量满足设计要求	观察、测量,查阅施工记录	全数检查
5	地质缺陷处理	符合设计要求	观察、测量,查阅施工记录	全数检查
6	渠道中心线	允许偏差为 0～±20 mm	全站仪测量	每个单元不少于 3 点
7	渠顶宽度	允许偏差为 0～+50 mm	尺量	每个单元不少于 3 点
8	起伏差	允许偏差为 150 mm	水准仪测量	每个单元测 3 个断面,每个断面不少于 3 点
9	渠顶高程	允许偏差为 0～+50 mm	水准仪测量	每个单元测 3 个断面,每个断面不少于 3 点
10	渠底宽度	允许偏差为 0～+100 mm	尺量、全站仪测量	每个单元不少于 3 个断面

岩质渠段开挖主控项目施工允许偏差和检查方法及数量见表4-200。

表4-200 岩质渠段开挖主控项目施工允许偏差和检查方法及数量

项次	检查项目	允许偏差（mm）	检查（测）方法	检查（测）数量
1	开挖断面	0～+100	观察、测量，查阅施工记录	每个单元不少于测3个断面
2	渠底高程	0～−100	水准仪测量	每个单元测3个断面，每个断面不少于测3点（轴线和两边各1点）

六、渠基排水施工质量检验

渠基排水主控项目施工质量标准、检查方法及数量见表4-201。

表4-201 渠基排水主控项目施工质量标准、检查方法及数量

项次	检查项目	质量标准	检查（测）方法	检查（测）数量
1	井、槽底压实	应符合设计要求	观察检查、现场实测	每个单元不少于测3点
2	安装位置	应符合设计要求	观察检查、现场实测	
3	集水管、排	管段联结正确、牢固	观察、查阅施工记录	全数检查

渠基排水一般项目施工质量标准、检查方法及数量见表4-202。

表4-202 渠基排水一般项目施工质量标准、检查方法及数量

项次	检查项目	质量标准	检查（测）方法	检查（测）数量
1	基面处理	人工开挖，建基面原状土无扰动	观察、查阅施工记录	全数检查
2	垫层、反滤层	材料符合设计要求，分层均匀摊料，夯压密实	观察、查阅施工记录	全数检查
3	检查竖井、集水井（箱）浇筑	混凝土材料应符合设计要求，外壁周围的砂砾料回填密实	观察、查阅施工记录	全数检查
4	集水井（箱）长、宽、高、深	长、宽、深、高允许偏差均为±20mm	从定位中心线至纵横边拉线和尺量	每个井、箱不少于3点
5	井、槽底高程		水准仪测量	每个井、槽不少于3点

基本技术要求：

（1）渠基排水设施按施工验收长度100 m为一个单元工程。

（2）排水设施施工应采用人工开挖基面原状土无扰动,开挖后及时检查和检测,认真做好施工记录。

（3）集水管、排水管应符合设计要求和现行有关标准的规定。

（4）排水设施的安装位置、倾斜度应符合设计要求。

（5）回填料施工工艺及压实指标应符合设计要求。

七、渠床砂砾料（粗砂）垫层填筑施工质量检验

渠床砂砾料（粗砂）垫层填筑主控项目施工质量标准、检查方法及数量见表4-203。

表4-203　渠床砂砾料（粗砂）垫层填筑主控项目施工质量标准、检查方法及数量

项次	检查项目	质量标准	检查（测）方法	检查（测）数量
1	垫层压实	应符合设计要求	观察检查、现场实测	砾质土1次/（200～400 m³），每个单元不少于3点
2	铺料厚度	允许偏差为0～+20 mm	水准仪测量、尺量	每个单元测3个断面,每个断面不少于3点
3	渠底高程	允许偏差为0～-15 mm	水准仪测量	每个单元测3个断面,每个断面不少于3点

渠床砂砾料（粗砂）垫层填筑一般项目施工质量标准、检查方法及数量见表4-204。

表4-204　渠床砂砾料（粗砂）垫层填筑一般项目施工质量标准、检查方法及数量

项次	检查项目	质量标准	检查（测）方法	检查（测）数量
1	基面清理	表面平整、密实,无突起,虚土等杂物全部清理	观察检查、查阅施工记录	全数检查
2	渠底宽度	允许偏差为0～+30 mm	尺量、全站仪测量	每个单元不少于3个断面
3	渠道开口宽度	允许偏差为0～+50 mm	全站仪测量	每个单元不少于3个断面
4	渠道边坡	不陡于设计要求	水准仪、全站仪测量	每个单元不少于3个断面

基本技术要求：

（1）垫层填筑宜按施工验收长度100 m为一个单元工程。

（2）基础面按要求进行清理,断面尺寸符合设计要求。

（3）砂砾、粗砂料层满足设计要求,并通过碾压试验确定碾压参数。

（4）填筑铺料应均匀,表面平整,边线整齐。

（5）渠道断面尺寸检测项目均在填筑完成后进行。

八、土工膜铺设施工质量检验

土工膜铺设质量检查项目、质量标准和检查数量见表4-205。

表 4-205　土工膜铺设质量检查项目、质量标准和检查数量

项次		项目名称	质量标准	检查(测)方法	检查(测)数量
主控项目	1	搭接宽度	设计值 0 ~ +20 mm	尺量	现场实测,每个单元检测 5 个搭接断面
	2	焊接质量	充气试验,气压 0.15 ~ 0.2 MPa, 5 min 内无明显压降	充气测压装置	现场实测,每个单元检测不少于 3 点
一般项目	1	土工膜铺设	铺膜时应自然松弛,与支持面贴实,不得褶皱、悬空,铺设后上端牢固定位	现场观查	每个单元检查不少于 5 个断面

基本技术要求:

(1)土工膜铺设宜以施工验收长度 100 m,并按渠道两边坡和渠底分别作为一个单元。

(2)土工膜的材质应符合设计要求。

(3)土工膜应自然松弛,与支持面贴实,不得出现褶皱、悬空现象。

(4)土工膜宜采用现场双缝焊接,并对焊缝质量抽样检验。

(5)铺膜后上下两端应牢固定位,衬砌施工中不允许出现下滑现象。

九、聚苯乙烯保温板铺设施工质量检验

聚苯乙烯保温板施工质量检查项目、质量标准、检查方法及数量见表 4-206。

表 4-206　聚苯乙烯保温板施工质量检查项目、质量标准、检查方法及数量

项次		项目名称	质量标准	检查(测)方法	检查(测)数量
主控项目	1	聚苯乙烯板铺设	铺设要整齐、平整、紧贴基面,不得出现局部悬空现象,不得在板上人为踩踏、放置重物	现场观查	每个单元检测 3 个断面
	2	聚苯乙烯板厚度	允许偏差为 ±1 mm	尺量	每个单元检测 3 个断面,每个断面不少于 3 点
一般项目	1	聚苯乙烯板外观检查	无缺角、断裂、尺寸不够、局部凹凸等现象	现场观查、测量	全数检查
	2	聚苯乙烯板面清理	板面清洁,无土块、杂物等	现场检查	全数检查

基本技术要求:

(1)聚苯乙烯保温板铺设宜以验收长度 100 m,并按渠道两边坡及渠底分别为一个单元工程。

(2)聚苯乙烯板材质应符合设计要求。

(3)铺设前要认真检查,对存在的缺角、断裂、尺寸不够、局部凹凸现象的板材不准使

用。

（4）运输中应注意轻装轻卸，堆放整齐，压实防风和避免阳光暴晒，铺设后要保持板面洁净，不允许人为踏踩和在板面上放置重物。

（5）铺设应平整，不得出现缝隙、漏铺现象。

十、衬砌混凝土板外观质量检验

衬砌混凝土板外观质量标准、检查方法及数量见表4-207。

表4-207 衬砌混凝土板外观质量标准、检查方法及数量

项次		项目名称	质量标准		检查（测）方法	检查（测）数量
			优良	合格		
主控项目	1	渠底高程	允许偏差为 −5 ～ 0 mm	允许偏差为 −10 ～ 0 mm	水准仪	每个单元检测5个断面
	2	坡面平整度	≤5 mm/2 m	≤8 mm/2 m	用2 m直尺检查	每个单元检测5个断面
	3	漏石	无漏石	局部少量，累计面积不超过1.5%	现场检查	全数检查
	4	贯穿性裂缝	无贯穿性裂缝	经处理后符合设计要求	现场观查	全数检查
一般项目	1	渠道中心线	允许偏差：±20 mm（直线段）±50 mm（曲线段）	允许偏差：±40 mm（直线段）±70 mm（曲线段）	经纬仪、全站仪测量	每个单元少于3点
	2	衬砌顶高程	允许偏差为0～+20 mm	允许偏差为0～+30 mm	水准仪测量	每个单元各测3个断面
	3	衬砌顶开口宽度	允许偏差为0～+20 mm	允许偏差为0～+40 mm	全站仪测量	每个单元不少于3个断面
	4	渠道边坡	边坡系数允许偏差±0.02	边坡系数允许偏差±0.03	水准仪、全站仪测量	每个单元各测3个断面
	5	碰损掉角	无碰损、掉角	重要部位不允许，其他部位轻微少量，经处理符合设计要求	现场检查	全数检查
	6	表面裂缝	无表面裂缝	局部有少量不规则干缩现象	现场观查	全数检查
	7	蜂窝空洞	无蜂窝空洞	轻微少量、不连续，单个蜂窝空洞的最长边距不得超过0.1 m，深度小于最大粒径，经处理符合设计要求	现场检查	全数检查

基本要求：衬砌混凝土板外观质量按验收长度 100 m 全断面作为一个单元工程。

十一、衬砌混凝土施工质量检验

衬砌混凝土施工质量标准、检查方法及数量见表 4-208。

表 4-208　衬砌混凝土施工质量标准、检查方法及数量

项次		项目名称	质量标准	检查(测)方法	检查(测)数量
主控项目	1	入仓混凝土	无不合格料入仓	观察检查、查阅施工记录、检查现场抽样试验报告	全数检查
	2	铺料平仓	铺料均匀，平仓齐平，无骨料集中现象	现场检查	全数检查
	3	混凝土振捣	留振时间合理，无漏振，振捣密实，表面出浆	现场观查	全数检查
	4	养护	终凝前喷雾养护，保持湿润，连续养护不应少于 28 d	现场观查、查阅施工记录	全数检查
	5	厚度	允许偏差为设计值的 -5% ~ +10%	尺量	每个单元测 5 个断面，每个断面不少于 3 点
一般项目	1	模板	符合模板设计要求	现场观查、查阅施工记录	全数检查
	2	混凝土浇筑温度	满足设计要求	现场观查、查阅施工记录	全数检查
	3	泌水、离析	无泌水、离析	现场观查	全数检查
	4	坍落度	配比值	现场观查	每 4 个小时检测 1 次

十二、预制混凝土板衬砌施工质量检验

预制混凝土板衬砌主控项目施工质量标准、检查方法及数量见表 4-209。

表 4-209　预制混凝土板衬砌主控项目施工质量标准、检查方法及数量

项次	检查项目	质量标准	检查(测)方法	检查(测)数量
1	混凝土预制板	出厂合格证、进场检验报告齐全，厚度均匀，形状整齐，色泽一致，表面清洁平整	检查出厂合格证、质量检验报告和现场抽样试验报告	全数检查
2	预制板铺砌	平整、稳定，缝线规则	观察、查阅施工记录	全数检查
3	渠底高程	允许偏差为 0 ~ -10 mm	水准仪测量	每个单元测 3 个断面，每个断面不少于 3 点

预制混凝土板衬砌一般项目施工质量标准、检查方法及数量见表 4-210。

表4-210 预制混凝土板衬砌一般项目施工质量标准、检查方法及数量

项次	检查项目	质量标准	检查(测)方法	检查(测)数量
1	砂浆	按配合比准确称量,强度、稠度、密实度(空隙度)符合设计要求	观察、现场检查	每个单元检查3个断面,每个断面不少于3点
2	勾缝	饱满密实,宽度一致,均匀平整	观察、现场检查	每个单元检查3个断面,每个断面不少于3点
3	衬砌表面平整度	允许偏差为8 mm/2 m	用2 m直尺检查	每个单元测3个断面,每个断面不少于3点
4	渠道中心线	允许偏差为±20 mm	全站仪测量	纵、横断面每个单元3点
5	衬砌顶高程	允许偏差为0~+30 mm	水准仪测量	每个单元各测3个断面,每个断面不少于3点
6	衬砌顶开口宽度	允许偏差为0~+30 mm	全站仪测量	每个单元测3个断面,每个断面不少于3点
7	渠底宽度	允许偏差为0~+20 mm	尺量、全站仪测量	每个单元不少于3个断面
8	渠道边坡	符合设计要求	水准仪、全站仪测量	每个单元各测3个断面,每个断面不少于3点

基本技术要求:

(1)预制混凝土板衬砌工程按施工验收长度100 m为一个单元工程。

(2)砂浆拌和设备宜选用有电子称量的强制式拌和设备。

十三、现浇混凝土板衬砌施工质量检验

现浇混凝土板衬砌主控项目施工质量标准、检查方法及数量见表4-211。

表4-211 现浇混凝土板衬砌主控项目施工质量标准、检查方法及数量

项次	检查项目	质量标准	检查(测)方法	检查(测)数量
1	砂料垫层	砂料符合设计要求,铺料厚度均匀,密实平整	观察检查、查阅施工记录,检查现场抽样试验报告	全数检查
2	入仓混凝土	无不合格料入仓	观察检查、查阅施工记录,检查现场抽样试验报告	全数检查
3	混凝土振捣	留振时间合理,无漏振,振捣密实,表面出浆	观察检查、查阅施工记录	全数检查
4	混凝土厚度	允许偏差为-5 mm~+10 mm	尺量	每个单元测5个断面,每个断面不少于3点
5	渠底高程	允许偏差为0~-10 mm	水准仪测量	每个单元测3个断面,每个断面不少于3点
6	衬砌表面	允许偏差为8 mm/2 m	用2 m直尺检查	每个单元测3个断面,每个断面不少于3点

现浇混凝土板衬砌一般项目施工质量标准、检查方法及数量见表4-212。

表4-212　现浇混凝土板衬砌一般项目施工质量标准、检查方法及数量

项次	检查项目	质量标准	检查(测)方法	检查(测)数量
1	垫层基面	厚度均匀、平整,密实度应符合设计要求,验收合格	观察检查、查阅施工记录	全数检查
2	模板	应符合设计要求	观察检查、查阅施工记录	全数检查
3	混凝土浇筑温度	应符合设计要求	观察检查、查阅施工记录	全数检查
4	蜂窝	轻微、少量、不连续,单个面积不超过 0.02 m²	观察检查、查阅施工记录	全数检查
5	碰损掉边	重要部位不允许,其他部位轻微少量,经处理符合设计要求	观察检查、查阅施工记录	全数检查
6	表面裂缝	局部有少量不规则干缩裂纹	观察检查、查阅施工记录	全数检查
7	渠道中心线	允许偏差为 ±20 mm	全站仪测量	纵、横断面每个单元不少于3点
8	衬砌顶高程	允许偏差为 0～+30 mm	水准仪测量	每个单元各测3个断面,每个断面不少于3点
9	衬砌顶开口宽度	允许偏差为 0～+30 mm	全站仪测量	每个单元不少于测3个断面
10	渠底宽度	允许偏差为 0～+20 mm	尺量、全站仪测量	每个单元不少于测3个断面
11	渠道边坡	符合设计要求	水准仪、全站仪测量	每个单元各测3个断面,每个断面不少于3点

基本技术要求:

(1)现浇混凝土衬砌宜按施工验收长度100 m或一个联结段为一个单元工程。

(2)混凝土拌和设备宜选用有电子称量的强制式拌和设备。

(3)混凝土振捣应密实,无漏振、架空现象,初凝后应及时进行压光处理。

十四、浆砌块石工程施工质量检验

浆砌块石主控项目施工质量标准、检查方法及数量见表4-213。

表 4-213　浆砌块石主控项目施工质量标准、检查方法及数量

项次	检查项目	质量标准	检查(测)方法	检查(测)数量
1	砌料	规格、材质应符合设计要求,无泥垢、油渍等污物	尺量、观察、查阅施工记录	全数检查
2	砌筑	内外搭砌、上下错缝,安砌稳固	观察、查阅施工记录	全数检查
3	砌石顶和底高程	允许偏差为 ±20 mm	水准仪测量	每个单元测 3 个断面,每个断面不少于 3 点

浆砌块石一般项目施工质量标准、检查方法及数量见表 4-214。

表 4-214　浆砌块石一般项目施工质量标准、检查方法及数量

项次	检查项目	质量标准	检查(测)方法	检查(测)数量
1	砂石垫层填筑	厚度均匀,碾压密实,无漏压、欠压,层面平整清洁	观察检查、查阅施工记录	每个单元检查不少于 3 点
2	砂浆摊铺	砂浆原材料应符合设计要求,均匀、平整、无尖棱硬物	观察检查、查阅施工记录	每个单元检查不少于 3 点
3	砌缝	饱满密实,均匀平整	观察检查、查阅施工记录	每个单元检查不少于 3 点
4	砂浆抹面平整度	允许偏差为 12 mm/2 m	用 2 m 直尺检查	每个单元测 3 个断面,每个断面不少于 3 点
5	中心线	允许偏差为 0 ~ ±30 mm	全站仪测量	每个单元测 3 个断面,每个断面不少于 3 点
6	砌石顶开口宽度	允许偏差为 0 ~ ±30 mm	全站仪测量	每个单元测 3 个断面,每个断面不少于 3 点
7	砌石底开口宽度	允许偏差为 0 ~ ±30 mm	全站仪测量	每个单元测 3 个断面,每个断面不少于 3 点

基本技术要求:

(1)浆砌块石宜按施工验收长度 100 m 为一个单元工程。

(2)块石的材质、规格应符合设计要求。

(3)砂浆拌和设备宜选用有电子称量的拌和设备。砂浆摊铺均匀,砌筑平稳坚固。

十五、伸缩(沉降)缝处理工程施工质量检验

伸缩(沉降)缝处理主控项目施工质量标准、检查方法及数量见表 4-215。

表 4-215　伸缩(沉降)缝处理主控项目施工质量标准、检查方法及数量

项次	检查项目	质量标准	检查(测)方法	检查(测)数量
1	伸缩(沉降)缝嵌缝材料	符合设计要求和现行有关标准的规定	检查出厂合格证、质量检验报告和现场抽样试验报告	全数检查
2	闭孔泡沫板填缝	表面清洁、边角整齐、厚度均匀、铺设平整、牢固可靠、填充密实	观察、查阅施工记录	全数检查
3	聚硫密封胶填塞	表面清洁,填塞密实稳固	观察、查阅施工记录	全数检查
4	伸缩缝清理	填充前把伸缩缝内的灰末及松动混凝土余渣等杂物清理干净	观察检查、查阅施工记录	全数检查
5	充填、灌缝材料	充填、灌缝材料性能符合设计要求,密封胶应达到规定的质量要求,填充密实、牢固可靠	检查出厂合格证、质量检验报告和现场抽样试验报告	全数检查

伸缩(沉降)缝处理一般项目施工质量标准、检查方法及数量见表 4-216。

表 4-216　伸缩(沉降)缝处理一般项目施工质量标准、检查方法及数量

项次	检查项目	质量标准	检查(测)方法	检查(测)数量
1	密封胶	材料符合设计要求,填充密实,平整干燥、黏结牢固	观察、查阅施工记录,现场抽样试验报告	全数检查
2	伸缩板	材料符合设计要求	观察、查阅施工记录,现场抽样试验报告	全数检查
3	伸缩缝深度	允许偏差为 ±5 mm	观察、尺量	全数检查
4	板厚	允许偏差为设计值的 −5% ~ +20%	尺量	每个单元检查不少于 10 点
5	伸缩缝间距	符合设计要求	尺量	每个单元检查不少于 10 点
6	伸缩缝宽度	允许偏差为 ±3 mm	观察、尺量	每个单元检查不少于 10 点

基本技术要求:

(1)伸缩缝、沉降缝处理宜按施工验收长度 500 m 为一个单元工程。

(2)伸缩缝、沉降缝处理施工应将缝内杂物清理干净,保持干燥。

(3)嵌缝施工要仔细,填压密实、均匀,注意嵌缝材料与整个渠的一致性。

(4)密封胶填充应饱满,黏结牢固,表面干燥、平整。

十六、路基土石方填筑工程质量检验

路基土石方填筑一般项目施工质量标准、检查方法及数量见表 4-217。

表4-217　路基土石方填筑一般项目施工质量标准、检查方法及数量

项次	检查项目	质量标准	检查(测)方法	检查(测)数量
1	基面清理和处理	清除地表植被、杂物、积水、淤泥和表土,特殊地质地段按设计要求进行处理	观察、现场抽查、查阅施工记录(包括录像或摄影资料)	全数检查
2	铺料	土料分层铺料厚度均匀,表面平整,边线整齐;石料逐层水平摆放平稳,码砌边部	观察、现场抽查、查阅施工记录	全数检查
3	碾压	碾压密实,无漏压、欠压	观察、现场抽查、查阅施工记录	全数检查
4	外观	路基表面平整,边线直顺,曲线圆滑;路基边坡面平顺、稳定,不得亏坡	观察、现场抽查、查阅施工记录	全数检查
5	排水沟	布置应符合设计要求	观察、现场抽查、查阅施工记录	全数检查
6	中线偏位	允许偏差为 ±100 mm	经纬仪测量	每200 m不少于4处
7	宽度	允许偏差为 ±30 mm	尺量	每200 m不少于4处
8	平整度	允许偏差为 20 mm/3 m	用3 m直尺量	每200 m不少于4处
9	断面高程	允许偏差为 +10 ~ -20 mm	水准仪测量	每200 m不少于4处

路基土石方填筑主控项目施工质量标准、检查方法及数量见表4-218。

表4-218　路基土石方填筑主控项目施工质量标准、检查方法及数量

项次	检查项目	质量标准	检查(测)方法	检查(测)数量
1	基底处理	基底平整、压实应满足设计要求	观察、现场抽查、查阅施工记录、检验报告(包括录像或摄影资料)	全数检查
2	路基	填料应符合设计要求	观察、现场抽查、查阅施工记录、检验报告	全数检查
3	路基压实	分层检测应符合设计要求	根据不同路面,按照SL 237—1999采用密度法	每200 m每压实层不少于4处

基本技术要求:

(1)土方路基和石方路基填筑宜按施工验收长度1 000 m为一个单元工程。

(2)路基压实度应分层检测,路基其他检查、检测项目均在路基顶面进行检查测定。

(3)施工时排水系统应与设计排水沟系统结合,避免路基附近积水。

(4)路基填料应调查、试验后合理选用,应符合规范设计要求。

十七、石灰土层和底基层填筑工程施工质量检验

石灰土层和底基层填筑主控项目施工质量标准、检查方法及数量见表4-219。

表 4-219　石灰土层和底基层填筑主控项目施工质量标准、检查方法及数量

项次	检查项目	质量标准	检查(测)方法	检查(测)数量
1	基层	碾压密实、平整、干燥、清洁	观察、现场抽查、查阅施工记录	全数检查
2	压实度	应不低于设计要求	按照 SL 237—1999 采用密度法	每 200 m 车道不少于 2 处
3	强度	应不低于设计要求	按 JTJ 034—2000 的要求	检查
4	厚度	底基层允许偏差 0～－30 mm，基层允许偏差 0～－20 mm	采用挖检或钻取芯样测定	每 200 m 车道不少于 2 处

石灰土层和底基层填筑一般项目施工质量标准、检查方法及数量见表 4-220。

表 4-220　石灰土层和底基层填筑一般项目施工质量标准、检查方法及数量

项次	检查项目	质量标准	检查(测)方法	检查(测)数量
1	土质、石灰	材料应符合设计要求，混合料应均匀一致，含水量最佳	观察、现场抽查、查阅施工记录	全数检查
2	摊铺	均匀、平整，无粗细料分离	观察、现场抽查、查阅施工记录	全数检查
3	养护	保湿、养生期符合规范要求	观察、现场抽查、查阅施工记录	全数检查
4	外观	表面平整密实，无坑洼、无明显离析；施工按茬平整、稳定	观察、现场抽查、查阅施工记录	全数检查
5	平整度	底基层允许偏差 15 mm/3 m　基层允许偏差 12 mm/3 m	用 3 m 直尺测量	每 200 m 不少于 4 处
6	纵断面高程	底基层允许偏差 ＋5～－20 mm　基层允许偏差 ＋5～－15 mm	水准仪测量	每 200 m 不少于 4 个断面
7	宽度	允许偏差为 ±30 mm	尺量	每 200 m 不少于 4 处
8	横坡	允许偏差为 ±0.5%	水准仪测量	每 200 m 不少于 4 个断面

基本技术要求：

(1)石灰土层和底基层填筑按照施工验收长度 200 m 为一个单元工程。

(2)石灰、土质应符合设计要求，土块应经充分消解才能使用。

(3)石灰和土的用量应按设计要求控制准确，未消解生石灰块应剔除。

(4)应选用重型压路机碾压。

十八、碎石路面铺设工程施工质量检验

碎石路面铺设主控项目施工质量标准、检查方法及数量见表4-221。

表4-221　碎石路面铺设主控项目施工质量标准、检查方法及数量

项次	检查项目	质量标准	检查(测)方法	检查(测)数量
1	碎石材料	坚韧、无杂质	观察、现场抽查、查阅进场检验报告	全数检查
2	底基层压实度	应不低于设计要求	按照 SL 237—1999 采用密度法	每200 m 每车道不少于2 处
3	基层压实度	应不低于设计要求	按照 SL 237—1999 采用密度法	每200 m 每车道不少于2 处
4	铺料厚度	底基层允许偏差 0 ~ −30 mm　基层允许偏差 0 ~ −20 mm	采用挖检或钻取芯样测定	每200 m 每车道不少于2 处

碎石路面铺设一般项目施工质量标准、检查方法及数量见表4-222。

表4-222　碎石路面铺设一般项目施工质量标准、检查方法及数量

项次	检查项目	质量标准	检查(测)方法	检查(测)数量
1	碎石	级配应符合设计要求,混合料拌和均匀,无明显离析;摊铺平整,碾压应先轻后重,平整、密实	观察、现场抽查、查阅施工记录	全数检查
2	外观	边线整齐、无松散	观察、现场抽查、查阅施工记录	全数检查
3	平整度	底基层允许偏差 15 mm/3 m　基层允许偏差 12 mm/3 m	用 3 m 直尺量	每200 m 不少于4 处
4	纵断面高程	底基层允许偏差 +5 ~ −20 mm　基层允许偏差 +5 ~ −15 mm	水准仪测量	每200 m 不少于4 个断面
5	宽度	允许偏差为 ±30 mm	尺量	每200 m 不少于4 处
6	横坡	允许偏差为 ±0.5%	水准仪测量	每200 m 不少于4 个断面

基本技术要求:

(1)碎石路面铺设按施工验收长度200 m 为一个单元工程。

(2)应选用质地坚韧,无杂物的碎石、砂、石屑或砂,级配应符合设计要求。

(3)配料应准确,混合料拌和均匀,无明显离析现象。

(4)施工应遵循先轻后重的原则,洒水碾压达到要求的密实度。

十九、机械化混凝土衬砌施工质量检验

机械化混凝土衬砌主控项目施工质量标准、检查方法及数量见表4-223。

表 4-223　机械化混凝土衬砌主控项目施工质量标准、检查方法及数量

项次	检查项目	质量标准	检查(测)方法	检查(测)数量
1	入仓混凝土	无不合格料入仓	观察检查、查阅施工记录,检查现场抽样试验报告	全数检查
2	混凝土振捣	留振时间合理,无漏振,振捣密实,表面出浆	观察检查、查阅施工记录	全数检查
3	养护	终凝前应喷雾养护,保持湿润,连续养护不应少于28 d	观察检查、查阅施工记录	全数检查
4	混凝土厚度	允许偏差为 -5 ~ +10 mm	尺量	每个单元测 5 个断面,每个断面不少于 3 点
5	渠底高程	允许偏差为 0 ~ -10 mm	水准仪测量	每个单元测 3 个断面,每个断面不少于 3 点
6	贯穿性裂缝	不允许,裂缝经处理符合设计要求	观察检查	全数检查

机械化混凝土衬砌一般项目施工质量标准、检查方法及数量见表4-224。

表 4-224　机械化混凝土衬砌一般项目施工质量标准、检查方法及数量

项次	检查项目	质量标准	检查(测)方法	检查(测)数量
1	垫层基面	厚度均匀、平整,密实度应符合设计要求,验收合格	观察检查、查阅施工记录	全数检查
2	模板	应符合设计要求	观察检查、查阅施工记录	全数检查
3	混凝土浇筑温度	应符合设计要求	观察检查、查阅施工记录	全数检查
4	蜂窝	轻微、少量、不连续,单个蜂窝空洞的最长边距不得超过 0.1 m,深度不超过骨料最大粒径,经处理符合设计要求	观察检查、查阅施工记录	全数检查
5	碰损掉边	重要部位不允许,其他部位轻微少量,经处理符合设计要求	观察检查、查阅施工记录	全数检查
6	表面裂缝	局部有少量不规则干缩裂纹	观察检查、查阅施工记录	全数检查

项次	检查项目	质量标准	检查(测)方法	检查(测)数量
7	衬砌表面平整度	允许偏差为 8 mm/2 m	用 2 m 直尺检查	每个单元测 3 个断面,每个断面不少于 3 点
8	渠道中心线	直线段允许偏差为 ±20 mm,曲线段允许偏差为 ±50 mm	全站仪测量	纵、横断面每个单元不少于 3 点
9	衬砌顶高程	允许偏差为 0 ~ +30 mm	水准仪测量	每个单元各测 3 个断面,每个断面不少于 3 点
10	衬砌顶开口宽度	允许偏差为 0 ~ +30 mm	全站仪测量	每个单元不少于 3 个断面
11	渠底宽度	允许偏差为 0 ~ +20 mm	尺量、全站仪测量	每个单元不少于 3 个断面
12	渠道边坡	边坡系数允许偏差为 ±0.02	水准仪、全站仪测量	每个单元各测 3 个断面,每个断面不少于 3 点

基本技术要求:

(1)机械化混凝土衬砌工程施工质量和检测方法,宜按施工验收长度 100 m 为一个单元工程。

(2)衬砌机基准线应根据布设的导线控制桩、设计断面尺寸和确定衬砌机技术参数。

(3)混凝土配合比应适合机械化混凝土衬砌施工的技术要求。

(4)通过生产性施工试验,确定衬砌机的适宜工作参数和辅助机械、机具的种类和数量,以及制订施工组织方案和施工工艺流程。

(5)采用皮带输送机、布料机,应保持各料仓的料量均匀。

(6)衬砌机宜匀速连续衬砌,应控制扰动碾压时间,对出现的质量缺陷应及时人工填补混凝土原浆,重新振动碾压。

(7)初凝前应及时进行压光处理,并及时进行养护。

(8)在衬砌混凝土抗压强度达到 1 ~ 5 MPa 时才能进行伸缩缝切割。

二十、沥青路面铺设施工质量检验

沥青路面铺设一般项目施工质量标准、检查方法及数量见表 4-225。

表 4-225 沥青路面铺设一般项目施工质量标准、检查方法及数量

项次	检查项目	质量标准	检查(测)方法	检查(测)数量
1	混合料	拌和浇洒均匀,无明显离析;摊铺平整、无露白	观察、现场抽查、查阅施工记录	全数检查
2	嵌缝料	趁热撒铺、扫布均匀、压实平整	观察、现场抽查、查阅施工记录	全数检查
3	外观	平整密实,无松散、油包、油丁、泛油;表面无明显碾压轮迹;无积水、漏水现象	观察、现场抽查、查阅施工记录	全数检查
4	平整度	允许偏差为 IRI 7.5 m/km	平整度仪测量	每100 m 计算 IRI
5	纵横高程	允许偏差为 ±20 mm	水准仪测量	每200 m 不少于4个断面
6	宽度	允许偏差为 ±30 mm	尺量	每200 m 不少于4处
7	中线平面偏位	允许偏差为 ±30 mm	经纬仪测量	每200 m 不少于4点
8	横坡	允许偏差为 ±0.5%	水准仪测量	每200 m 不少于4个断面

沥青路面铺设主控项目施工质量标准、检查方法及数量见表 4-226。

表 4-226 沥青路面铺设主控项目施工质量标准、检查方法及数量

项次	检查项目	质量标准	检查(测)方法	检查(测)数量
1	碎石层	平整坚实,嵌挤稳定,平整,无杂质	观察、现场抽查、查阅施工记录	全数检查
2	沥青	材料应符合设计要求	观察、现场抽查、查阅出厂合格证和进场检验报告	全数检查
3	铺料厚度	允许偏差为 0 ~ −10 mm	采用挖检或钻取芯样测定	每200 m 每车道不少于1点

基本技术要求:

(1)沥青路面铺设宜按施工验收长度 200 m 为一个单元工程。

(2)沥青材料各项指标和石料的规格、用量应符合设计要求和施工规范的规定。

(3)沥青浇洒应均匀,无露白,不得污染其他建筑物。

(4)嵌缝料不得有重叠现象、压实平整。

二十一、混凝土路面铺设施工质量检验

混凝土路面铺设主控项目施工质量标准、检查方法及数量见表4-227。

表4-227　混凝土路面铺设主控项目施工质量标准、检查方法及数量

项次	检查项目	质量标准	检查(测)方法	检查(测)数量
1	水泥	符合国家标准,配合比应现场试验确定	观察、现场抽查、查阅出厂合格证及进场检验报告	全数检查
2	弯拉强度	在合格标准之内	标准小梁法或钻芯劈裂法	每工作班制作1～3组
3	板厚度	允许偏差为0～-10 mm	采用挖检或钻取芯样测定	每200 m每车道不少于2处

混凝土路面铺设一般项目施工质量标准、检查方法及数量见表4-228。

表4-228　混凝土路面铺设一般项目施工质量标准、检查方法及数量

项次	检查项目	质量标准	检查(测)方法	检查(测)数量
1	接缝	位置、规格、尺寸、填缝料应符合设计要求	观察、现场抽查	全数检查
2	外观	混凝土板表面的脱皮、印痕、裂纹和缺边掉角面积不超过受检面积的0.3%	观察、现场抽查、查阅施工记录	全数检查
3	平整度	允许偏差为 *IRI* 3.2 m/km	平整度仪测量	每100 m计算 *IRI*
4	高程	允许偏差为±15 mm	水准仪测量	每200 m不少于4个断面
5	宽度	允许偏差为±20 mm	尺量	每200 m不少于4点
6	中线平面偏位	允许偏差为±20 mm	经纬仪测量	每200 m不少于4点
7	横坡	允许偏差为±0.25%	水准仪测量	每200 m不少于4个断面

基本技术要求:

(1)混凝土路面铺设施工质量标准和检查方法,宜按施工验收长度200 m为一个单元工程。

(2)基层应碾压密实,表面干燥,清洁、无浮土,平整度和路面拱度均符合要求。

(3)沥青混合料的矿料质量及矿料级配应符合设计要求。

(4)沥青混凝土的生产,每日应做抽提试验、马歇尔稳定试验。

二十二、泥结碎(砾)石路面铺设施工质量检验

泥结碎(砾)石路面铺设主控项目施工质量标准、检查方法及数量见表4-229。

表 4-229　泥结碎(砾)石路面铺设主控项目施工质量标准、检查方法及数量

项次	检查项目	质量标准	检查(测)方法	检查(测)数量
1	基层	密实、平整、干燥、清洁	观察、现场抽查、查阅施工记录	全数检查
2	压实度	应不低于设计要求	按照 SL 237—1999 采用密度法	每 200 m 每车道不少于2 处
3	厚度	允许偏差为 0 ~ -30 mm	采用挖检或钻芯取样测定	每 200 m 每车道不少于1 处
4	强度	应符合设计要求	取样	每 2 000 m² 或工作班制备 1 组试件

泥结碎(砾)石路面铺设一般项目施工质量标准、检查方法及数量见表 4-230。

表 4-230　泥结碎(砾)石路面铺设一般项目施工质量标准、检查方法及数量

项次	检查项目	质量标准	检查(测)方法	检查(测)数量
1	混合料	水泥、矿料级配应符合设计要求,拌和应均匀一致,含水量最佳	观察、现场抽查、查阅施工记录和进场检验报告	全数检查
2	摊铺	均匀、平整;无粗细料分离,碾压应符合设计要求	观察、现场抽查、查阅施工记录	全数检查
3	外观	表面平整密实,无坑洼、无明显离析;施工接茬平整、稳定	观察、现场抽查、查阅施工记录	全数检查
4	平整度	底基层允许偏差 15 mm/3 m,基层允许偏差 12 mm/3 m	用 3 m 直尺	每 200 m 不少于 4 处
5	纵断面高程	底基层允许偏差 +5 ~ -20 mm,基层允许偏差 +5 ~ -15 mm	水准仪测量	每 200 m 不少于 4 个断面
6	宽度	允许偏差为 ±30 mm	尺量	每 200 m 不少于 4 处
7	横坡	底基层允许偏差 ±0.5% ,基层允许偏差 ±0.5%	水准仪测量	每 200 m 不少于 4 个断面

基本技术要求:

(1)泥结碎(砾)石路面铺设宜按施工验收长度 200 m 为一个单元工程。

(2)基层应碾压密实,表面干燥、清洁、无浮土,平整度和路拱度应符合要求。

(3)碎(砾)石料应选择质坚、无杂质的石料或级配好的砂砾料。

(4)水泥用量和矿料级配应按设计控制准确,搅拌深度应达到层底。

(5)用重型压路机碾压至要求的压实度。

二十三、封顶板铺筑、路缘石(警示柱)埋设施工质量检验

封顶板铺筑、路缘石(警示柱)埋设主控项目施工质量标准、检查方法及数量见表4-231。

表4-231　封顶板铺筑、路缘石(警示柱)埋设主控项目施工质量标准、检查方法及数量

项次	检查项目	质量标准	检查(测)方法	检查(测)数量
1	封顶板、路缘石(警示柱)	出厂合格证、进场检验报告齐全,且外观周正、形状整齐,色泽一致	观察、现场抽查、查阅出厂合格证和进场检验报告	全数检查
2	封顶板下土工膜	材质证明、进场检验报告齐全,表面无破损、孔洞、缺陷	观察、现场抽查、查阅出厂合格证和进场检验报告	全数检查
3	入仓混凝土	无不合格料入仓	观察检查,查阅施工记录,检查现场抽样试验报告	全数检查
4	顶面高程	允许偏差为±10 mm	水准仪测量	每200 m不少于4个断面

封顶板铺筑、路缘石埋设一般项目施工质量标准、检查方法及数量见表4-232。

表4-232　封顶板铺筑、路缘石埋设一般项目施工质量标准、检查方法及数量

项次	检查项目	质量标准	检查(测)方法	检查(测)数量
1	封顶板、路缘石铺砌	安砌稳固,顶面平整,线条直顺	观察、现场抽查、查阅施工记录	全数检查
2	勾缝	勾缝密实均匀,无杂物污染	观察、现场抽查、查阅施工记录	全数检查
3	外观	表面平整,排水沟口整齐,通畅、无阻水现象	观察、现场抽查、查阅施工记录	全数检查
4	土工膜焊缝搭接宽度	允许偏差为±20 mm	尺量	每200 m不少于检测4点
5	相邻两块高差	允许偏差为±3 mm	尺量	每200 m不少于检测4点

基本技术要求:

(1)封顶板铺筑、路缘石埋设宜按施工验收长度100 m为一个单元工程。

(2)预制顶板、路缘石、警示柱的质量应符合设计要求。

(3)现浇封顶板原材料应符合设计要求。

(4)混凝土拌和设备宜选用电子称量的拌和设备。

(5)路缘石、警示柱埋设稳固,顶面平整,缝宽均匀,勾缝密实,线条直顺。

二十四、混凝土框格防护施工质量检验

混凝土框格防护主控项目施工质量标准、检查方法及数量见表4-233。

表4-233　混凝土框格防护主控项目施工质量标准、检查方法及数量

项次	检查项目	质量标准	检查(测)方法	检查(测)数量
1	预制混凝土框格	出厂合格证、进场检验报告齐全,外观质量均匀,形状整齐,色泽一致,表面清洁平整	观察、现场抽查、查阅出厂合格证及进场检验报告	全数检查
2	土工布材料	表面无破损、孔洞和缺陷	观察	全数检查
3	排水沟高程	允许偏差为±10 mm	水准仪测量	每个单元不少于3点

混凝土框格防护一般项目施工质量标准、检查方法及数量见表4-234。

表4-234　混凝土框格防护一般项目施工质量标准、检查方法及数量

项次	检查项目	质量标准	检查(测)方法	检查(测)数量
1	坡面清理	坡面平整、坚实,杂物清除干净	观察、现场抽查、查阅施工记录	全数检查
2	排水沟	位置应符合设计要求,砌筑内外搭砌、上下错缝,安砌稳固	观察、现场抽查、查阅施工记录	全数检查
3	土工布铺设	松紧适度,无皱褶、无破损,平顺、边铺边埋	观察、现场抽查、查阅施工记录	全数检查
4	框格埋设	牢固、坚实,平整美观	观察、现场抽查、查阅施工记录	全数检查
5	植草土料	土质、肥料、草籽、草根摊铺平整	观察、现场抽查、查阅施工记录	全数检查

基本技术要求:
(1)混凝土框格防护宜按施工验收长度500 m为一个单元工程。
(2)混凝土框格材料质量应符合设计要求,排水系统布置应符合设计要求。
(3)土工布铺设平整,无破损、孔洞缺陷,内外边坡外观平整、线条顺直。

二十五、防护(洪)堤填筑工程质量检验

防护(洪)堤填筑主控项目施工质量标准、检查方法及数量见表4-235。

表4-235　防护(洪)堤填筑主控项目施工质量标准、检查方法及数量

项次	检查项目	质量标准	检查(测)方法	检查(测)数量
1	筑堤土料	应符合设计要求	观察、现场抽查、查阅施工记录	全数检查
2	压实指标	应符合设计要求	采用SL 237—1999的试验方法检查	每层不少于3点
3	堤顶高程	允许偏差为±30 mm	水准仪测量	每个单元测3个断面,每个断面不少于3点

防护(洪)堤填筑一般项目施工质量标准、检查方法及数量见表4-236。

表4-236 防护(洪)堤填筑一般项目施工质量标准、检查方法及数量

项次	检查项目	质量标准	检查(测)方法	检查(测)数量
1	基面清理和处理	表层没有不合格土,地表植被、积水、淤泥和浮土等杂物全部清除,特殊地质地段按设计要求进行处理	观察、现场抽查、查阅施工记录(包括录像或摄影资料)	全数检查
2	铺料	厚度均匀,表面平整,边线整齐	观察、现场抽查、查阅施工记录	全数检查
3	碾压	碾压密实,无漏压、欠压,层面平整、清洁,无浮渣,无杂物	观察、现场抽查、查阅施工记录	全数检查
4	堤基清理(长、宽)	清理边界超过设计边线300 mm	尺量、经纬仪测量	每个单元测2个断面,每个断面不少于3点
5	堤顶宽度	允许偏差为±50 mm	尺量	每个单元不少于3个断面
6	堤轴线位置	允许偏差为±100 mm	经纬仪测量	每个单元不少于2点

基本技术要求:

(1)防护(洪)堤填筑宜按施工验收长度500 m为一个单元工程。

(2)防护(洪)堤基面不合格土、杂物应全部清理干净,特殊地段按设计要求进行处理。

(3)填料应符合设计要求,无不合格土填筑。压实度分层检测,应符合设计要求。

二十六、截水沟衬砌工程施工质量检验

截水沟衬砌主控项目施工质量标准、检查方法及数量见表4-237。

表4-237 截水沟衬砌主控项目施工质量标准、检查方法及数量

项次	检查项目	质量标准	检查(测)方法	检查(测)数量
1	预制块石	材质应符合设计要求	现场抽查进场检验报告	全数检查
2	浆砌石铺砌	平整、稳定,缝线规则	观察、现场抽查、查阅施工记录	全数检查
3	截水沟底高程	应符合设计要求	水准仪测量	每个单元不少于6点

截水沟衬砌一般项目施工质量标准、检查方法及数量见表4-238。

表4-238 截水沟衬砌一般项目施工质量标准、检查方法及数量

项次	检查项目	质量标准	检查(测)方法	检查(测)数量
1	截水沟基础清理	基面各种杂物、不合格土全部清除,对不良地质地段按设计要求处理	观察、现场抽查,查阅施工记录	全数检查
2	截水沟开挖	人工开挖,建基面以下的原状土无扰动,沟底及边坡开挖面平顺	观察、现场抽查,查阅施工记录	全数检查
3	碎石垫层厚	允许偏差为±20 mm	尺量、水准仪测量	每个单元不少于3个断面
4	截水沟底宽	允许偏差为±30 mm	尺量、经纬仪测量	每个单元不少于3个断面
5	截水沟坡度	应符合设计要求	水准仪测量	每个单元不少于3个断面

基本技术要求:

(1)截水沟衬砌宜按施工验收长度1 000 m为一个单元工程。

(2)截水沟基面无不合格土,杂物已清除,特殊地质地段按设计要求进行处理。

(3)石块材料质量符合设计要求。

(4)砂浆应采用电子称量的拌和设备。

二十七、隔离网工程施工质量检验

隔离网主控项目施工质量标准、检查方法及数量见表4-239。

表4-239 隔离网主控项目施工质量标准、检查方法及数量

项次	检查项目	质量标准	检查(测)方法	检查(测)数量
1	栏杆	出厂合格证、进场检验报告齐全,杆直,厚度均匀,表面清洁	现场抽查进场检验报告	全数检查
2	栏杆埋设	牢固、坚实	观察、现场抽查,查阅施工记录	全数检查

隔离网一般项目施工质量标准、检查方法及数量见表4-240。

表4-240 隔离网一般项目施工质量标准、检查方法及数量

项次	检查项目	质量标准	检查(测)方法	检查(测)数量
1	回填土	应符合设计要求	观察、现场抽查、查阅施工记录	全数检查
2	网栏外观	顺直、平整、美观	观察、现场抽查、查阅施工记录	全数检查
3	隔离网栏杆间距	允许偏差为±200 mm	尺量	每个单元不少于3点

基本技术要求：

（1）隔离网宜按施工验收长度1 000 m为一个单元工程。

（2）隔离网处理应符合设计要求。

（3）预制混凝土栏杆质量应符合设计要求。

二十八、草皮护坡施工质量检验

草皮护坡主控项目施工质量标准、检查方法及数量见表4-241。

表4-241　草皮护坡主控项目施工质量标准、检查方法及数量

项次	检查项目	质量标准	检查（测）方法	检查（测）数量
1	坡（底）面清理	基面各种杂物、不合格土全部清除	观察、现场抽查、查阅施工记录	全数检查
2	喷灌设施安装	应符合设计要求	观察、现场抽查、查阅施工记录	全数检查
3	填土	允许偏差为±20 mm	观察、现场检查、查阅施工记录	全数检查

草皮护坡一般项目施工质量标准、检查方法及数量见表4-242。

表4-242　草皮护坡一般项目施工质量标准、检查方法及数量

项次	检查项目	质量标准	检查（测）方法	检查（测）数量
1	草皮规格	应符合设计要求	观察、现场检查	全数检查
2	草皮覆盖率	≥95%	目测	每1 km不少于200 m
3	铺植	平整、均匀、美观	观察、现场抽查、查阅出厂合格证、进场检验报告	全数检查

基本技术要求：

（1）草皮护坡宜按施工验收长度500 m为一个单元工程。

（2）草皮覆盖应符合设计要求，草皮种植面应无杂草，地面修整坚实、平整。

（3）喷灌设施布置安装应符合设计要求。

第五章 工程质量检验数据的统计分析

第一节 质量数据的分布特征

一、质量数据的特性

质量数据具有个体数值的波动性和总体(样本)分布的规律性。

在实际质量检验检测中,即使在生产过程稳定正常的情况下,同一总体(样本)的个体产品的质量特性值也是互不相同的。这种个体间表现形式上的差异性反映在质量数据上,即为个体数值的波动性、随机性。然而当运用统计方法对这些大量丰富的个体质量数据进行加工、整理和分析后,我们又会发现这些产品质量特性值(以计量值数据为例)大多都分布在数值变动范围的中部区域,即有向分布中心靠拢的倾向,表现为数值的集中趋势,还有一部分质量特性值在中心的两侧分布,随着逐渐远离中心,数值的个数变少,表现为数值的离中趋势。质量数据的集中趋势和离中趋势反映了总体(样本)质量变化的内在规律性。

二、质量数据波动的原因

众所周知,影响产品质量主要有五个方面的因素(简称4M1E):人,包括质量意识、技术水平、精神状态等;材料,包括材质均匀度、理化性能等;机械设备,包括其先进性、精度、维护保养状况等;方法,包括生产工艺、操作方法等;环境,包括时间、季节、现场温湿度、噪声干扰等。同时,这些因素自身也在不断变化中。个体产品质量的表现形式千差万别就是这些因素综合作用的结果,质量数据也因此具有了波动性。

质量特性值的变化在质量标准允许范围内波动称之为正常波动,是由偶然性原因引起的;若是超越了质量标准允许范围的波动则称之为异常波动,是由系统性原因引起的。

(一)偶然性原因

在实际生产中,影响因素的微小变化具有随机发生的特点,是不可避免、难以测量和控制的,或者是在经济上不值得消除的,它们大量存在,但对质量的影响很小,属于允许偏差、允许位移范畴,引起的是正常波动,一般不会因此造成废品,生产过程正常稳定。通常把4M1E因素的这类微小变化归为影响质量的偶然性原因、不可避免原因或正常原因。

(二)系统性原因

当影响质量的4M1E因素发生了较大变化,如工人未遵守操作规程、机械设备发生故障或过度磨损、原材料质量规格有显著差异等情况发生时,没有及时排除,生产过程则不正常,产品质量数据就会离散过大或与质量标准有较大偏离,表现为异常波动,次品、废品产生。这就是产生质量问题的系统性原因或异常原因。由于异常波动特征明显,容易识别和避免,特别是对质量的负面影响不可忽视,生产中应该随时监控,及时识别和处理。

三、质量数据分布的规律性

对于每件产品来说,在产品质量形成的过程中,单个影响因素对其影响的程度和方向是不同的,也是在不断改变的。众多因素交织在一起,共同起作用的结果,使各因素引起的差异大多互相抵消,最终表现出来的误差具有随机性。对于在正常生产条件下的大量产品,误差接近零的产品数目要多些,具有较大正负误差的产品要相对少,偏离很大的产品就更少了,同时正负误差绝对值相等的产品数目非常接近。于是就形成了一个能反映质量数据规律性的分布,即以质量标准为中心的质量数据分布,它可用一个"中间高、两端低、左右对称"的几何图形表示,一般服从正态分布。

概率数理统计在对大量统计数据研究中,归纳总结出许多分布类型,如一般计量值数据服从正态分布,计件值数据服从二项分布,计点值数据服从泊松分布等。实践中只要是受许多起微小作用的因素影响的质量数据,都可认为是近似服从正态分布的,如构件的几何尺寸、混凝土强度等;如果是随机抽取的样本,无论它来自的总体是何种分布,在样本容量较大时,其样本均值也将服从或近似服从正态分布。因此,正态分布最重要、最常见,应用最广泛。

第二节 质量检验数据统计分析方法

利用质量数据统计分析方法控制工程(产品)质量,主要通过数据整理和分析,研究其质量误差的现状和内在的发展规律,据以推断质量现状和将要发生的问题,为质量控制提供依据和信息。

工程中常用的质量检验数据统计分析方法有直方图法、控制图法、排列图法、分层法、因果分析图法、相关图法和调查表法。

一、直方图法

(一)直方图的用途
直方图法即频数分布直方图法,它是将收集到的质量数据进行分组整理,绘制成频数分布直方图,通过频数分布分析研究数据的集中程度和波动范围的统计方法。通过对直方图的观察与分析,可了解产品质量的波动情况,掌握质量特性的分布规律,以便对质量状况进行分析判断。同时,可通过质量数据特征值的计算,估算施工生产过程总体的不合格品率,判断工序能力是否满足,评价施工管理水平等。

直方图法的优点是:计算和绘图方便、易掌握,且能直观、确切地反映出质量分布规律。

直方图法的缺点是:不能反映质量数据随时间的变化;要求收集的数据较多,一般要50个以上,否则难以体现其规律。

(二)直方图的绘制方法
以具体实例说明直方图的绘制方法。

1. 收集整理数据

某工程浇筑混凝土时，先后取得混凝土抗压强度数据，如表 5-1 所示。

表 5-1　混凝土抗压强度数据　　　　　　　　　　　　　　（单位：MPa）

项次	试块抗压强度						最大值	最小值
1	39.7	31.3	35.9	32.4	37.1	30.9	39.7	30.9
2	28.9	23.5	30.6	32.0	28.0	28.2	32.0	23.5
3	29.0	25.7	29.1	30.0	20.3	28.6	30.0	20.3
4	20.4	25.0	25.6	26.5	26.9	28.6	28.6	20.4
5	31.2	28.2	30.5	32.0	30.7	31.1	32.0	28.2
6	29.7	30.3	23.3	27.0	23.3	20.9	30.3	20.9
7	25.7	36.7	37.6	24.8	27.2	30.1	37.6	24.8
8	26.6	24.6	24.6	25.9	31.1	27.9	31.1	24.6
9	29.0	24.0	28.5	34.3	27.1	35.8	35.8	24.0
10	32.5	35.8	27.4	27.1	28.1	29.7	35.8	27.1
X_{max}, X_{min}							39.7	20.3

2. 计算极差 R

找出全部数据中的最大值与最小值，计算出极差。

本例中 $X_{max} = 39.7$，$X_{min} = 20.3$，极差 $R = 19.4$。

3. 确定组数和组距

（1）确定组数 k。确定组数的原则是分组的结果能正确地反映数据的分布规律。组数应根据数据的多少来确定。组数过少，会掩盖数据的分布规律；组数过多，使数据过于零乱分散，也不能显示出质量分布状况。一般可由经验数值确定，50 ~ 100 个数据时，可分为 6 ~ 10 组；100 ~ 250 个数据时，可分为 7 ~ 12 组；250 个以上数据时，可分为 10 ~ 20 组。本例中取组数 $k = 7$。

（2）确定组距 h。组距是组与组之间的间隔，也即一个组的范围。各组距应相等，于是

$$组距 = 极差 / 组数$$

本例中组距 $h = 19.4/7 = 2.77$，为了计算方便，这里取 $h = 2.78$。

其中，组中值按下式计算：

$$某组组中值 = （某组下界限值 + 某组上界限值）/2$$

4. 确定组界值

确定组界值就是确定各组区间的上、下界值。为了避免 X_{min} 落在第一组的界限上，第一组的下界值应比 X_{min} 小，同理，最后一组的上界值应比 X_{max} 大。此外，为保证所有数据全部落在相应的组内，各组的组界值应当是连续的，而且组界值要比原数据的精度提高一级。

一般以数据的最小值开始分组。第一组上、下界值按下式计算：

第一组下界限值 $\quad X_{\min} - \dfrac{h}{2} = 20.3 - \dfrac{2.78}{2} = 18.91$

第一组上界限值 $\quad X_{\min} + \dfrac{h}{2} = 20.3 + \dfrac{2.78}{2} = 21.69$

第一组的上界限值就是第二组的下界限值,第二组的上界限值等于下界限值加组距 h,其余类推。

5. 编制数据频数统计表

编制数据频数统计表见表 5-2。

表 5-2　编制数据频数统计表

组号	组区间值	组中值	频数 f	频率(%)
1	18.91 ~ 21.69	20.3	3	5
2	21.69 ~ 24.47	23.8	7	11.7
3	24.47 ~ 27.25	25.85	13	21.7
4	27.25 ~ 30.03	28.63	21	35
5	30.03 ~ 32.81	31.41	9	15
6	32.81 ~ 35.59	34.19	5	8.3
7	35.59 ~ 38.37	36.97	2	3.3
总计			60	

6. 绘制频数分布直方图

以频率为纵坐标,以组中值为横坐标,画直方图,如图 5-1 所示。

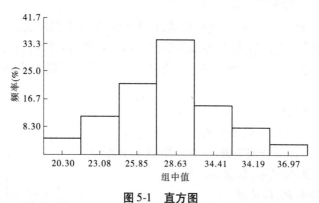

图 5-1　直方图

(三)直方图的判断和分析

通过用直方图分布和公差比较判断工序质量,如发现异常,应及时采取措施预防产生不合格品。

1. 理想直方图

理想直方图如图 5-2(a)所示。

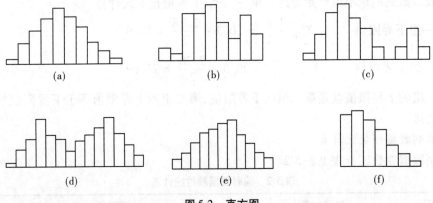

图 5-2　直方图

它是左右基本对称的单峰型。直方图的分布中心 $\overline{X}$ 与公差中心 μ 重合；直方图位于公差范围之内，即直方图宽度 B 小于公差 T。可以取 $T\approx6S$，如图 5-2(a)所示。其中，S 为检测数据的标准差。

对于实例，直方图是左右基本对称的单峰型；$S=4.2$，$B=19.4$，$B<6S$。所以，图 5-2(a)是正常型的直方图，说明混凝土的生产过程正常。

2. 非正常型直方图

出现非正常型直方图时，表明生产过程或收集数据作图有问题。这就要求进一步分析判断找出原因，从而采取措施加以纠正。凡属非正常型直方图，其图形分布有各种不同缺陷，归纳起来一般有以下五种类型：

(1)折齿型。是由于分组过多或组距太小所致，如图 5-2(b)所示。

(2)孤岛型。是由于原材料或操作方法的显著变化所致，如图 5-2(c)所示。

(3)双峰型。是由于将来自两个总体的数据(如两种不同材料、两台机器或不同操作方法)混在一起所致，如图 5-2(d)所示。

(4)缓坡型。图形向左或向右呈缓坡状，即平均值 $\overline{X}$ 过于偏左或偏右，这是由于工序施工过程中的上控制界限或下控制界限控制太严所造成的，如图 5-2(e)所示。

(5)绝壁型。是由于收集数据不当，或是人为剔除了下限以下的数据造成的，如图 5-2(f)所示。

(四)废品率的计算

由于计量连续的数据一般是服从正态分布的，所以根据标准公差上限 T_U、标准公差下限 T_L 和平均值 X、标准偏差 S 可以推断产品的废品率，如图 5-3 所示。

1. 超上限废品率 P_U 的计算

先求出超越上限的偏移系数

$$k_{P_U}=\frac{|T_U-\overline{X}|}{S}$$

然后，根据它查正态分布表，求得超上限的废品率 P_U。

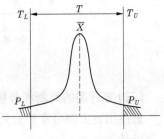

图 5-3　正态分布曲线

2. 超下限废品率 P_L 的计算

先求出超越下限的偏移系数

$$k_{P_L} = \frac{|T_L - \overline{X}|}{S}$$

再依据它查正态分布表,得出超下限的废品率 P_L。

3. 总废品率

$$P = P_U + P_L$$

若设计要求强度等级为 C20(强度为 20.0 MPa),其下限值按施工规范不得低于设计值的 15%,即 $T_L = 20.0 \times (1 - 0.15) = 17.0 (\text{MPa})$,求废品率。

由于混凝土强度不存在超上限废品率的问题,可知:$X = 28.8$,$S = 4.13$

因此

$$k_{P_L} = \frac{|T_L - \overline{X}|}{S} = \frac{|17 - 28.8|}{4.13} = 2.86$$

查正态分布表,$P_L = 0.2\%$。所以,总废品率 $P = 0.2\%$。

(五)工序能力指数 C_P

工序能力能否满足客观的技术要求,需要进行比较度量,工序能力指数就是表示工序能力满足产品质量标准程度的评价指标。所谓产品质量标准,通常指产品规格、工艺规范、公差等。工序能力指数一般用符号 C_P 表示,则将正常型直方图与质量标准进行比较,即可判断实际生产施工能力。

1. 比较结果

T 表示质量标准要求的界限,B 代表实际质量特性值分布范围,比较结果一般有以下几种情况:

(1)B 在 T 中间,两边各有一定余地,这是理想的控制状态,见图 5-4(a)。

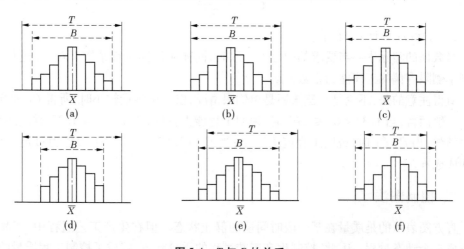

图 5-4 T 与 B 的关系

(2)B 虽在 T 之内,但偏向一侧,有可能出现超上限或超下限不合格品,要采取纠正措施,提高工序能力,见图 5-4(b)。

(3)B 与 T 重合,实际分布太宽,极易产生超上限与超下限的不合格品,要采取措施,提高工序能力,见图 5-4(c)。

(4)B 过分小于 T,说明工序能力过大,不经济,见图 5-4(d)。

(5)B 过分偏离了的中心,已经产生超上限或超下限的不合格品,需要调整,见图 5-4(e)。

(6)B 大于 T,已经产生大量超上限与超下限的不合格品,说明工序能力不能满足技术要求,见图 5-4(f)。

2. 工序能力指数 C_P 的计算

(1)对双侧限而言,当数据的实际分布中心与要求的标准中心一致时,即无偏的工序能力指数为:

$$T = T_U - T_L$$

$$C_P = \frac{T_U - T_L}{6S}$$

当数据的实际分布中心与要求的标准中心不一致时,即有偏的工序能力指数为:

$$C_{Pk} = C_P(1 - k) = \frac{T}{6S}(1 - k)$$

式中:T 为标准公差;T_U、T_L 分别为标准公差上限及下限;k 为偏移系数。

(2)对单侧限而言,即只存在 T_U 或 T_L 时,工序能力指数 C_P 的计算公式应作如下修改。

若仅存在 T_L,则

$$C_P = \frac{\mu - T_L}{3S}$$

若仅存在 T_U,则

$$C_P = \frac{T_U - \mu}{3S}$$

式中:μ 为标准(设计)中心值。

当数据的实际中心与要求的中心不一致时,同样应该用偏移系数 k 对 C_P 进行修正,得到单侧限有偏的工序能力指数 C_{Pk}。

值得注意的是,不论是双侧限还是单侧限情况,仅当偏移量较小时,所得 C_{Pk} 才合理。

一般而言,当 $1.33 < C_P \leqslant 1.67$ 时,说明工程能力良好;当 $1 \leqslant C_P \leqslant 1.33$ 时,说明工程能力勉强;当 $C_P < 1$ 时,说明工程能力不足;当 $C_P > 1.67$ 时,说明工程能力过足,会影响工期或成本。

二、控制图法

直方图表示的是质量在某一段时间里的静止状态。但在生产工艺过程中,产品质量的形成是个动态过程。因此,控制生产工艺过程的质量状态,就成了控制工程质量的重要手段。这就必须在产品制造过程中及时了解质量随时间变化的状况,使之处于稳定状态,而不发生异常变化,这就需要利用控制图法。

控制图又称管理图,它是指以某质量特性和时间为轴,在直角坐标系所描的点,依时间为序所连成的折线,加上判定线以后,所画成的图形。控制图法是研究产品质量随着时间变化,如何对其进行动态控制的方法。它的使用可使质量控制从事后检查转变为事前控制。借助于控制图提供的质量动态数据,人们可随时了解工序质量状态,发现问题,分析原因,采取对策,使工程产品的质量处于稳定的控制状态。

控制图一般有三条线:上面的一条线叫控制上限,用符号 *UCL* 表示;中间的一条线叫中心线,用符号 *CL* 表示;下面的一条线叫控制下限,用符号 *LCL* 表示,如图 5-5 所示。

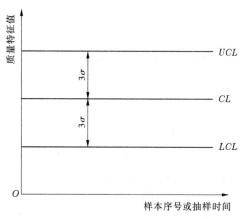

图 5-5　控制图

在生产过程中,按规定取样,测定其特性值,将其统计量作为一个点画在控制图上,然后连接各点成一条折线,即表示质量波动情况。

应该指出,这里的控制上下限和前述的标准公差上下限是两个不同的概念,不应混淆。控制界限是概率界限,而公差界限是一个技术界限。控制界限用于判断工序是否正常。控制界限是根据生产过程处于控制状态下所取得的数据计算出来的,而公差界限是根据工程的设计标准事先规定好的技术要求。

(一)控制图的用途

控制图是用样本数据来分析判断生产过程是否处于稳定状态的有效工具。它的用途主要有以下几个方面:

(1)过程分析,即分析生产过程是否稳定。为此,应随机连续收集数据,绘制控制图,观察数据点分布情况并判定生产过程状态。

(2)过程控制,即控制生产过程质量状态。为此,要定时抽样取得数据,将其变为点子描在图上,发现并及时消除生产过程中的失调现象,预防不合格品的产生。

(3)控制图是典型的动态分析法。直方图法是质量控制的静态分析法,反映的是质量在某一段时间里的静止状态。用动态分析法随时了解生产过程中质量的变化情况,及时采取措施,使生产处于稳定状态,起到预防出现废品的作用。

(二)控制图的绘制

在原材料质量基本稳定的条件下,混凝土强度主要取决于水灰比,因此可以通过控制水灰比来间接控制强度。为说明控制图的控制方法,以设计水灰比 = 0.50 为例,绘制水灰比的 $\overline{X} \sim R$ 控制图。

(1)收集预备数据。在生产条件基本正常的条件下,分盘取样,测定水灰比,每班取

$n=3\sim5$ 个数据(一个数据为两次试验的平均值)作为一组,抽取的组数 $t=20\sim30$ 组,如表 5-3 所示。

（2）计算各组平均值 $\overline{X}$ 和极差 R,计算结果记在右侧两栏。

（3）计算控制图的中心线,即 $\overline{X}$ 的平均值 $\overline{\overline{R}}$;计算 R 控制图的中心线,即 R 的平均值 $\overline{R}$。

$$\overline{\overline{X}} = \frac{\sum \overline{X}_i}{t}, \quad \overline{R} = \frac{\sum R_i}{t}$$

计算: $\overline{\overline{X}} = 0.499, \overline{R} = 0.068$。

表 5-3　$\overline{X}\sim R$ 双侧控制图数据

组号	9 月（日期）	X_1	X_2	X_3	X_4	$\sum X_i$	$\overline{X}$	R
1	5	0.51	0.46	0.50	0.54	2.01	0.502	0.080
2	6	0.45	0.54	0.50	0.52	2.01	0.502	0.090
3	7	0.51	0.54	0.53	0.47	2.05	0.512	0.070
4	8	0.53	0.45	0.49	0.46	1.93	0.482	0.070
5	9	0.55	0.50	0.46	0.50	2.01	0.502	0.090
6	10	0.47	0.52	0.47	0.48	1.94	0.485	0.050
7	11	0.54	0.48	0.50	0.50	2.02	0.505	0.060
8	12	0.53	0.51	0.53	0.46	2.03	0.508	0.070
9	13	0.46	0.54	0.47	0.49	1.96	0.490	0.080
10	14	0.52	0.55	0.46	0.51	2.04	0.510	0.090
11	15	0.47	0.54	0.47	0.47	1.95	0.488	0.070
12	16	0.53	0.51	0.46	0.52	2.02	0.505	0.070
13	17	0.48	0.51	0.51	0.48	1.98	0.495	0.030
14	18	0.45	0.47	0.50	0.53	1.95	0.488	0.080
15	19	0.51	0.52	0.53	0.54	2.10	0.525	0.030
16	20	0.46	0.52	0.48	0.49	1.95	0.488	0.060
17	21	0.49	0.46	0.50	0.53	1.98	0.495	0.070
18	22	0.53	0.49	0.51	0.52	2.05	0.512	0.040
19	23	0.48	0.47	0.48	0.49	1.92	0.480	0.020
20	24	0.45	0.49	0.50	0.55	1.99	0.498	0.100
21	25	0.47	0.51	0.51	0.53	2.02	0.505	0.060
22	26	0.54	0.50	0.46	0.49	1.99	0.498	0.080
23	27	0.46	0.50	0.51	0.53	2.00	0.500	0.070
24	28	0.55	0.47	0.48	0.49	1.99	0.498	0.080
25	29	0.52	0.47	0.56	0.50	2.05	0.512	0.090

(4)计算控制界限。

$\overline{X}$ 控制图：中心线　　$CL = \overline{X}$

控制上限　$UCL = \overline{X} + A_2\overline{R}$

控制下限　$LCL = \overline{X} - A_2\overline{R}$

R 控制图：中心线　　$CL = \overline{R}$

控制上限　$UCL = D_4\overline{R}$

控制下限　$LCL = D_3\overline{R}$　（$n \leqslant 6$ 时不考虑）

式中：A_2、D_3、D_4 均为随 n 变化的系数，其值如表5-4所示。

表 5-4　系数 A_2、D_3 和 D_4 随 n 变化的数据

n	2	3	4	5	6	7	8	9	10
A_2	1.880	1.023	0.729	0.577	0.483	0.419	0.373	0.337	0.308
D_3	—	—	—	—	—	0.076	0.136	0.184	0.223
D_4	3.267	2.575	2.282	2.115	2.004	1.924	1.864	1.816	1.777

计算结果如下：

$\overline{X}$ 控制图：中心线　　$CL = \overline{X} = 0.499$

控制上限　$UCL = \overline{X} + A_2\overline{R} = 0.499 + 0.729 \times 0.068 = 0.549$

控制下限　$LCL = \overline{X} - A_2\overline{R} = 0.499 - 0.729 \times 0.068 = 0.450$

R 控制图：中心线　　$CL = \overline{R} = 0.068$

控制上限　$UCL = D_4\overline{R} = 0.155$

控制下限　$LCL = D_4\overline{R} = 0$　（$n \leqslant 6$ 时不考虑）

(5)画控制界限并打点，见图5-6和图5-7。

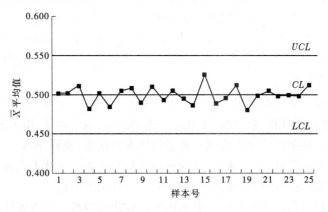

图 5-6　$\overline{X}$ 控制图

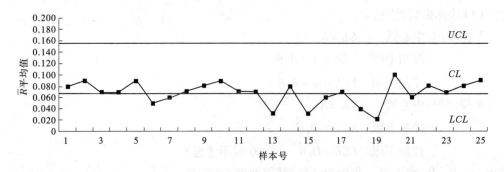

图 5-7　R 控制图

(三)控制图的分析与判断

绘制控制图的主要目的是分析判断生产过程是否处于稳定状态。控制图主要通过研究点子是否超出了控制界线以及点子在图中的分布状况来判定产品(材料)质量及生产过程是否稳定,是否出现异常现象。如果出现异常,应采取措施,使生产处于控制状态。

控制图的判定原则是:对某一具体工程而言,小概率事件在正常情况下不应该发生。换言之,如果小概率事件在一个具体工程中发生了,则可以判定出现了某种异常现象,否则就是正常的。由此可见,控制图判断的基本思想可以概括为"概率性质的反证法",即借用小概率事件在正常情况下不应发生的思想作出判断。这里所指的小概率事件是指概率小于1%的随机事件。

当控制图同时满足以下两个条件:一是点子几乎全部落在控制界限之内,二是控制界限内的点子排列没有缺陷,我们就可以认为生产过程基本上处于稳定状态。如果点子的分布不满足其中任何一条,都应判断生产过程为异常。

(1)点子几乎全部落在控制界线内,是指应符合下述三个要求:

①连续 25 点以上处于控制界限内。

②连续 35 点中仅有 1 点超出控制界限。

③连续 100 点中不多于 2 点超出控制界限。

(2)点子排列没有缺陷,是指点子的排列是随机的,而没有出现异常现象。这里的异常现象是指点子排列出现了"链"、"多次同侧"、"趋势或倾向"、"周期性变动"、"点子排列接近控制界限"等情况。

①链。是指点子连续出现在中心线一侧的现象。出现五点链,应注意生产过程发展状况;出现六点链,应开始调查原因;出现七点链,应判定工序异常,需采取处理措施。

②多次同侧。是指点子在中心线一侧多次出现的现象,或称偏离。

③趋势或倾向。是指点子连续上升或连续下降的现象。连续七点或七点以上上升或下降排列,就应判定生产过程有异常因素影响,要立即采取措施。

④周期性变动。是指点子的排列显示周期性变化的现象。这样即使所有点子都在控制界限内,也应认为生产过程为异常。

⑤点子排列接近控制界限。是指点子落在了 $\mu \pm 2\sigma$ 以外和 $\mu \pm 3\sigma$ 以内。如属下列

的情况判定为异常:连续三点至少有两点接近控制界限;连续七点至少有三点接近控制界限;连续十点至少有四点接近控制界限。

例如:(1)连续的点全部或几乎全部落在控制界线内,显示生产过程正常,如图5-8(a)所示。

(2)点在控制界线内的排列呈现规律性,显示为异常:

①连续七点及其以上呈上升或下降趋势者,如图5-8(b)所示。

②连续七点及其以上在中心线两侧呈交替性排列者或点的排列呈周期性者,如图5-8(c)所示。

(3)点在中心线两侧的概率不能过分悬殊,如图5-8(d)所示。

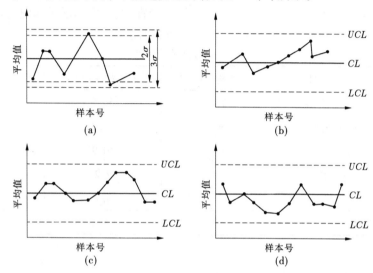

图5-8　控制图分析

以上是分析用控制图判断生产过程是否正常的准则。如果生产过程处于稳定状态,则把分析用控制图转为管理用控制图。分析用控制图是静态的,而管理用控制图是动态的。随着生产过程的进展,通过抽样取得质量数据把点描在图上,随时观察点子的变化,一是点子落在控制界限外或界限上,即判断生产过程异常,点子即使在控制界限内,也应随时观察其有无缺陷,以对生产过程正常与否作出判断。

三、排列图法

排列图法是利用排列图分析影响工程(产品)质量主要因素的一种有效方法。排列图又叫巴雷特图或主次因素分析图,它由两个纵坐标、一个横坐标、几个连起来的直方形和一条曲线所组成。实际应用中,通常按累计频率划分为 0 ~ 80%、80% ~ 90%、90% ~ 100% 三部分,与其对应的影响因素分别为 A、B、C 三类。A 类为主要因素,B 类为次要因素,C 类为一般因素。

(一)排列图的组成

排列图是由一个横坐标、两个纵坐标、若干个矩形和一条曲线组成,见图5-9。图5-9

中左边纵坐标表示频数,即影响调查对象质量的因素反复发生或出现次数(个数、点数);横坐标表示影响质量的各种因素,按出现的次数从多至少、从左到右排列;右边的纵坐标表示频率,即各因素的频数占总频数的百分比;矩形表示影响质量因素的项目或特性,其高度表示该因素频数的高低;曲线表示各因素依次的累计频率,也称为巴雷特曲线。

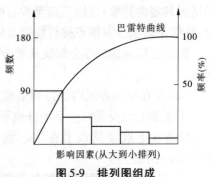

图 5-9　排列图组成

(二)排列图的绘制

(1)收集数据。对已经完成的分部工程、单元工程或成品、半成品所发生的质量问题,进行抽样检查,找出影响质量问题的各种因素,统计各种因素的频数,计算频率和累计频率,如表 5-5 所示。

表 5-5　排列图计算表

序号	不合格项目	不合格构件(个)	不合格率(%)	累计不合格率(%)
1	构件强度不足	78	56.5	56.5
2	表面有麻面	30	21.7	78.2
3	局部有漏筋	15	10.9	89.1
4	振捣不密实	10	7.2	96.3
5	养护不良、早期脱水	5	3.7	100
	合计	138	100.0	

(2)作排列图。

①建立坐标。右边的频率坐标从 0 到 100% 划分刻度;左边的频数坐标从 0 到总频数划分刻度,总频数必须与频率坐标上的 100% 成水平线;横坐标按因素的项目划分刻度,按照频数的大小依次排列。

②画直方图形。根据各因素的频数,依照频数坐标画出直方形(矩形)。

③画巴雷特曲线。根据各因素的累计频率,按照频率坐标上刻度描点,连接各点即为巴雷特曲线(或称巴氏曲线),如图 5-10 所示。

(三)排列图分析

(1)观察直方形,大致可看出各项目的影响程度。排列图中的每个直方形都表示一个质量问题或影响因素。影响程度与各直方形的高度成正比。

(2)利用 ABC 分类法,确定主次因素。将巴雷特曲线分成三个区,即 A 区、B 区和 C 区。累计频率在 80% 以下的叫 A 区,其所包含的因素为主要因素或关键项目,是应该解决的重点;累计频率在 80% ~ 90% 的区域为 B 区,为次要因素;累计频率在 90% ~ 100% 的区域为 C 区,为一般因素,一般不作为解决的重点。

(四)排列图的作用

排列图的主要作用如下:

(1)找出影响质量的主要因素。影响工程质量的因素是多方面的,有的占主要地位,

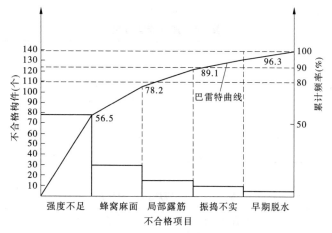

图5-10 排列图

有的占次要地位。用排列图法,可方便地从众多影响质量的因素中找出影响质量的主要因素,以确定改进的重点。

(2)评价改善管理前后的实施效果。对其质量问题的解决前后,通过绘制排列图,可直观地看出管理前后某种因素的变化。评价改善管理的效果,进而指导管理。

(3)可使质量管理工作数据化、系统化、科学化。它所确定的影响质量的主要因素不是凭空设想,而是有数据根据的。同时,用图形表达后,各级管理人员和生产工人都可以看懂,一目了然,简单明确。

四、分层法

分层法又叫分类法,是将调查收集的原始数据,根据不同的目的和要求,按某一性质进行分组、整理的分析方法。分层的结果使数据各层间的差异突出地显示出来,层内的数据差异减少了,在此基础上再进行层间、层内的比较分析。分层法可以更深入地发现和认识质量问题的原因,由于产品质量是多方面因素共同作用的结果,因而对同一批数据,可以按不同性质分层,使我们能从不同角度来考虑、分析产品存在的质量影响因素。

常见的分层标志有:

(1)按操作班组或操作者分层。

(2)按使用机械设备型号分层。

(3)按操作方法分层。

(4)按原材料供应单位、供应时间或等级分层。

(5)按施工时间分层。

(6)按检查手段、工作环境等分层。

现举例说明分层法的应用:

钢筋焊接质量的调查分析,共检查了50个焊接点,其中不合格19个,不合格率为38%,存在严重的质量问题,试用分层法分析质量问题的原因。

现已查明这批钢筋的焊接是由A、B、C三个师傅操作的,而焊条是由甲、乙两个厂家提供的,因此分别对操作者和焊条生产厂家进行分层分析,即考虑一种因素单独的影响,见表 5-6 和表 5-7。

表 5-6　按操作者分层

操作者	不合格(个)	合格(个)	不合格率(%)
A	6	13	32
B	3	9	25
C	10	9	53
合计	19	31	38

表 5-7　按供应焊条厂家分层

工厂	不合格(个)	合格(个)	不合格率(%)
甲	9	14	39
乙	10	17	37
合计	19	31	38

由表 5-6 和表 5-7 分层分析可见,操作者 B 的质量较好,不合格率为 25%,而不论是采用甲厂焊条还是乙厂焊条,不合格率都很高,而且相差不大。

分层法是质量控制统计分析方法中最基本的一种方法,其他统计方法一般都要与分层法配合使用,如排列图法、直方图法、控制图法、相关图法等,常常是首先利用分层将原始数据分门别类,然后进行统计分析。

五、因果分析图法

(一)因果分析图概念

因果分析图法是利用因果分析图来系统整理分析某个质量问题(结果)与其产生原因之间关系的有效工具,因果分析图也称特性要因图,又因其形状常被称为树枝图或鱼刺图。因果分析图基本形式如图 5-11 所示。

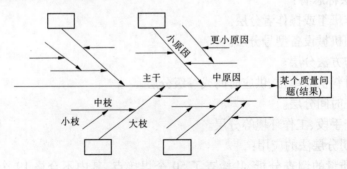

图 5-11　因果分析图基本形式

从图 5-11 可见,因果分析图由质量特性(即指某个质量问题)、要因(产生质量问题的主要原因）、枝干（指一系列箭线表示不同层次的原因）、主干（指较粗的直接指向质量问题的水平箭线）等所组成。

（二）因果分析图绘制

下面结合实例加以说明。

绘制混凝土强度不足的因果分析图如图5-12所示。

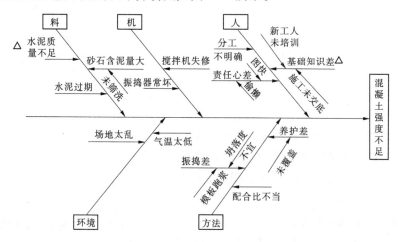

图 5-12　混凝土强度不足的因果分析图

因果分析图的绘制步骤与图中箭头方向恰恰相反，是从"结果"开始将原因逐层分解的，具体步骤如下：

（1）明确质量问题—结果。该例分析的质量问题是"混凝土强度不足"，作图时首先由左至右画出一条水平主干线，箭头指向一个矩形框，框内注明研究的问题，即结果。

（2）分析确定影响质量特性大的方面原因。一般来说，影响质量因素有五个方面，即人、机械、材料、方法、环境等。另外，还可以按产品的生产过程进行分析。

（3）将每种大原因进一步分解为中原因、小原因，直至分解的原因可以采取具体措施加以解决为止。

（4）检查图中的所列原因是否齐全，可以对初步分析结果广泛征求意见补充及修改。

（5）选择出影响大的关键因素，以便重点采取措施。

六、相关图法

（一）相关图法的概念

相关图又称散布图。在质量控制中，它是用来显示两种质量数据之间关系的一种图形。质量数据之间的关系多属相关关系。一般有三种类型：一是质量特性和影响因素之间的关系；二是质量特性和质量特性之间的关系；三是影响因素和影响因素之间的关系。

我们可以用 Y 和 X 分别表示质量特性值和影响因素，通过绘制散布图、计算相关系数等，分析研究两个变量之间是否存在相关关系，以及这种关系密切程度如何，进而对相关程度密切的两个变量，通过对其中一个变量的观察控制，去估计控制另一个变量的数值，以达到保证产品质量的目的。这种统计分析方法称为相关图法。

(二)相关图的绘制方法

1. 收集数据

要成对地收集两种质量数据,数据不得过少,本例收集数据如表5-8所示。

表5-8 相关图数据

	序号	1	2	3	4	5	6	7	8
X	水灰比(W/C)	0.40	0.45	0.50	0.55	0.60	0.65	0.70	0.75
Y	强度(N/mm^2)	36.3	35.3	28.2	24.0	23.0	20.6	18.4	15.0

2. 绘制相关图

在直角坐标系中,一般 X 轴用来代表原因的量或较易控制的量,本例中表示水灰比;Y 轴用来代表结果的量或不易控制的量,本例中表示强度。然后将数据中相应的坐标位置上描点,便得到散布图,如图5-13所示。

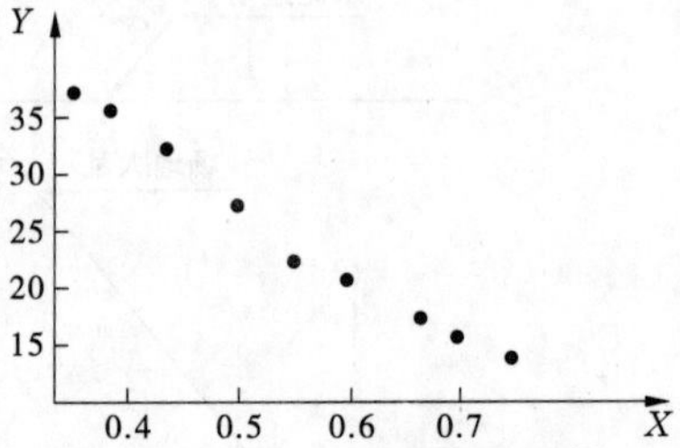

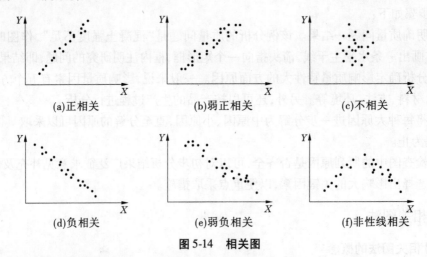

图 5-13 X 与 Y 的相关图

(三)相关图的观察和分析

相关图中点的集合,反映了两种数据之间的散布状况,根据散布状况我们可以分析两个变量之间的关系。归纳起来,有以下六种类型,如图5-14所示。

(a)正相关　　(b)弱正相关　　(c)不相关

(d)负相关　　(e)弱负相关　　(f)非性线相关

图 5-14 相关图

(1)正相关(见图5-14(a))。散布点基本形成由左至右向上变化的一条直线带,即随 X 增加,Y 值也相应增加,说明 X 与 Y 有较强的制约关系。此时,可通过对 X 控制而有效控制 Y 的变化。

(2)弱正相关(见图5-14(b))。散布点形成由左至右向上较分散的直线带。随 X 值的增加,Y 值也有增加趋势,但 X、Y 的关系不像正相关那么明确。说明 Y 除受 X 影响外,还受其他更重要的因素影响,需要进一步利用因果分析图法分析其他的影响因素。

(3)不相关(见图5-14(c))。散布点形成一团或平行于 Z 轴的直线带。说明 X 变化

不会引起 Y 的变化或其变化无规律,分析质量原因时可排除 Z 因素。

(4)负相关(见图5-14(d))。散布点形成由左向右向下的一条直线带,说明 X 对 Y 的影响与正相关恰恰相反。

(5)弱负相关(见图5-14(e))。散布点形成由左至右向下分布的较分散的直线带。说明 X 与 Y 的相关关系较弱,且变化趋势相反,应考虑寻找影响 Y 的其他更重要的因素。

(6)非线性相关(见图5-14(f))。散布点呈一曲线带,即在一定范围内 X 增加,Y 也增加;超过这个范围 X 增加,Y 则有下降趋势,或改变变动的斜率呈曲线形态。

从图5-13可以看出,本例水灰比对强度的影响是属于负相关。初步结果是,在其他条件不变情况下,混凝土强度随着水灰比增大有逐渐降低的趋势。

七、调查表法

调查表法也叫调查分析表法或检查表法,是利用图表或表格进行数据收集和统计的一种方法。也可以对数据稍加整理,达到粗略统计,进而发现质量问题的效果。所以,调查表除收集数据外,很少单独使用。调查表没有固定的格式,可根据实际情况和需要拟订合适的格式。根据调查的目的不同,调查表有以下几种形式:

(1)分项工程质量调查表。

(2)不合格内容调查表。

(3)不良原因调查表。

(4)工序分布调查表。

(5)不良项目调查表。

表5-9是混凝土外观检查用的不良项目调查表,可供其他统计方法使用,同时从表5-9中也可粗略统计出,不良项目出现比较集中的是"胀模"、"漏浆"、"埋件偏差",它们都与模板本身的刚度、严密性、支撑系统的牢固性有关,说明质量问题集中在支模的班组。这样就可针对模板班组采取措施。

表5-9　混凝土外观不良项目调查表

施工工段	蜂窝麻面	胀模	露筋	漏浆	上表面不平	埋件偏差	其他
1	1	7	1	3	1	2	
2		6	1	3		2	
3		5		3		1	
合计	1	18	2	9	1	5	

相关规范

水利水电建设工程验收规程（SL 223—2008）

1 总 则

1.0.1 为加强水利水电建设工程验收管理,使水利水电建设工程验收制度化、规范化,保证工程验收质量,特制定本规程。

1.0.2 本规程适用于由中央、地方财政全部投资或部分投资建设的大中型水利水电建设工程(含1、2、3级堤防工程)的验收,其他水利水电建设工程的验收可参照执行。

1.0.3 水利水电建设工程验收按验收主持单位可分为法人验收和政府验收。

法人验收应包括分部工程验收、单位工程验收、水电站(泵站)中间机组启动验收、合同工程完工验收等;政府验收应包括阶段验收、专项验收、竣工验收等。验收主持单位可根据工程建设需要增设验收的类别和具体要求。

1.0.4 工程验收应以下列文件为主要依据:
  (1)国家现行有关法律、法规、规章和技术标准;
  (2)有关主管部门的规定;
  (3)经批准的工程立项文件、初步设计文件、调整概算文件;
  (4)经批准的设计文件及相应的工程变更文件;
  (5)施工图纸及主要设备技术说明书等;
  (6)法人验收还应以施工合同为依据。

1.0.5 工程验收应包括以下主要内容:
  (1)检查工程是否按照批准的设计进行建设;
  (2)检查已完工程在设计、施工、设备制造安装等方面的质量及相关资料的收集、整理和归档情况;
  (3)检查工程是否具备运行或进行下一阶段建设的条件;
  (4)检查工程投资控制和资金使用情况;
  (5)对验收遗留问题提出处理意见;
  (6)对工程建设做出评价和结论。

1.0.6 政府验收应由验收主持单位组织成立的验收委员会负责;法人验收应由项目法人组织成立的验收工作组负责。验收委员会(工作组)由有关单位代表和有关专家组成。

验收的成果性文件是验收鉴定书,验收委员会(工作组)成员应在验收鉴定书上签字。对验收结论持有异议的,应将保留意见在验收鉴定书上明确记载并签字。

1.0.7 工程验收结论应经2/3以上验收委员会(工作组)成员同意。

验收过程中发现的问题,其处理原则应由验收委员会(工作组)协商确定。主任委员(组长)对争议问题有裁决权。若1/2以上的委员(组员)不同意裁决意见时,法人验收应报请验收监督管理机关决定,政府验收应报请竣工验收主持单位决定。

1.0.8 工程项目中需要移交非水利行业管理的工程,验收工作宜同时参照相关行业主管部门的有关规定。

1.0.9 当工程具备验收条件时,应及时组织验收。未经验收或验收不合格的工程不得交付使用或进行后续工程施工。验收工作应相互衔接,不应重复进行。

1.0.10 工程验收应在施工质量检验与评定的基础上,对工程质量提出明确结论意见。

1.0.11 验收资料制备由项目法人统一组织,有关单位应按要求及时完成并提交。项目法人应对提交的验收资料进行完整性、规范性检查。

1.0.12 验收资料分为应提供的资料和需备查的资料。有关单位应保证其提交资料的真实性并承担相应责任。验收资料清单分别见附录A和附录B。

1.0.13 工程验收的图纸、资料和成果性文件应按竣工验收资料要求制备。除图纸外,验收资料的规格宜为国际标准A4(210 mm×297 mm)。文件正本应加盖单位印章且不应采用复印件。

1.0.14 工程验收所需费用应进入工程造价,由项目法人列支或按合同约定列支。

1.0.15 水利水电建设工程的验收除应遵守本规程外,还应符合国家现行有关标准的规定。

2 工程验收监督管理

2.0.1 水利部负责全国水利工程建设项目验收的监督管理工作。

水利部所属流域管理机构(以下简称流域管理机构)按照水利部授权,负责流域内水利工程建设项目验收的监督管理工作。

县级以上地方人民政府水行政主管部门按照规定权限负责本行政区域内水利工程建设项目验收的监督管理工作。

2.0.2 法人验收监督管理机关应对工程的法人验收工作实施监督管理。

由水行政主管部门或者流域管理机构组建项目法人的,该水行政主管部门或者流域管理机构是本工程的法人验收监督管理机关;由地方人民政府组建项目法人的,该地方人民政府水行政主管部门是本工程的法人验收监督管理机关。

2.0.3 工程验收监督管理的方式应包括现场检查、参加验收活动、对验收工作计划与验收成果性文件进行备案等。

2.0.4 水行政主管部门、流域管理机构以及法人验收监督管理机关可根据工作需要到工程现场检查工程建设情况、验收工作开展情况以及对接到的举报进行调查处理等。

2.0.5 工程验收监督管理应包括以下主要内容:

(1)验收工作是否及时;

(2)验收条件是否具备;

(3)验收人员组成是否符合规定;

(4)验收程序是否规范;

（5）验收资料是否齐全；

（6）验收结论是否明确。

2.0.6 当发现工程验收不符合有关规定时，验收监督管理机关应及时要求验收主持单位予以纠正，必要时可要求暂停验收或重新验收并同时报告竣工验收主持单位。

2.0.7 法人验收监督管理机关应对收到的验收备案文件进行检查，不符合有关规定的备案文件应要求有关单位进行修改、补充和完善。

2.0.8 项目法人应在开工报告批准后 60 个工作日内，制定法人验收工作计划，报法人验收监督管理机关备案。当工程建设计划进行调整时，法人验收工作计划也应相应地进行调整并重新备案。法人验收工作内容要求见附录 C。

2.0.9 法人验收过程中发现的技术性问题原则上应按合同约定进行处理。合同约定不明确的，按国家或行业技术标准规定处理。当国家或行业技术标准暂无规定时，应由法人验收监督管理机关负责协调解决。

3 分部工程验收

3.0.1 分部工程验收应由项目法人（或委托监理单位）主持。验收工作组应由项目法人、勘测、设计、监理、施工、主要设备制造（供应）商等单位的代表组成。运行管理单位可根据具体情况决定是否参加。

质量监督机构宜派代表列席大型枢纽工程主要建筑物的分部工程验收会议。

3.0.2 大型工程分部工程验收工作组成员应具有中级及其以上技术职称或相应执业资格；其他工程的验收工作组成员应具有相应的专业知识或执业资格。参加分部工程验收的每个单位代表人数不宜超过 2 名。

3.0.3 分部工程具备验收条件时，施工单位应向项目法人提交验收申请报告，其内容要求见附录 D。项目法人应在收到验收申请报告之日起 10 个工作日内决定是否同意进行验收。

3.0.4 分部工程验收应具备以下条件：

（1）所有单元工程已完成；

（2）已完单元工程施工质量经评定全部合格，有关质量缺陷已处理完毕或有监理机构批准的处理意见；

（3）合同约定的其他条件。

3.0.5 分部工程验收应包括以下主要内容：

（1）检查工程是否达到设计标准或合同约定标准的要求；

（2）评定工程施工质量等级；

（3）对验收中发现的问题提出处理意见。

3.0.6 分部工程验收应按以下程序进行：

（1）听取施工单位工程建设和单元工程质量评定情况的汇报；

（2）现场检查工程完成情况和工程质量；

（3）检查单元工程质量评定及相关档案资料；

（4）讨论并通过分部工程验收鉴定书。

3.0.7 项目法人应在分部工程验收通过之日后10个工作日内,将验收质量结论和相关资料报质量监督机构核备。大型枢纽工程主要建筑物分部工程的验收质量结论应报质量监督机构核定。

3.0.8 质量监督机构应在收到验收质量结论之日后20个工作日内,将核备(定)意见书面反馈项目法人。

3.0.9 当质量监督机构对验收质量结论有异议时,项目法人应组织参加验收单位进一步研究,并将研究意见报质量监督机构。当双方对质量结论仍然有分歧意见时,应报上一级质量监督机构协调解决。

3.0.10 分部工程验收遗留问题处理情况应有书面记录并有相关责任单位代表签字,书面记录应随分部工程验收鉴定书一并归档。

3.0.11 分部工程验收鉴定书格式见附录E。正本数量可按参加验收单位、质量和安全监督机构各一份以及归档所需要的份数确定。自验收鉴定书通过之日起30个工作日内,由项目法人发送有关单位,并报送法人验收监督管理机关备案。

4 单位工程验收

4.0.1 单位工程验收应由项目法人主持。验收工作组由项目法人、勘测、设计、监理、施工、主要设备制造(供应)商、运行管理等单位的代表组成。必要时,可邀请上述单位以外的专家参加。

4.0.2 单位工程验收工作组成员应具有中级及其以上技术职称或相应执业资格,每个单位代表人数不宜超过3名。

4.0.3 单位工程完工并具备验收条件时,施工单位应向项目法人提出验收申请报告,其内容要求见附录D。项目法人应在收到验收申请报告之日起10个工作日内决定是否同意进行验收。

4.0.4 项目法人组织单位工程验收时,应提前10个工作日通知质量和安全监督机构。主要建筑物单位工程验收应通知法人验收监督管理机关。法人验收监督管理机关可视情况决定是否列席验收会议,质量和安全监督机构应派员列席验收会议。

4.0.5 单位工程验收应具备以下条件:

(1)所有分部工程已完建并验收合格;

(2)分部工程验收遗留问题已处理完毕并通过验收,未处理的遗留问题不影响单位工程质量评定并有处理意见;

(3)合同约定的其他条件。

4.0.6 单位工程验收应包括以下主要内容:

(1)检查工程是否按批准的设计内容完成;

(2)评定工程施工质量等级;

(3)检查分部工程验收遗留问题处理情况及相关记录;

(4)对验收中发现的问题提出处理意见。

4.0.7 单位工程验收应按以下程序进行:

(1)听取工程参建单位工程建设有关情况的汇报;

（2）现场检查工程完成情况和工程质量；

（3）检查分部工程验收有关文件及相关档案资料；

（4）讨论并通过单位工程验收鉴定书。

4.0.8　需要提前投入使用的单位工程应进行单位工程投入使用验收。单位工程投入使用验收应由项目法人主持，根据工程具体情况，经竣工验收主持单位同意，单位工程投入使用验收也可由竣工验收主持单位或其委托的单位主持。

4.0.9　单位工程投入使用验收除满足4.0.5的条件外，还应满足以下条件：

（1）工程投入使用后，不影响其他工程正常施工，且其他工程施工不影响该单位工程安全运行；

（2）已经初步具备运行管理条件，需移交运行管理单位的，项目法人与运行管理单位已签订提前使用协议书。

4.0.10　单位工程投入使用验收除完成4.0.6的工作内容外，还应对工程是否具备安全运行条件进行检查。

4.0.11　项目法人应在单位工程验收通过之日起10个工作日内，将验收质量结论和相关资料报质量监督机构核定。

4.0.12　质量监督机构应在收到验收质量结论之日起20个工作日内，将核定意见反馈项目法人。

4.0.13　当质量监督机构对验收质量结论有异议时，按本规程3.0.9的规定执行。

4.0.14　单位工程验收鉴定书格式见附录F。正本数量可按参加验收单位、质量和安全监督机构、法人验收监督管理机关各一份以及归档所需要的份数确定。自验收鉴定书通过之日起30个工作日内，由项目法人发送有关单位并报法人验收监督管理机关备案。

5　合同工程完工验收

5.0.1　合同工程完成后，应进行合同工程完工验收。当合同工程仅包含一个单位工程（分部工程）时，宜将单位工程（分部工程）验收与合同工程完工验收一并进行，但应同时满足相应的验收条件。

5.0.2　合同工程完工验收应由项目法人主持。验收工作组由项目法人以及与合同工程有关的勘测、设计、监理、施工、主要设备制造（供应）商等单位的代表组成。

5.0.3　合同工程具备验收条件时，施工单位应向项目法人提出验收申请报告，其格式见附录D。项目法人应在收到验收申请报告之日起20个工作日内决定是否同意进行验收。

5.0.4　合同工程完工验收应具备以下条件：

（1）合同范围内的工程项目已按合同约定完成；

（2）工程已按规定进行了有关验收；

（3）观测仪器和设备已测得初始值及施工期各项观测值；

（4）工程质量缺陷已按要求进行处理；

（5）工程完工结算已完成；

（6）施工现场已经进行清理；

（7）需移交项目法人的档案资料已按要求整理完毕；

（8）合同约定的其他条件。

5.0.5　合同工程完工验收应包括以下主要内容：

（1）检查合同范围内工程项目和工作完成情况；

（2）检查施工现场清理情况；

（3）检查已投入使用工程运行情况；

（4）检查验收资料整理情况；

（5）鉴定工程施工质量；

（6）检查工程完工结算情况；

（7）检查历次验收遗留问题的处理情况；

（8）对验收中发现的问题提出处理意见；

（9）确定合同工程完工日期；

（10）讨论并通过合同工程完工验收鉴定书。

5.0.6　合同工程完工验收鉴定书格式见附录 G。正本数量可按参加验收单位、质量和安全监督机构以及归档所需要的份数确定。自验收鉴定书通过之日起 30 个工作日内，由项目法人发送有关单位，并报送法人验收监督管理机关备案。

6　阶段验收

6.1　一般规定

6.1.1　阶段验收应包括枢纽工程导（截）流验收、水库下闸蓄水验收、引（调）排水工程通水验收、水电站（泵站）首（末）台机组启动验收、部分工程投入使用验收以及竣工验收主持单位根据工程建设需要增加的其他验收。

6.1.2　阶段验收应由竣工验收主持单位或其委托的单位主持。阶段验收委员会由验收主持单位、质量和安全监督机构、运行管理单位的代表以及有关专家组成；必要时，可邀请地方人民政府以及有关部门参加。

工程参建单位应派代表参加阶段验收，并作为被验收单位在验收鉴定书上签字。

6.1.3　工程建设具备阶段验收条件时，项目法人应向竣工验收主持单位提出阶段验收申请报告，其内容要求见附录 H。阶段验收申请报告应由法人验收监督管理机关审查后转报竣工验收主持单位，竣工验收主持单位应自收到申请报告之日起 20 个工作日内决定是否同意进行阶段验收。

6.1.4　阶段验收应包括以下主要内容：

（1）检查已完工程的形象面貌和工程质量；

（2）检查在建工程的建设情况；

（3）检查后续工程的计划安排和主要技术措施落实情况，以及是否具备施工条件；

（4）检查拟投入使用工程是否具备运行条件；

（5）检查历次验收遗留问题的处理情况；

（6）鉴定已完工程施工质量；

（7）对验收中发现的问题提出处理意见；

（8）讨论并通过阶段验收鉴定书。

6.1.5　大型工程在阶段验收前,验收主持单位根据工程建设需要,可成立专家组先进行技术预验收。

6.1.6　技术预验收工作可参照8.4的规定进行。

6.1.7　阶段验收的工作程序可参照8.5.3的规定进行。

6.1.8　阶段验收鉴定书格式见附录I。数量按参加验收单位、法人验收监督管理机关、质量和安全监督机构各一份以及归档所需要的份数确定。自验收鉴定书通过之日起30个工作日内,由验收主持单位发送有关单位。

6.2　枢纽工程导(截)流验收

6.2.1　枢纽工程导(截)流前,应进行导(截)流验收。

6.2.2　导(截)流验收应具备以下条件:

(1)导流工程已基本完成,具备过流条件,投入使用(包括采取措施后)不影响其他后续工程继续施工;

(2)满足截流要求的水下隐蔽工程已完成;

(3)截流设计已获批准,截流方案已编制完成,并做好各项准备工作;

(4)工程度汛方案已经有管辖权的防汛指挥部门批准,相关措施已落实;

(5)截流后壅高水位以下的移民搬迁安置和库底清理已完成并通过验收;

(6)有航运功能的河道,碍航问题已得到解决。

6.2.3　导(截)流验收应包括以下主要内容:

(1)检查已完水下工程、隐蔽工程、导(截)流工程是否满足导(截)流要求;

(2)检查建设征地、移民搬迁安置和库底清理完成情况;

(3)审查导(截)流方案,检查导(截)流措施和准备工作落实情况;

(4)检查为解决碍航等问题而采取的工程措施落实情况;

(5)鉴定与截流有关已完工程施工质量;

(6)对验收中发现的问题提出处理意见;

(7)讨论并通过阶段验收鉴定书。

6.2.4　工程分期导(截)流时,应分期进行导(截)流验收。

6.3　水库下闸蓄水验收

6.3.1　水库下闸蓄水前,应进行下闸蓄水验收。

6.3.2　下闸蓄水验收应具备以下条件:

(1)挡水建筑物的形象面貌满足蓄水位的要求;

(2)蓄水淹没范围内的移民搬迁安置和库底清理已完成并通过验收;

(3)蓄水后需要投入使用的泄水建筑物已基本完成,具备过流条件;

(4)有关观测仪器、设备已按设计要求安装和调试,并已测得初始值和施工期观测值;

(5)蓄水后未完工程的建设计划和施工措施已落实;

(6)蓄水安全鉴定报告已提交;

(7)蓄水后可能影响工程安全运行的问题已处理,有关重大技术问题已有结论;

(8)蓄水计划、导流洞封堵方案等已编制完成,并做好各项准备工作;

(9)年度度汛方案(包括调度运用方案)已经有管辖权的防汛指挥部门批准,相关措施已落实。

6.3.3 下闸蓄水验收应包括以下主要内容:

(1)检查已完工程是否满足蓄水要求;

(2)检查建设征地、移民搬迁安置和库区清理完成情况;

(3)检查近坝库岸处理情况;

(4)检查蓄水准备工作落实情况;

(5)鉴定与蓄水有关的已完工程施工质量;

(6)对验收中发现的问题提出处理意见;

(7)讨论并通过阶段验收鉴定书。

6.3.4 工程分期蓄水时,宜分期进行下闸蓄水验收。

6.3.5 拦河水闸工程可根据工程规模、重要性,由竣工验收主持单位决定是否组织蓄水(挡水)验收。

6.4 引(调)排水工程通水验收

6.4.1 引(调)排水工程通水前,应进行通水验收。

6.4.2 通水验收应具备以下条件:

(1)引(调)排水建筑物的形象面貌满足通水的要求;

(2)通水后未完工程的建设计划和施工措施已落实;

(3)引(调)排水位以下的移民搬迁安置和障碍物清理已完成并通过验收;

(4)引(调)排水的调度运用方案已编制完成,度汛方案已得到有管辖权的防汛指挥部门批准,相关措施已落实。

6.4.3 通水验收应包括以下主要内容:

(1)检查已完工程是否满足通水的要求;

(2)检查建设征地、移民搬迁安置和清障完成情况;

(3)检查通水准备工作落实情况;

(4)鉴定与通水有关的工程施工质量;

(5)对验收中发现的问题提出处理意见;

(6)讨论并通过阶段验收鉴定书。

6.4.4 工程分期(或分段)通水时,应分期(或分段)进行通水验收。

6.5 水电站(泵站)机组启动验收

6.5.1 水电站(泵站)每台机组投入运行前,应进行机组启动验收。

6.5.2 首(末)台机组启动验收应由竣工验收主持单位或其委托单位组织的机组启动验收委员会负责,中间机组启动验收应由项目法人组织的机组启动验收工作组负责。验收委员会(工作组)应有所在地区电力部门的代表参加。

根据机组规模情况,竣工验收主持单位也可委托项目法人主持首(末)台机组启动验收。

6.5.3 机组启动验收前,项目法人应组织成立机组启动试运行工作组开展机组启动试运行工作。首(末)台机组启动试运行前,项目法人应将试运行工作安排报验收主持单位备案,必要时,验收主持单位可派专家到现场收集有关资料,指导项目法人进行机组启动试运行工作。

6.5.4 机组启动试运行工作组应主要进行以下工作:

(1)审查批准施工单位编制的机组启动试运行试验文件和机组启动试运行操作规程等;

(2)检查机组及相应附属设备安装、调试、试验以及分部试运行情况,决定是否进行充水试验和空载试运行;

(3)检查机组充水试验和空载试运行情况;

(4)检查机组带主变压器与高压配电装置试验和并列及负荷试验情况,决定是否进行机组带负荷连续运行;

(5)检查机组带负荷连续运行情况;

(6)检查带负荷连续运行结束后消缺处理情况;

(7)审查施工单位编写的机组带负荷连续运行情况报告。

6.5.5 机组带负荷连续运行应符合以下要求:

(1)水电站机组带额定负荷连续运行时间为 72 h;泵站机组带额定负荷连续运行时间为 24 h 或 7 d 内累计运行时间为 48 h,包括机组无故障停机次数不少于 3 次。

(2)受水位或水量限制无法满足上述要求时,经过项目法人组织论证并提出专门报告报验收主持单位批准后,可适当降低机组启动运行负荷以及减少连续运行的时间。

6.5.6 首(末)台机组启动验收前,验收主持单位应组织进行技术预验收,技术预验收应在机组启动试运行完成后进行。

6.5.7 技术预验收应具备以下条件:

(1)与机组启动运行有关的建筑物基本完成,满足机组启动运行要求;

(2)与机组启动运行有关的金属结构及启闭设备安装完成,并经过调试合格,可满足机组启动运行要求;

(3)过水建筑物已具备过水条件,满足机组启动运行要求;

(4)压力容器、压力管道以及消防系统等已通过有关主管部门的检测或验收;

(5)机组、附属设备以及油、水、气等辅助设备安装完成,经调试合格并经分部试运转,满足机组启动运行要求;

(6)必要的输配电设备安装调试完成,并通过电力部门组织的安全性评价或验收,送(供)电准备工作已就绪,通信系统满足机组启动运行要求;

(7)机组启动运行的测量、监测、控制和保护等电气设备已安装完成并调试合格;

(8)有关机组启动运行的安全防护措施已落实,并准备就绪;

(9)按设计要求配备的仪器、仪表、工具及其他机电设备已能满足机组启动运行的需要;

(10)机组启动运行操作规程已编制,并得到批准;

(11)水库水位控制与发电水位调度计划已编制完成,并得到相关部门的批准;

(12)运行管理人员的配备可满足机组启动运行的要求;

(13)水位和引水量满足机组启动运行最低要求;

（14）机组按要求完成带负荷连续运行。

6.5.8 技术预验收应包括以下主要内容：

（1）听取有关建设、设计、监理、施工和试运行情况报告；

（2）检查评价机组及其辅助设备质量、有关工程施工安装质量，检查试运行情况和消缺处理情况；

（3）对验收中发现的问题提出处理意见；

（4）讨论形成机组启动技术预验收工作报告。

6.5.9 首（末）台机组启动验收应具备以下条件：

（1）技术预验收工作报告已提交；

（2）技术预验收工作报告中提出的遗留问题已处理。

6.5.10 首（末）台机组启动验收应包括以下主要内容：

（1）听取工程建设管理报告和技术预验收工作报告；

（2）检查机组和有关工程施工和设备安装以及运行情况；

（3）鉴定工程施工质量；

（4）讨论并通过机组启动验收鉴定书。

6.5.11 中间机组启动验收可参照首（末）台机组启动验收的要求进行。

6.5.12 机组启动验收鉴定书格式见附录J，机组启动验收鉴定书是机组交接和投入使用运行的依据。

6.6 部分工程投入使用验收

6.6.1 项目施工工期因故拖延，并预期完成计划不确定的工程项目，部分已完成工程需要投入使用的，应进行部分工程投入使用验收。

6.6.2 在部分工程投入使用验收申请报告中，应包含项目施工工期拖延的原因、预期完成计划的有关情况和部分已完成工程提前投入使用的理由等内容。

6.6.3 部分工程投入使用验收应具备以下条件：

（1）拟投入使用工程已按批准设计文件规定的内容完成并已通过相应的法人验收；

（2）拟投入使用工程已具备运行管理条件；

（3）工程投入使用后，不影响其他工程正常施工，且其他工程施工不影响拟投入使用工程安全运行（包括采取防护措施）；

（4）项目法人与运行管理单位已签订工程提前使用协议；

（5）工程调度运行方案已编制完成，度汛方案已经有管辖权的防汛指挥部门批准，相关措施已落实。

6.6.4 部分工程投入使用验收应包括以下主要内容：

（1）检查拟投入使用工程是否已按批准设计完成；

（2）检查工程是否已具备正常运行条件；

（3）鉴定工程施工质量；

（4）检查工程的调度运用、度汛方案落实情况；

（5）对验收中发现的问题提出处理意见；

（6）讨论并通过部分工程投入使用验收鉴定书。

6.6.5 部分工程投入使用验收鉴定书格式见附录 K;部分工程投入使用验收鉴定书是部分工程投入使用运行的依据,也是施工单位向项目法人交接和项目法人向运行管理单位移交的依据。

6.6.6 提前投入使用的部分工程如有单独的初步设计,可组织进行单项工程竣工验收,验收工作参照本规程第 8 章有关规定进行。

7 专项验收

7.0.1 工程竣工验收前,应按有关规定进行专项验收。专项验收主持单位应按国家和相关行业的有关规定确定。

7.0.2 项目法人应按国家和相关行业主管部门的规定,向有关部门提出专项验收申请报告,并做好有关准备和配合工作。

7.0.3 专项验收应具备的条件、验收主要内容、验收程序以及验收成果性文件的具体要求等应执行国家及相关行业主管部门有关规定。

7.0.4 专项验收成果性文件应是工程竣工验收成果性文件的组成部分。项目法人提交竣工验收申请报告时,应附相关专项验收成果性文件复印件。

8 竣工验收

8.1 一般规定

8.1.1 竣工验收应在工程建设项目全部完成并满足一定运行条件后 1 年内进行。不能按期进行竣工验收的,经竣工验收主持单位同意,可适当延长期限,但最长不应超过 6 个月。一定运行条件是指:
  (1)泵站工程经过一个排水或抽水期;
  (2)河道疏浚工程完成后;
  (3)其他工程经过 6 个月(经过一个汛期)至 12 个月。

8.1.2 工程具备验收条件时,项目法人应提出竣工验收申请报告,其内容要求见附录 L。竣工验收申请报告应由法人验收监督管理机关审查后报竣工验收主持单位。

8.1.3 工程未能按期进行竣工验收的,项目法人应向竣工验收主持单位提出延期竣工验收专题申请报告。申请报告应包括延期竣工验收的主要原因及计划延长的时间等内容。

8.1.4 项目法人编制完成竣工财务决算后,应报送竣工验收主持单位财务部门进行审查和审计部门进行竣工审计。审计部门应出具竣工审计意见。项目法人应对审计意见中提出的问题进行整改并提交整改报告。

8.1.5 竣工验收分为竣工技术预验收和竣工验收两个阶段。

8.1.6 大型水利工程在竣工技术预验收前,应按照有关规定进行竣工验收技术鉴定。中型水利工程,竣工验收主持单位可以根据需要决定是否进行竣工验收技术鉴定。

8.1.7 竣工验收应具备以下条件:
  (1)工程已按批准设计全部完成;
  (2)工程重大设计变更已经有审批权的单位批准;
  (3)各单位工程能正常运行;

(4)历次验收所发现的问题已基本处理完毕；

(5)各专项验收已通过；

(6)工程投资已全部到位；

(7)竣工财务决算已通过竣工审计,审计意见中提出的问题已整改并提交了整改报告；

(8)运行管理单位已明确,管理养护经费已基本落实；

(9)质量和安全监督工作报告已提交,工程质量达到合格标准；

(10)竣工验收资料已准备就绪。竣工验收主要工作报告格式及主要内容见附录N、附录O。

8.1.8 工程有少量建设内容未完成,但不影响工程正常运行,且能符合财务有关规定,项目法人已对尾工做出安排的,经竣工验收主持单位同意,可进行竣工验收。

8.1.9 竣工验收应按以下程序进行：

(1)项目法人组织进行竣工验收自查；

(2)项目法人提交竣工验收申请报告；

(3)竣工验收主持单位批复竣工验收申请报告；

(4)进行竣工技术预验收；

(5)召开竣工验收会议；

(6)印发竣工验收鉴定书。

8.2 竣工验收自查

8.2.1 申请竣工验收前,项目法人应组织竣工验收自查。自查工作由项目法人主持,勘测、设计、监理、施工、主要设备制造(供应)商以及运行管理等单位的代表参加。

8.2.2 竣工验收自查应包括以下主要内容：

(1)检查有关单位的工作报告；

(2)检查工程建设情况,评定工程项目施工质量等级；

(3)检查历次验收、专项验收的遗留问题和工程初期运行所发现问题的处理情况；

(4)确定工程尾工内容及其完成期限和责任单位；

(5)对竣工验收前应完成的工作做出安排；

(6)讨论并通过竣工验收自查工作报告。

8.2.3 项目法人组织工程竣工验收自查前,应提前10个工作日通知质量和安全监督机构,同时向法人验收监督管理机关报告。质量和安全监督机构应派员列席自查工作会议。

8.2.4 项目法人应在完成竣工验收自查工作之日起10个工作日内,将自查的工程项目质量结论和相关资料报质量监督机构。

8.2.5 竣工验收自查工作报告格式见附录M。参加竣工验收自查的人员应在自查工作报告上签字。项目法人应自竣工验收自查工作报告通过之日起30个工作日内,将自查报告报法人验收监督管理机关。

8.3 工程质量抽样检测

8.3.1 根据竣工验收的需要,竣工验收主持单位可以委托具有相应资质的工程质量检测单位对工程质量进行抽样检测。项目法人应与工程质量检测单位签订工程质量检测合同。检测所需费用由项目法人列支,质量不合格工程所发生的检测费用由责任单位承担。

8.3.2　工程质量检测单位不应与参与工程建设的项目法人、设计、监理、施工、设备制造(供应)商等单位隶属同一经营实体。

8.3.3　根据竣工验收主持单位的要求和项目的具体情况,项目法人应负责提出工程质量抽样检测的项目、内容和数量,经质量监督机构审核后报竣工验收主持单位核定。堤防工程质量抽检要求见附录P。

8.3.4　工程质量检测单位应按照有关技术标准对工程进行质量检测,按合同要求及时提出质量检测报告并对检测结论负责。项目法人应自收到检测报告10个工作日内将检测报告报竣工验收主持单位。

8.3.5　对抽样检测中发现的质量问题,项目法人应及时组织有关单位研究处理。在影响工程安全运行以及使用功能的质量问题未处理完毕前,不应进行竣工验收。

8.4　竣工技术预验收

8.4.1　竣工技术预验收应由竣工验收主持单位组织的专家组负责。技术预验收专家组成员应具有高级技术职称或相应执业资格,2/3以上成员应来自工程非参建单位。工程参建单位的代表应参加技术预验收,负责回答专家组提出的问题。

8.4.2　竣工技术预验收专家组可下设专业工作组,并在各专业工作组检查意见的基础上形成竣工技术预验收工作报告。

8.4.3　竣工技术预验收应包括以下主要内容:

　　(1)检查工程是否按批准的设计完成;

　　(2)检查工程是否存在质量隐患和影响工程安全运行的问题;

　　(3)检查历次验收、专项验收的遗留问题和工程初期运行中所发现问题的处理情况;

　　(4)对工程重大技术问题作出评价;

　　(5)检查工程尾工安排情况;

　　(6)鉴定工程施工质量;

　　(7)检查工程投资、财务情况;

　　(8)对验收中发现的问题提出处理意见。

8.4.4　竣工技术预验收应按以下程序进行:

　　(1)现场检查工程建设情况并查阅有关工程建设资料;

　　(2)听取项目法人、设计、监理、施工、质量和安全监督机构、运行管理等单位工作报告;

　　(3)听取竣工验收技术鉴定报告和工程质量抽样检测报告;

　　(4)专业工作组讨论并形成各专业工作组意见;

　　(5)讨论并通过竣工技术预验收工作报告;

　　(6)讨论并形成竣工验收鉴定书初稿。

8.4.5　竣工技术预验收工作报告应是竣工验收鉴定书的附件,其格式见附录Q。

8.5　竣工验收

8.5.1　竣工验收委员会可设主任委员一名,副主任委员以及委员若干名,主任委员应由验收主持单位代表担任。竣工验收委员会由竣工验收主持单位、有关地方人民政府和部门、有关水行政主管部门和流域管理机构、质量和安全监督机构、运行管理单位的代表以及有关专家组成。工程投资方代表可参加竣工验收委员会。

8.5.2 项目法人、勘测、设计、监理、施工和主要设备制造（供应）商等单位应派代表参加竣工验收,负责解答验收委员会提出的问题,并应作为被验收单位代表在验收鉴定书上签字。

8.5.3 竣工验收会议应包括以下主要内容和程序:

(1)现场检查工程建设情况及查阅有关资料。

(2)召开大会:

①宣布验收委员会组成人员名单;

②观看工程建设声像资料;

③听取工程建设管理工作报告;

④听取竣工技术预验收工作报告;

⑤听取验收委员会确定的其他报告;

⑥讨论并通过竣工验收鉴定书;

⑦验收委员会委员和被验收单位代表在竣工验收鉴定书上签字。

8.5.4 工程项目质量达到合格以上等级的,竣工验收的质量结论意见应为合格。

8.5.5 竣工验收鉴定书格式见附录R。数量按验收委员会组成单位、工程主要参建单位各一份以及归档所需要份数确定。自鉴定书通过之日起30个工作日内,应由竣工验收主持单位发送有关单位。

9 工程移交及遗留问题处理

9.1 工程交接

9.1.1 通过合同工程完工验收或投入使用验收后,项目法人与施工单位应在30个工作日内组织专人负责工程的交接工作,交接过程应有完整的文字记录且有双方交接负责人签字。

9.1.2 项目法人与施工单位应在施工合同或验收鉴定书约定的时间内完成工程及其档案资料的交接工作。

9.1.3 工程办理具体交接手续的同时,施工单位应向项目法人递交工程质量保修书,其格式见附录S。保修书的内容应符合合同约定的条件。

9.1.4 工程质量保修期应从工程通过合同工程完工验收后开始计算,但合同另有约定的除外。

9.1.5 在施工单位递交了工程质量保修书、完成施工场地清理以及提交有关竣工资料后,项目法人应在30个工作日内向施工单位颁发合同工程完工证书,其格式见附录T。

9.2 工程移交

9.2.1 工程通过投入使用验收后,项目法人宜及时将工程移交运行管理单位管理,并与其签订工程提前启用协议。

9.2.2 在竣工验收鉴定书印发后60个工作日内,项目法人与运行管理单位应完成工程移交手续。

9.2.3 工程移交应包括工程实体、其他固定资产和工程档案资料等,应按照初步设计等有关批准文件进行逐项清点,并办理移交手续。

9.2.4 办理工程移交,应有完整的文字记录和双方法定代表人签字。

9.3 验收遗留问题及尾工处理

9.3.1 有关验收成果性文件应对验收遗留问题有明确的记载。影响工程正常运行的,不得作为验收遗留问题处理。

9.3.2 验收遗留问题和尾工的处理应由项目法人负责。项目法人应按照竣工验收鉴定书、合同约定等要求,督促有关责任单位完成处理工作。

9.3.3 验收遗留问题和尾工处理完成后,有关单位应组织验收,并形成验收成果性文件。项目法人应参加验收并负责将验收成果性文件报竣工验收主持单位。

9.3.4 工程竣工验收后,应由项目法人负责处理的验收遗留问题,项目法人已撤销的,应由组建或批准组建项目法人的单位或其指定的单位处理完成。

9.4 工程竣工证书颁发

9.4.1 工程质量保修期满后30个工作日内,项目法人应向施工单位颁发工程质量保修责任终止证书,其格式见附录U。但保修责任范围内的质量缺陷未处理完成的除外。

9.4.2 工程质量保修期满以及验收遗留问题和尾工处理完成后,项目法人应向工程竣工验收主持单位申请领取竣工证书。申请报告应包括以下内容:

(1)工程移交情况;

(2)工程运行管理情况;

(3)验收遗留问题和尾工处理情况;

(4)工程质量保修期有关情况。

9.4.3 竣工验收主持单位应自收到项目法人申请报告后30个工作日内决定是否颁发工程竣工证书,其格式见附录V(正本)和附录W(副本)。颁发竣工证书应符合以下条件:

(1)竣工验收鉴定书已印发;

(2)工程遗留问题和尾工处理已完成并通过验收;

(3)工程已全面移交运行管理单位管理。

9.4.4 工程竣工证书是项目法人全面完成工程项目建设管理任务的证书,也是工程参建单位完成相应工程建设任务的最终证明文件。

9.4.5 工程竣工证书数量应按正本3份和副本若干份颁发,正本应由项目法人、运行管理单位和档案部门保存,副本应由工程主要参建单位保存。

附录 A 验收应提供的资料清单

序号	资料名称	分部工程验收	单位工程验收	合同工程完工验收	机组启动验收	阶段验收	技术预验收	竣工验收	提供单位
1	工程建设管理工作报告		√	√	√	√	√	√	项目法人
2	工程建设大事记						√	√	项目法人
3	拟验工程清单、未完工程清单、未完工程的建设安排及完成时间		√	√	√	√	√	√	项目法人
4	技术预验收工作报告				*	*	√	√	专家组
5	验收鉴定书（初稿）				√	√	√	√	项目法人
6	度汛方案			*	√	√	√	√	项目法人
7	工程调度运用方案					√	√	√	项目法人
8	工程建设监理工作报告		√	√	√	√	√	√	监理机构
9	工程设计工作报告		√	√	√	√	√	√	设计单位
10	工程施工管理工作报告		√	√	√	√	√	√	施工单位
11	运行管理工作报告						√	√	运行管理单位
12	工程质量和安全监督报告				√	√	√	√	质安监督机构
13	竣工验收技术鉴定报告						*	*	技术鉴定单位
14	机组启动试运行计划文件		√	√	√	√	√	√	施工单位
15	机组试运行工作报告				√				施工单位
16	重大技术问题专题报告					*	*	*	项目法人

注:符号"√"表示"应提供",符号"*"表示"宜提供"或"根据需要提供"。

附录 B 验收应准备的备查档案资料清单

序号	资料名称	分部工程验收	单位工程验收	合同工程完工验收	机组启动验收	阶段验收	技术预验收	竣工验收	提供单位
1	前期工作文件及批复文件		√	√	√	√	√	√	项目法人
2	主管部门批文		√	√	√	√	√		项目法人
3	招标投标文件		√	√	√	√	√		项目法人
4	合同文件		√	√	√	√	√	√	项目法人
5	工程项目划分资料	√	√	√	√	√	√	√	项目法人
6	单元工程质量评定资料	√	√	√	√	√	√	√	施工单位
7	分部工程质量评定资料		√	*	√	√	√	√	项目法人
8	单位工程质量评定资料		√	*	√	√	√	√	项目法人
9	工程外观质量评定资料		√				√	√	项目法人
10	工程质量管理有关文件	√	√	√	√	√	√	√	参建单位
11	工程安全管理有关文件	√	√	√	√	√	√	√	参建单位
12	工程施工质量检验文件	√	√	√	√	√	√	√	施工单位
13	工程监理资料	√	√	√	√	√	√	√	监理单位
14	施工图设计文件		√	√	√	√	√	√	设计单位
15	工程设计变更资料	√	√	√	√	√	√	√	设计单位
16	竣工图纸		√	√	√	√	√	√	施工单位
17	征地移民有关文件					√	√	√	承担单位
18	重要会议记录	√	√	√	√	√	√	√	项目法人
19	质量缺陷备案表	√	√	√	√	√	√	√	监理机构
20	安全、质量事故资料	√	√	√	√	√	√	√	项目法人
21	阶段验收鉴定书						√	√	项目法人
22	竣工决算及审计资料						√	√	项目法人
23	工程建设中使用的技术标准	√	√	√	√	√	√	√	参建单位
24	工程建设标准强制性条文	√	√	√	√	√	√	√	参建单位
25	专项验收有关文件						√	√	项目法人
26	安全、技术鉴定报告					√	√	√	项目法人
27	其他档案资料	根据需要由有关单位提供							

注:符号"√"表示"应提供",符号"*"表示"宜提供"或"根据需要提供"。

附录 C 法人验收工作内容要求

一、工程概况

二、工程项目划分

三、工程建设总进度计划

四、法人验收工作计划

附录 D　法人验收申请报告内容要求

一、验收范围

二、工程验收条件检查结果

三、建议验收时间（　年　月　日）

附录 E 分部工程验收鉴定书格式

编号：

×××××工程

×××××分部工程验收

鉴定书

单位工程名称：

×××××分部工程验收工作组

年　　月　　日

前言（包括验收依据、组织机构、验收过程等）

一、分部工程开工完工日期

二、分部工程建设内容

三、施工过程及完成的主要工程量

四、质量事故及质量缺陷处理情况

五、拟验工程质量评定（包括单元工程、主要单元工程个数、合格率和优良率；施工单位自评结果；监理单位复核意见；分部工程质量等级评定意见）

六、验收遗留问题及处理意见

七、结论

八、保留意见（保留意见人签字）

九、分部工程验收工作组成员签字表

十、附件（遗留问题处理记录）

×××××工程

××××单位工程验收

鉴 定 书

××××单位工程验收工作组

年　月　日

验收主持单位：

法人验收监督管理机关：

项目法人：

代建机构（如有时）：

设计单位：

监理单位：

施工单位：

主要设备制造（供应）商单位：

质量和安全监督机构：

运行管理单位：

验收时间（　年　月　日）：

验收地点：

前言（包括验收依据、组织机构、验收过程等）

一、单位工程概况

（一）单位工程名称及位置

（二）单位工程主要建设内容

（三）单位工程建设过程（包括工程开工、完工时间，施工中采取的主要措施等）

二、验收范围

三、单位工程完成情况和完成的主要工程量

四、单位工程质量评定

（一）分部工程质量评定

（二）工程外观质量评定

（三）工程质量检测情况

（四）单位工程质量等级评定意见

五、分部验收遗留问题处理情况

六、运行准备情况（投入使用验收需要此部分）

七、存在的主要问题及处理意见

八、意见和建议

九、结论

十、保留意见（应有本人签字）

十一、单位工程验收工作组成员签字表

×××××××工程

××××合同工程完工验收
（合同名称及编号）

鉴 定 书

××××合同工程完工验收工作组

年   月   日

项目法人：

代建机构（如有时）：

设计单位：

监理单位：

施工单位：

主要设备制造（供应）商单位：

质量和安全监督机构：

运行管理单位：

验收时间（ 年 月 日）：

验收地点：

前言（包括验收依据、组织机构、验收过程等）

一、合同工程概况

（一）合同工程名称及位置

（二）合同工程主要建设内容

（三）合同工程建设过程

二、验收范围

三、合同执行情况（包括合同管理、工程完成情况和完成的主要工程量、结算情况等）

四、合同工程质量评定

（一）分部工程质量评定

（二）工程外观质量评定

（三）工程质量检测情况

（四）单元工程质量等级评定意见

五、历次验收遗留问题处理情况

六、存在的主要问题及处理意见

七、意见和建议

八、结论

九、保留意见（应有本人签字）

十、合同工程验收工作组成员签字表

十一、附件

（一）提供给验收工作组资料目录

（二）施工单位向项目法人移交资料目录

附录 H 阶段验收申请报告内容要求

一、工程基本情况

二、工程验收条件的检查结果

三、工程验收准备工作情况

四、建议验收时间、地点和参加单位

×××××工程

××××阶段验收

鉴 定 书

×××××工程××××阶段验收委员会

年　　月　　日

验收主持单位：

法人验收监督管理机关：

项目法人：

代建机构（如有时）：

设计单位：

监理单位：

主要施工单位：

主要设备制造（供应）商单位：

质量和安全监督机构：

运行管理单位：

验收时间（　年　月　日）：

验收地点：

前言(包括验收依据、组织机构、验收过程等)

一、工程概况

　　(一)工程位置及主要任务

　　(二)工程主要技术指标

　　(三)项目设计情况(包括设计审批情况,工程投资和主要设计工程量)

　　(四)项目建设简况(包括工程建设主要单位,工程施工和完成工程量情况等)

二、验收范围和内容

三、工程形象面貌(对应验收范围和内容的工程完成情况)

四、工程质量评定

五、验收前已完成的工作(包括安全鉴定、移民搬迁安置和库底清理验收、技术预验收等)

六、截流(蓄水、通水等)总体安排

七、度汛和调度运行方案

八、未完工程建设安排

九、存在的问题及处理意见

十、建议

十一、结论

十二、验收委员会委员签字表

十三、附件:技术预验收工作报告(如有时)

附录 J　机组启动验收鉴定书格式

×××××工程

机组启动验收

鉴　定　书

×××××工程机组启动验收委员会(工作组)

年　　月　　日

验收主持单位：

法人验收监督管理机关：

项目法人：

代建机构（如有时）：

设计单位：

监理单位：

主要施工单位：

主要设备制造（供应）商单位：

质量和安全监督机构：

运行管理单位：

验收时间（ 年 月 日）：

验收地点：

前言（包括验收依据、组织机构、验收过程等）

一、工程概况

　　（一）工程主要建设内容

　　（二）机组主要技术指标

　　（三）机组及辅助设备设计、制造和安装情况

　　（四）与机组启动有关工程形象面貌

二、验收范围和内容

三、工程质量评定

四、验收前已完成的工作（试运行、带负荷连续运行情况）

五、技术预验收情况

六、存在的主要问题及处理意见

七、建议

八、结论

九、验收委员会（工作组）成员签字表

十、附件：技术预验收工作报告（如有时）

× × × × × ×工程

部分工程投入使用验收

鉴　定　书

× × × × × ×工程部分工程投入使用验收委员会

年　　　月　　　日

验收主持单位：

法人验收监督管理机关：

项目法人：

代建机构（如有时）：

设计单位：

监理单位：

主要施工单位：

主要设备制造（供应）商单位：

质量和安全监督机构：

运行管理单位：

验收时间（　年　月　日）：

验收地点：

前言（包括验收依据、组织机构、验收过程等）

一、工程概况

　　（一）工程名称及位置

　　（二）工程主要建设内容

二、验收范围和内容

三、拟投入使用工程概况

　　（一）工程主要建设内容

　　（二）工程建设过程（包括工程开工、完工时间,施工中采取的主要措施等）

四、拟投入使用工程完成情况和完成的主要工程量

五、拟投入使用工程质量评定

　　（一）工程质量评定

　　（二）工程质量检测情况

六、验收遗留问题处理情况

七、调度运行方案和度汛方案

八、存在的主要问题处理意见

九、建议

十、结论

十一、保留意见（应有本人签字）

十二、已完工程验收委员会成员签字表

附录 L 竣工验收申请报告内容要求

一、工程基本情况

二、竣工验收具备条件的检查结果

三、尾工情况及安排意见

四、验收准备工作情况

五、建议验收时间、地点和参加单位

六、附件:1.竣工验收自查工作报告

2.专项验收成果性文件

×××× 工程项目竣工验收

自查工作报告

×××× 工程项目竣工验收自查工作组

年 月 日

项目法人：

代建机构（如有时）：

设计单位：

监理单位：

主要施工单位：

主要设备制造（供应）商单位：

质量和安全监督机构：

运行管理单位：

前言（包括组织机构、自查工作过程等）

一、工程概况

　　（一）工程名称及位置

　　（二）工程主要建设内容

　　（三）工程建设过程

二、工程项目完成情况

　　（一）工程项目完成情况

　　（二）完成工程量与初设批复工程量比较

　　（三）工程验收情况

　　（四）工程投资完成及审计情况

　　（五）工程项目移交和运行情况

三、工程项目质量评定

四、验收遗留问题处理情况

五、尾工情况及安排意见

六、存在的主要问题处理意见

七、结论

八、工程项目竣工验收自查工作组成员签字表

附录 N 竣工验收主要工作报告格式

×××××工程竣工验收

××××工作报告

编制单位:

年　　　月　　　日

批准：

审定：

审核：

主要编写人员：

附录 O 竣工验收主要工作报告内容格式

O.1　工程建设管理工作报告

O.1.1　工程概况

1　工程位置

2　立项、初设文件批复

3　工程建设任务及设计标准

4　主要技术特征指标

5　工程主要建设内容

6　工程布置

7　工程投资

8　主要工程量和总工期

O.1.2　工程建设简况

1　施工准备

2　工程施工分标情况及参建单位

3　工程开工报告及批复

4　主要工程开完工日期

5　主要工程施工过程

6　主要设计变更

7　重大技术问题处理

8　施工期防汛度汛

O.1.3　专项工程和工作

1　征地补偿和移民安置

2　环境保护工程

3　水土保持设施

4　工程建设档案

O.1.4　项目管理

1　机构设置及工作情况

2　主要项目招标投标过程

3　工程概算与投资计划完成情况

　　1）批准概算与实际执行情况

　　2）年度计划安排

　　3）投资来源、资金到位及完成情况

4　合同管理

5　材料及设备供应

6　资金管理与合同价款结算

O.1.5　工程质量

1　工程质量管理体系和质量监督

2　工程项目划分

3　质量控制和检测

　　　4　质量事故处理情况

　　　5　质量等级评定

　0.1.6　安全生产与文明工地

　0.1.7　工程验收

　　　1　单位工程验收

　　　2　阶段验收

　　　3　专项验收

　0.1.8　蓄水安全鉴定和竣工验收技术鉴定

　　　1　蓄水安全鉴定(鉴定情况、主要结论)

　　　2　竣工验收技术鉴定(鉴定情况、主要结论)

　0.1.9　历次验收、鉴定遗留问题处理情况

　0.1.10　工程运行管理情况

　　　1　管理机构、人员和经费情况

　　　2　工程移交

　0.1.11　工程初期运行及效益

　　　1　工程初期运行情况

　　　2　工程初期运行效益

　　　3　工程观测、监测资料分析

　0.1.12　竣工财务决算编制与竣工审计情况

　0.1.13　存在问题及处理意见

　0.1.14　工程尾工安排

　0.1.15　经验与建议

　0.1.16　附件

　　　1　项目法人的机构设置及主要工作人员情况表

　　　2　项目建议书、可行性研究报告、初步设计等批准文件及调整批准文件

0.2　工程建设大事记

0.2.1　根据水利工程建设程序,主要记载项目法人从委托设计、报批立项直到竣工验收过程中对工程建设有较大影响的事件,包括有关批文、上级有关批示、设计重大变化、主管部门稽察和检查、有关合同协议的签定、建设过程中的重要会议、施工期度汛抢险及其他重要事件、主要项目的开工和完工情况、历次验收等情况。

0.2.2　工程建设大事记可单独成册,也可作为"工程建设管理工作报告"的附件。

0.3　工程施工管理工作报告

0.3.1　工程概况

0.3.2　工程投标

0.3.3　施工进度管理

0.3.4　主要施工方法

0.3.5　施工质量管理

0.6.6　附件

    1　管理机构设立的批文

    2　机构设置情况和主要工作人员情况

    3　规章制度目录

0.7　工程质量监督报告

0.7.1　工程概况

0.7.2　质量监督工作

0.7.3　参建单位质量管理体系

0.7.4　工程项目划分确认

0.7.5　工程质量检测

0.7.6　工程质量核备与核定

0.7.7　工程质量事故和缺陷处理

0.7.8　工程项目质量结论意见

0.7.9　附件

    1　有关该工程项目质量监督人员情况表

    2　工程建设过程中质量监督意见(书面材料)汇总

0.8　工程安全监督报告

0.8.1　工程概况

0.8.2　安全监督工作

0.8.3　参建单位安全管理体系

0.8.4　现场监督检查

0.8.5　安全生产事故处理情况

0.8.6　工程安全生产评价意见

0.8.7　附件

    1　有关该工程项目安全监督人员情况表

    2　工程建设过程中安全监督意见(书面材料)汇总

附录 P 堤防工程质量抽检要求

P.0.1 土料填筑工程质量抽检主要内容为干密度和外观尺寸,并满足以下要求:

  1 每 2 000 m 堤长至少抽检一个断面;

  2 每个断面至少抽检 2 层,每层不少于 3 点,且不得在堤防顶层取样;

  3 每个单位工程抽检样本点总数不得少于 20 个。

P.0.2 干(浆)砌石工程质量抽检主要内容为厚度、密实程度和平整度,必要时应拍摄图像资料,并满足以下要求:

  1 每 2 000 m 堤长至少抽检 3 点;

  2 每个单位工程至少抽检 3 点。

P.0.3 混凝土预制块砌筑工程质量抽检主要内容为预制块厚度、平整度和缝宽,并满足以下要求:

  1 每 2 000 m 堤长至少抽检一组,每组 3 点;

  2 每个单位工程至少抽检一组。

P.0.4 垫层工程质量抽检主要内容为垫层厚度及垫层铺设情况,并满足以下要求:

  1 每 2 000 m 堤长至少抽检 3 点;

  2 每个单位工程至少抽检 3 点。

P.0.5 堤脚防护工程质量抽检主要内容为断面复核,并满足以下要求:

  1 每 2 000 m 堤长至少抽检 3 个断面;

  2 每个单位工程至少抽检 3 个断面。

P.0.6 混凝土防洪墙和护坡工程质量抽检主要内容为混凝土强度,并满足以下要求:

  1 每 2 000 m 堤长至少抽检一组,每组 3 点;

  2 每个单位工程至少抽检一组。

P.0.7 堤身截渗、堤基处理及其他工程,工程质量抽检的主要内容及方法由工程质量监督机构提出方案报项目主管部门批准后实施。

×××××工程

竣工技术预验收工作报告

×××××工程竣工技术预验收专家组

年　月　日

前言(包括验收依据、组织机构、验收过程等)

第一部分　工程建设

一、工程概况

　（一）工程名称、位置

　（二）工程主要任务和作用

　（三）工程设计主要内容

　1. 工程立项、设计批复文件

　2. 设计标准、规模及主要技术经济指标

　3. 主要建设内容及建设工期

二、工程施工过程

　1. 主要工程开工、完工时间(附表)

　2. 重大技术问题及处理

　3. 重大设计变更

三、工程完成情况和完成的主要工程量

四、工程验收、鉴定情况

　（一）单位工程验收

　（二）阶段验收

　（三）专项验收(包括主要结论)

　（四）竣工验收技术鉴定(包括主要结论)

五、工程质量

　（一）工程质量监督

　（二）工程项目划分

（三）工程质量检测

（四）工程质量核定

六、工程运行管理

（一）管理机构、人员和经费

（二）工程移交

七、工程初期运行及效益

（一）工程初期运行情况

（二）工程初期运行效益

（三）初期运行监测资料分析

八、历次验收及相关鉴定提出的主要问题的处理情况

九、工程尾工安排

十、评价意见

第二部分　专项工程（工作）及验收

一、征地补偿和移民安置

（一）规划（设计）情况

（二）完成情况

（三）验收情况及主要结论

二、水土保持设施

（一）设计情况

（二）完成情况

（三）验收情况及主要结论

三、环境保护

（一）设计情况

（二）完成情况

（三）验收情况及主要结论

四、工程档案（验收情况及主要结论）

五、消防设施（验收情况及主要结论）

六、其他

第三部分　财务审计

一、概算批复

二、投资计划下达及资金到位

三、投资完成及交付资产

四、征地拆迁及移民安置资金

五、结余资金

六、预计未完工程投资及费用

七、财务管理

八、竣工财务决算报告编制

九、稽察、检查、审计

十、评价意见

第四部分　意见和建议

第五部分　结　论

第六部分　竣工技术预验收专家组专家签名表

×××××工程竣工验收

鉴　定　书

×××××工程竣工验收委员会

年　　月　　日

前言（包括验收依据、组织机构、验收过程等）

一、工程设计和完成情况

（一）工程名称及位置

（二）工程主要任务和作用

（三）工程设计主要内容

1. 工程立项、设计批复文件

2. 设计标准、规模及主要技术经济指标

3. 主要建设内容及建设工期

4. 工程投资及投资来源

（四）工程建设有关单位（可附表）

（五）工程施工过程

1. 主要工程开工、完工时间

2. 重大设计变更

3. 重大技术问题及处理情况

（六）工程完成情况和完成的主要工程量

（七）征地补偿及移民安置

（八）水土保持设施

（九）环境保护工程

二、工程验收及鉴定情况

（一）单位工程验收

（二）阶段验收

（三）专项验收

（四）竣工验收技术鉴定

三、历次验收及相关鉴定提出问题的处理情况

四、工程质量

（一）工程质量监督

（二）工程项目划分

（三）工程质量抽检（如有时）

（四）工程质量核定

五、概算执行情况

（一）投资计划下达及资金到位

（二）投资完成及交付资产

（三）征地补偿和移民安置资金

（四）结余资金

（五）预计未完工程投资及预留费用

（六）竣工财务决算报告编制

（七）审计

六、工程尾工安排

七、工程运行管理情况

（一）管理机构、人员和经费情况

（二）工程移交

八、工程初期运行及效益

（一）初期运行管理

（二）初期运行效益

（三）初期运行监测资料分析

九、竣工技术预验收

十、意见和建议

十一、结论

十二、保留意见（应有本人签字）

十三、验收委员会委员和被验单位代表签字表

十四、附件：竣工技术预验收工作报告

附录 S 工程质量保修书格式

×××××工程

质量保修书

施工单位：

年 月 日

××××××工程质量保修书

一、合同工程完工验收情况

二、质量保修的范围和内容

三、质量保修期

四、质量保修责任

五、质量保修费用

六、其他

施工单位：

法定代表人：(签字)

年　　　月　　　日

×××××工程

××××合同工程
（合同名称及编号）

完 工 证 书

项目法人：

年　月　日

项目法人:

项目代建机构(如有时):

设计单位:

监理单位:

施工单位:

主要设备制造(供应)商单位:

运行管理单位:

合同工程完工证书

　　××××合同工程已于××××年××月××日通过了由××××主持的合同工程完工验收,现颁发合同工程完工证书。

项目法人:

法定代表人:(签字)

年　　月　　日

×××××工程

（合同名称及编号）

质量保修责任终止证书

项目法人：

年　　月　　日

×××××工程
质量保修责任终止证书

　　×××××工程(合同名称及编号)质量保修期已于××××年××月××日期满,合同约定的质量保修责任已履行完毕,现颁发质量保修责任终止证书。

　　项目法人:

　　法定代表人:(签字)

　　　　　　　　　　　　　　　　　　　　　　年　　　月　　　日

××××××工程竣工证书

　　××××××工程已于×××年××月××日通过了由×××主持的竣工验收,现颁发工程竣工证书。

　　颁发机构:

　　　　　　　　　　　　　　　　　　　年　　月　　日

注:正本证书外形尺寸:长60 cm×宽40 cm。

×××××工程

竣 工 证 书

年　　月　　日

竣工验收主持单位：

法人验收监督管理机关：

项目法人：

项目代建机构(如有时)：

设计单位：

监理单位：

主要施工单位：

主要设备制造(供应)商单位：

运行管理单位：

质量和安全监督机构：

工程开工日期:(　年　月　日)

竣工验收日期:(　年　月　日)

××××××工程竣工证书

　　××××××工程已于×××年××月××日通过了由××××单位主持的竣工验收,现予以颁发工程竣工证书。

　　颁发机构:

年　　　月　　　日

标准用词说明

为便于执行本规程,对于要求程度不同的用词说明如下:

标准用词	在特殊情况下的等效表述	要求严格程度
应	有必要、要求、要、只有……才允许	要求
不应	不允许、不许可、不要	
宜	推荐、建议	推荐
不宜	不推荐、不建议	
可	允许、许可、准许	允许
不必	不需要、不要求	